U0210058

港湾突发性溢油应急及生态修复技术

Emergency and Eco-restoration Technology of Paroxysmal Oil Spill in Horbor Area

张华勤 等 著

科学出版社

北京

内容简介

本书是关于我国港湾溢油应急及生态修复技术研究方面的专著。全书共 4 章，作者针对港湾溢油应急处置的不同阶段，分别开展了系统研究。利用大比尺波浪水槽，原型模拟了不同港湾溢油条件下围油栏的随波性、滞油性、抗风抗浪性等，建立我国立体化围油栏的优化设计及性能测试技术。针对天然有机吸油材料、合成材料、天然无机吸油材料的不同特性，通过不同的改性方法，提高其吸油量、吸油时间、保油量等性能参数，研发出环保高效的吸油材料。通过石油烃降解菌群富集、驯化、分离、纯化及分子手段，筛选并鉴定出高效石油降解菌株，同时进行固定化处理，形成固定化菌剂，显著提升了其石油烃降解效果，具有广阔的应用前景。

本书适合从事港湾生态环境领域研究的学者、相关专业的研究生及本科生阅读，也可供相关决策部门参考。

图书在版编目（CIP）数据

港湾突发性溢油应急及生态修复技术/张华勤等著. —北京：科学出版社，2019.6
　ISBN 978-7-03-061679-1

　Ⅰ.①港…　Ⅱ.①张…　Ⅲ.①港湾–海上溢油–应急对策–研究–中国　②港湾–海上溢油–生态恢复–研究–中国　Ⅳ.①X55

中国版本图书馆 CIP 数据核字(2019)第 116710 号

责任编辑：朱　丽　万　峰 / 责任校对：樊雅琼

责任印制：吴兆东 / 封面设计：北京图阅盛世文化传媒有限公司

科学出版社 出版
北京东黄城根北街 16 号
邮政编码：100717
http://www.sciencep.com

北京九州迅驰传媒文化有限公司 印刷
科学出版社发行　　各地新华书店经销
*
2019 年 6 月第 一 版　　开本：787×1092 1/16
2019 年 6 月第一次印刷　　印张：17 3/4
字数：400 000
定价：198.00 元
(如有印装质量问题，我社负责调换)

《港湾突发性溢油应急及生态修复技术》编委会

主　编　张华勤

副主编　彭士涛　陈汉宝　王晓丽

编　委　陈松贵　熊红霞　周　然　郑天立　胡健波

　　　　魏燕杰　王心海　毛天宇　高清军　齐兆宇

　　　　陈允约　刘海英　时　洋　赵　旭　黄　伟

　　　　徐　鑫　张　骉　赵　鹏　金瑞佳　张嘉琪

前　　言

随着我国石油储备需求的增加，海上石油运输快速发展，溢油事故发生的概率明显增多，特别在港湾区域，由于船舶作业繁忙，导致溢油事故频发。港湾溢油不仅造成巨大的资源浪费，而且严重污染海洋生态环境。进入海洋中的石油在自然条件下降解需要较长时间，石油漂浮在海面上，迅速扩散形成油膜，并可通过扩散、蒸发、溶解、乳化、光降解，以及生物降解和吸收等进行迁移、转化。油膜可阻碍水体的复氧作用，影响海洋浮游生物生长，破坏海洋生态平衡。因此，港湾突发性溢油应急处置及生态修复技术研究显得尤为重要。

港湾溢油应急处置主要包括溢油面积控制、溢油回收和残油清除三个阶段，围油栏可以防止溢油扩散、缩小溢油面积，配合撇油器等设备清理、回收海上溢油，或者配合拖船等使移动溢油偏离敏感区，减少对海洋环境的影响。溢油回收效果取决于吸油材料，良好的吸油材料应该具有疏水性强、吸油快、吸油量大、吸油后不沉降、可回收再利用、对环境友好的特点。生态修复技术利用微生物吸收、降解、转化残油，将石油污染物浓度降低到可接受水平，具有高效、环保、经济等优点。本书针对控制溢油面积的围油栏、溢油回收的环保吸油材料及清除残油的生物修复技术从基础理论到应用进行了系统研究。

首先，针对港湾气候、水流及海况等因素，选择在实际中应用较好的围油栏的包布材料、接头、配重等结构参数，参考美国材料测试协会的标准，建立围油栏材料的性能评价指标体系；并利用数值模拟方法，模拟不同结构参数的围油栏在波浪和水流作用下的失效规律，优化港湾溢油的围油栏各部件的几何尺寸；利用大比尺波浪水槽物理实验模拟系统，原型模拟了不同港湾溢油条件下围油栏的随波性、滞油性、抗风抗浪性等，总结了不同结构参数的围油栏在波浪和水流作用下的失效规律，优化了港湾溢油的围油栏各部件的几何尺寸及其布设方式。利用上述结果，建立我国立体化围油栏的拦油效果评估体系及性能测试方法。

其次，以开发环保型高效吸油材料为目的，通过不同的改性方法，研究天然有机吸油材料、合成材料、天然无机吸油材料吸油量、吸油时间、保油量、吸水性、强度性、沉降性等性能参数，利用实验室模拟，以溢油回收效率和再利用率作为评价指标，确定吸油材料在溢油状况变化时应急处理的投放量、溢油回收、石油脱除以及再利用等参数条件，为完善我国环保型吸油材料的相关标准提供基础实验数据。模拟港湾溢油条件，分析不同油品（原油、船舶用油、轻质汽油等）在水温、油量、风速等变化时吸油材料性能变化情况，评估环保型吸油材料在工程中的应用效果，提出改善工程应用效果的关键控制因素。

最后，通过对石油烃降解菌群富集、驯化、分离、纯化等，并通过 DGGE 精确地研究原油降解菌群落结构；通过测定菌株 16SrDNA 保守序列对分离菌株进行分子鉴定；根据分离菌株的降解专一性，组配出能够降解石油烃所有组分的降解菌群，并研究在不同 pH、温度、盐度条件下，降解菌群的环境适应性；并测试降解菌群在港湾及周边海域环境条件下的石油烃降解效果。考虑到港湾不同季节的环境条件，利用实验室自主设计的港湾环境模拟实验系统研究了不同固定化方法固定化菌剂对石油烃降解效果，并对其进行综合评价，同时还介绍了美国溢油微生物修复工程应用的成功经验。

本书得到国家国际科技合作专项项目（2015DFA90250）和国家自然科学基金（No. 21677065）的资助，特此致谢！

本书涉及专业较多，由于时间关系及作者研究认识水平有限，书中仍有很多不妥之处，敬请各界人士批评指正！

作　者
2018 年 12 月

目　　录

第1章　港湾溢油污染危害及应急处置

1.1　海上溢油事故

一直以来，海洋为人类社会的发展发挥着极其重要的作用，为人类提供赖以生存的生物资源和自然资源。进入 21 世纪后，其在空间发展战略方面表现出巨大的潜力和优势，海洋的国家战略地位得到空前提高。因此，在党的十八大报告中提出了"建设海洋强国"的宏伟目标。具体要求为：①提高开发海洋资源、发展海洋经济的能力；②落实海洋生态环境保护工作。而海上石油资源的开发在国家海洋能源发展战略中占有重要地位。海洋生态保护不仅影响着全球经济和社会发展，也使得海洋环境面临严峻考验（封星，2011）。

近年来，随着海上石油开发、运输行业的迅猛发展，重大溢油事故不时发生，造成巨大的财力损失的同时产生极其恶劣的生态破坏。表 1-1 给出了近 10 年国内外典型的原油泄漏事故。

表 1-1　典型的原油泄漏事故

事故时间	泄漏原因	泄漏量及影响范围
2004 年 11 月	"威望"号油轮沉没事故	2 万 t 燃油泄漏
2010 年 4 月	"深水地平线"钻井平台爆炸事故	300 多万桶原油泄漏，近 1500 km 的海滩遭到溢油污染
2010 年 7 月	输油管道爆炸事故	近 1500 t 原油泄漏入海，近 430 km² 的海域受到污染
2011 年 6 月	"19-3 油田"发生钻井平台井涌溢油事故	近 6200 km² 的海域受到污染，近 1600 km² 海底沉积物受到污染
2011 年 8 月	"塘鹅 1 号"输油管泄漏事故	超过 500 t 原油泄漏，近 133 km² 的海域受到污染

图 1-1 为 1965～2002 年世界各地由于海上石油运输造成的溢油事故分布图（Vieites et al.，2004）。

根据国际油轮船东防污染联合会（ITOPF）统计的近 40 年大规模溢油事故（溢油量超过 700 t）数据可知：漏油事故发生时船舶运作一般正处于：装卸、加燃料油、抛锚、在锚点、在航，以及其他操作/未知操作（表 1-2）。

造成海上溢油的原因有很多，其中主要原因可以归为：船舶碰撞、船舶搁浅、船体故障、设备故障、发生火灾及爆炸，以及其他未知原因等。其中事故发生在开放水域占51.8 %，事故由船舶碰撞及搁浅造成的占 62.3 %。特别地，当船只在内陆或受限水域在航时，船舶碰撞及搁浅甚至造成更高的事故发生比例，约 98 %的事故与此有关。

港湾是溢油事故发生的高发地,据国际油轮船东防污染联合会（ITOPF）统计,1970～2013 年，漏油量为 7～700 t 的事故 31 %发生在港湾。

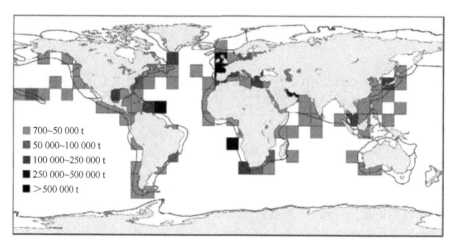

图 1-1 1965~2002 年世界各地溢油事故分布图

表 1-2 大规模溢油事故原因分析　　　　　　　（单位：起）

操作原因		碰撞	搁浅	船体受损	设备故障	火灾/爆炸	其他/未知	合计
抛锚	内陆/限制区域	6	5	2	0	1	1	15
	开放水域	5	2	1	0	2	0	10
在航	内陆/限制区域	33	45	0	0	2	0	80
	开放水域	66	68	49	6	25	14	228
装货/卸货		2	2	0	11	13	14	42
加油		0	0	0	0	1	0	1
其他/未知操作		24	28	8	1	8	14	83
合计		136	150	60	18	52	43	459

1.2 溢油扩散过程

　　海洋石油开发设施在海洋石油生产、开发和运输过程中存在相当程度的安全隐患，一旦溢油事故发生，大量溢油进入水体后，会在风、波浪、水流作用下扩散、漂移，并且伴随一系列的物理、化学和生物反应，可以分为动力学过程和非动力学过程。

1.2.1 动力学过程

　　海面漂浮溢油在重力、表面张力及黏滞力作用下迅速扩散、变薄的过程，称为扩展过程。扩展过程通常发生在溢油泄漏最初数小时内，其过程长短与油的种类以及品质相关。海面油膜的扩展面积会影响其风化、挥发、溶解、分散，以及光氧化还原等一系列非动力学过程。海面油膜的运动轨迹受到潮流和风生海流的共同影响，其不仅受海流的"携带"作用而流动，还会受到海上风、流的"剪切拖曳"作用而整体漂移。

　　观测结果表明：当溢油事故发生在外海海域时，风对溢油的漂移速度以及轨迹起主导作用；当溢油事故发生在近海海域或沿岸时（特别在港湾或码头），潮流对溢油漂移的作用不可忽视。

1.2.2　非动力学过程

在物理作用、化学氧化和生物降解的共同作用下，海面溢油的组成、性质和形态会发生一系列变化，具体过程包括蒸发、溶解、乳化、分散、沉淀、氧化和生物降解。蒸发是溢油风化的主要过程，指石油烃类暴露在空气中发生作用，其状态由液态转化为气态的过程。溶解是指悬浮石油烃类与水体的烃类物质发生混合，并形成单分子状态的均匀相的过程。相对蒸发而言，溢油溶解过程时间短，溶解量低，可以忽略。海面漂浮油层在波浪破碎形成的湍流作用下，有一部分以"油滴"形态渗混于海水中，被称为分散过程。漏油事故发生几个小时后，在风浪的作用下，水滴分散到油中形成油水乳状液。在油包水乳浊液中乳化剂的影响下，以黑褐色泡沫形态漂浮于海面（类似巧克力冻），称为溢油乳化。在风化、悬浮碎屑吸附以及絮凝的影响下，海面漂浮油以及水中分散油的密度会不断增加，当油滴的比重变得大于海水的比重时，发生沉降沉入海底。

漂浮溢油或经上述非动力学过程转变成气态或者固态形式，或经溢油应急打捞得以清除，但水体中仍有烃类残留物难以清除。这些残留溢油会在噬烃类微生物的作用下进一步得到降解。石油在水体中的这些过程，可以由图 1-2 直观地看出。

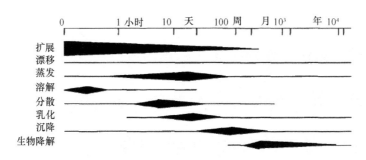

图 1-2　溢油行为归宿示意图

一旦发生原油泄漏事故，不仅严重威胁海洋生态系统，而且造成巨大的经济损失。一方面，泄漏溢油形成薄油层并覆盖在海面，使得水气物质交换受阻，海水含氧量下降，不利于海洋生物生存。另一方面，石油烃类经过氧化和溶解使得海水中有毒物质增加，造成海洋生物大量死亡。泄漏溢油在风、波、流的作用下，进入近岸区后不仅影响海洋水产养殖业以及盐业生产，还会破坏捕捞船舶、水产养殖设施，影响海岸线景观、阻碍旅游经济发展。而相关的维护、清污工作不仅会耗费大量的人力、物力，且难以彻底恢复。因此，如何降低溢油事故造成的损失，以及开展及时、有效的清污工作成为溢油应急救援的关键。通常把溢油处理技术分为物理处理、化学处理和生物处理。其中，利用机械设备来清理海面及海岸带油污的方法被称为物理处理法。常用的溢油回收机械有：围油栏、收油机、撇油器、吸油材料等。当海面油膜较薄，溢油回收机械难以开展清油工作时，可以向海水中喷洒化学药剂进行辅助化学消油，这种方法被称为化学处理法。常见的化学消油剂有凝油剂和溢油分散剂。凝油剂是指可以使溢油胶凝成黏稠直至坚硬的油块,便于溢油回收的化学药剂。溢油分散剂的作用是改变海面油膜的表面张力,它可以促进小油滴的形成且能抑制油滴的聚合。生物处理法是指利用海洋噬油菌群来吸收、清除水体中的漂浮、悬浮以及溶解的石油烃类物质的办法。生物处理法的特点是清理相对彻底但耗时较长,常作为溢油应急处理的最后一道工序,用来处理海域中的残留溢油。总的来说,物理处理法是溢油应急处理方案中最主要的办法。

港湾区域由于相对较为封闭,水动力条件较弱,水体交换缓慢,溢油很难通过自然条件扩散出去,加上港湾区域一般生物多样性比较丰富,因此,港湾区域的溢油污染对海洋生态环境的影响更为强烈。

1.3 港湾溢油污染危害

1.3.1 石油污染对生物影响

1. 对海洋微生物的影响

微生物对石油十分敏感,海水中石油烃浓度变化会引起微生物的快速反应。尤其是高分子量石油烃,会对海洋微生物的呼吸作用强度、酶活性、代谢活性等产生影响。邓如莹等(2013)的研究结果表明,沉积物中微生物呼吸作用强度和脲酶活性分别与石油浓度呈明显正相关和负相关。MacNaughton 等(1999)研究发现,随着石油类化合物的增加,亮氨酸氨肽酶和磷酸酶活性也随之增加,并且对细菌丰富和种群结构也会产生影响。

溢油事故发生后,事故发生区域有机物浓度的急剧上升,增加了微生物代谢所需的碳源,导致污染海域表层海水中微生物(如螺菌属、硫酸盐还原菌等)的丰度呈显著上升趋势,但是随着海水深度的增加,这种溢油对微生物的影响又明显减弱。溢油事故的应急处置,特别是分散剂的使用,也会对微生物的种群结构和生物降解活性产生毒害作用。

2. 对海洋动物的影响

溢油事故会对海洋动物产生严重的影响。Gesteria 和 Dauvin(2000)的研究表明,当沉积物中石油烃浓度<50 mg/kg 时,底栖生物群落结构就会被改变,而其中物种在石油烃浓度<10 mg/kg 时就可能受到影响。底栖生物群落与沉积物污染及油品化学性质是有显著相关性的,含高组分芳香族化合物的油品对水生生物的影响更大。

1)甲壳动物

石油污染会对甲壳类动物的摄食、呼吸、运动、趋化、酶活、生殖、生长及群落种类组成等造成影响,其毒性大小因生物种类、发育阶段、油种类、温度等不同而有较大差异。污染严重情况下,可能会造成 DNA 损伤等急性毒性效应,且损伤程度随着污染时间的延长而增加(唐峰华等,2009)。总体而言,甲壳动物对石油的抗性较弱,往往会在溢油事故后出现高死亡率(Próo et al.,1986),这一点在溢油点附近尤其显著。Amoco Cadiz 号溢油事故后 1~2 个月甲壳类物种生物死亡率上升,尤其是双眼钩虾属对油品中的芳族烃极其敏感。当污染沉积物被净化后,甲壳类动物的生物量呈现显著上升趋势(Gesteira and Dauvin,2000)。一般认为,往往是低沸点芳烃的毒性作用,在短期内使海洋生物死亡；石油的毒性会随温度的升高而增加。

2）软体动物

软体动物在溢油事故中比较容易受到伤害。石油会对其造成亚致死或慢性毒性影响，通过麻醉作用钝化化学感受器，损害呼吸和运动等功能，严重时可能会导致其生长繁殖能力下降，并造成 DNA 及细胞形态损伤甚至死亡（Crego-Prieto et al.，2013）。

Crego-Prieto 等（2014）对"威望号"事故发生后西班牙北部及法国沿海的贻贝种群进行了研究，发现溢油对该生物种群造成包括 DNA 损伤等多种损害；Zengel 等（2016）发现在墨西哥湾深海溢油事故发生至事故发生后，在受溢油污染的湿地边缘，玉黍螺的密度下降 80 %～90 %；Jung 等（2015）的调查也发现溢油事故后蛤类及螺类的丰度下降；Dauvin 等（1998）发现一种双壳类软体动物 *Abra alba* 受 Amoco Cadiz 号事故严重扰动和影响，在事故后十几年间种群丰度和生物量均维持着较低水平。

3）鱼类

溢油事故不仅会影响鱼类的形态、结构，还会干扰鱼体内酶的活性、生长发育，以及导致种群数量变动。石油类化合物进入水体，使水质下降，鱼类抗病能力降低，容易致病。当溢出油品在海水作用下形成乳化油后，对鱼类的损害则尤为严重，其中又以鱼卵及鱼类幼体为甚。

Brannon 等（2012）研究表明，Exxon Valdz 号溢油事故使得威廉王子湾海域的大马哈鱼出生率降低、死亡率上升、繁殖成功率下降，且造成的生态损害是长期存在的。Chasse（1978）发现鱼类，尤其是玉筋鱼科，在 Amoco Cadiz 事故后出现大量死亡，并有 50 %～80 %的鲻鱼皮肤发生溃疡。Ramachandran 等（2004）认为石油分散剂会增加鱼类对多环芳烃的吸收。

不同种海洋动物体内石油烃含量也存在较大差异，总体表现为软体类＞甲壳类＞鱼类，软体动物体内多环芳烃含量同样显著高于鱼类，这种差异可能与海洋动物的生活习性（如栖息水层、摄食方式等）有关。此外，研究还表明海洋动物内脏中石油类物质浓度普遍高于肌肉组织，这可能是因为内脏中脂质含量高，易与疏水性石油类物质发生相似相溶。对生物-沉积物-水体的相关性研究发现，海洋动物体内石油烃含量与沉积物中石油烃呈显著相关，而与水体中石油烃无显著相关性。

3. 对海洋植物的影响

海洋浮游植物是石油烃污染物进入海洋食物链的起点，因此国内外学者针对石油烃污染物对海洋浮游植物的影响，做出了大量研究。一方面，溢油会在一定程度上抑制浮游植物的光合作用，进而影响浮游植物群落的种类多样性和总细胞数，并改变浮游植物群落的优势种类；另一方面，溢出的油品又为海洋浮游植物提供了大量碳源，尤其是石油中的水溶性成分（water accommodated fraction，WAF）能使不同类别浮游植物在不同季节的优势度呈升高趋势，且浮游植物种类数和丰度呈显著正相关，这就容易引发藻类的暴发性繁殖或大面积藻华。总体而言，石油对浮游植物有"低促进高抑制"的效应，即低质量浓度石油烃易促进海洋浮游植物生长，而高质量浓度石油烃则会对其产生抑制效果。

1.4 港湾溢油事故应急

1.4.1 溢油应急处置技术

溢油事故发生后，在对油品种类、浓度、范围及其危害程度作出判断的基础上，为限制其污染范围扩大，减轻和消除污染危害所采取的一切措施，都称为应急处置。通过应急处置可以对泄漏事故采取相应控制措施，对溢油进行有效的处理、清理及回收，以防止污染范围扩大、污染程度加剧，尽量避免二次污染或衍生污染，将油品泄漏对环境或生命的危害及经济损失降至最低。应急处置内容主要包括三个方面：泄漏源控制、溢油收集和溢油处置。

海上溢油事件发生后，常规的处置方法是采用围油设施将溢油限制在一定区域内，然后再应用其他技术将溢油清除。溢油泄漏对策及清除技术的应用与溢油现场的环境、气象等具体情况密切相关，同时还需考虑措施及技术对环境的影响等。目前，国际上通用的溢油应急处置技术可归纳为如下六种。

1. 水上围栏及溢油的回收

对于溢油中较厚油层的回收处理，可利用石油的物理性质，通过机械装置予以消除，这是目前国内外处理海上溢油的主要方法，但缺点是受风浪、黏度等因素影响较大。近20多年来，世界上已经研制出几百种溢油围栏、回收装置，其中最常用的是围油栏和各种收油器。收油器是重要的收油设备，在溢油事件发生后，通过围油栏等围堵装置将溢油拦截在一定范围内，此时油层较厚不适于采用吸油毡等吸附性材料，可先使用收油器等收油设备完成大部分溢油的撇取、抽取和回收工作。目前国内收油技术发展较快，收油装置的抗流、抗浪、抗风性能总体较好，使用适应性强，对油层的厚度也不再有苛刻的要求。

2. 吸附法

吸附法是采用溢油吸附材料来清除溢油的方法。溢油吸附材料是指能将溢油渗透到材料内部或吸附于表面的材料。理想的溢油吸附材料应疏水、亲油、溢油吸附量大、亲油后能保留溢油且不下沉，还应有足够的回收强度。吸附材料便于携带，操作方便，适用于吸附很薄的油层，通常在大型溢油事故的处理后期或较小的溢油事故中使用。溢油吸附材料主要有吸油毡、吸油棉、吸油围栏、吸油枕及活性炭等。吉林松花江污染事件应急处置中就是采用活性炭对污水进行治理；吸油毡在大连7.16事件处置中的用量也较多。

3. 消油剂消除剩余溢油

化学消油剂可以分解表面的浮油，使其沉浮在水面下。当消油剂均匀地喷洒在水面上与溢油混合时，表面活性剂的分子排列在油、水界面上，降低了油水界面的表面张力，使油膜分散成小油滴。被分散的小油滴的表面积远远大于油膜原来的表面积,它们很容易随着海水的流动而不断扩散。采用化学消油剂分解水面浮油可使油品黏度降低并沉入水底,减少对水鸟等动物的危害;经过化学消解后的油品,生物消化进程更快且更不易被风吹动,可以防止稳定的"油中水"乳化的形成,有效避免了对海岸线的影响,降低火灾发生的风险。但是消油剂的使用会使油品渗透到更深的水下,对水下生物造成危害;且消油剂降低了轻碳成分蒸发的能力,消除了油的感光氧化作用(此作用较弱);岸上使用会增加可渗透性油转变为可渗透多孔沉淀的数量,对海洋和海岸线上生长的动植物具有毒害作用。

4. 物理消散

浮油表面有自然分解和损耗的趋势,在某种情况下,这种趋势可能会加速。这种分解的可能性和速率取决于:①油的类型(轻油、低蜡油分解快);②水流状况(运动剧烈的海况会帮助分解);③风力(大风有助于分解)。当溢油对重要水域、浅海或近岸环境不发生威胁时,可选择物理消散处置溢油。

5. 现场焚烧

现场焚烧是一种有效的溢油处理技术,可用于油品泄漏时快速有效地清除水面上的大量油品。这种方法在墨西哥湾漏油事件中发挥了重要作用。但是,现场焚烧是操作性强的溢油处理技术,需要界定可能蔓延的最大区域,当发生重大溢油事件导致大面积污染时,在溢油初期,油膜在 3 mm 以上厚度,可采用焚烧处理。

6. 生化补救

生化补救是向油层增加肥料助长、激活噬油细菌及真菌来分解消化油品,也可使用人工合成、培养或移植的微生物。2006 年 EKKO(中国香港)有限公司开发了一种适合清除污染的生物制剂——Devoroil,它对受原油、石油等烃类化合物污染的土壤和水体具有比较快速和高效的修复效果。在大连中石油国际储运有限公司陆上输油管道爆炸火灾事故引发海洋污染事件的处置过程中,清污后期采用生物法开展清污工作;1989 年埃克森·瓦尔迪兹号(Exxon Valdez)油轮在阿拉斯加造成漏油后,也曾使用微生物清污,并取得了一定的效果。

1.4.2　溢油应急处置装置

1. 围油栏

近几年,围油栏向快速、轻便、便于操作的方向发展。英国维珂玛(Vikoma)公司生产的围油栏应用于安特卫普港,减轻了 3.5 万 t 漏油事故造成的污染。BoomVane 是获得瑞典专利的新型围油栏,曾在 1999 年成功地处理美国哥伦比亚海岸的漏油事故。青岛华海环保公司研制开发的橡胶防火围油栏在灾害性污染防危反应论坛会议上演示,获得了专家的一致好评。目前,我国生产的围油栏的种类很多,主要生产厂家有青岛华海环保工业有限公司、青岛光明环保技术有限公司、山东泉运电气技术有限公司等。现有的围油栏产品类型在应用上归纳起来有如下特点：①PVC材料的围油栏（固体浮子式、充气式、快布放、围油栅等）便于储存与布放，因而更适用于应急处置；②橡胶材料围油栏的特点是强度高，耐油、耐候、耐磨，可在恶劣条件下工作，因而更适合长期布防；③固体浮子式围油栏由于其吃水深，更适用于拦截油层较厚的溢油，一般应集中布放在近海靠近漏油点的位置；充气围油栏吃水浅，干弦较大，抗风浪性能好，而且质量小便于拖动，因此更适合布放于远离岸边的薄层溢油区域；④防火型围油栏除具有普通围油栏拦截、控制、转移溢油的特性外，还常用于拦截燃烧的溢油、水面流淌火，也可以用于拖带溢油到合适的地点燃烧处理。

2. 吸油材料

当溢油到达岸边及不易处理的狭窄海域时，可用吸油材料吸附；吸油材料适于吸附油层厚度为1～10 mm的薄油层，或者用于采用回收机械收油使油层变薄、回收效率下降时，也可用于对水面上的浮油进行阻拦或做记号。吸附材料按其原料属性分为天然吸附材料与合成吸附材料。①天然吸附材料主要有稻草、泥煤、锯末、鸡毛、玉米秸、炭灰块、珍珠岩、蛭石和火山岩等。这些材料容易得到且数量多，吸油能力较好，但有的也吸附水分并易沉入水中，回收起来比较困难。在天然吸附材料中最常用的是自然植物，如稻草，它不仅具有一定的吸油能力，而且可以用绳子捆成捆，形成稻草围油栏，起到围控围油栏和吸油围油栏的作用。但是稻草捆容易破碎，回收困难。在溢油事故中首先应考虑利用自然植物回收溢油。自然植物最适合用于近岸或岸线的溢油回收。天然吸附材料中的无机材料吸油能力很强，多数无机材料常加工成细颗粒状使用，便于从船上倾倒入海，或用喷射装置撒在水面，但易被风吹散，不易回收。被无机材料吸附的油可焚烧除去，但无机材料本身不燃，也不能再利用，且无机吸附材料不能被生物降解，所以应完全回收。②合成吸附材料主要包括聚氨酯、聚乙烯、聚丙烯、尼龙纤维和尿素甲醛泡沫等材料。合成吸附材料具有较高的亲油性和疏水性，吸油量是其自身质量的10～25倍，有些合成吸附材料可以重复使用3～5次。使用合成吸附材料比天然吸附材料的费用高。目前，常用的合成吸附材料有多种形状，如带状、片状、毯子、垫状、松散的粒状、绑扎成枕头、围油栏形状等，不同形状吸油性能区别不大。根据人们使用上的习惯，可把合成吸附材料分为吸油毡、吸油栏和吸油棉。生产厂家较多，包括浙江富朗海洋净化科技有限公司、广州富肯环保科技有限公司、青岛金友环保技术有限公司、青岛光明环保技术有限公司等。

3. 收油器

当溢油发生时，最重要的回收装置即是收油器，近几年溢油事件频发，收油器产业发展较快，且产品性能与质量堪比国外同类产品。一般说来，绝大多数收油器在风速小于10 m/s、波高小于0.5 m时可正常使用。就目前应用较多的收油器按照收油原理分类总结应用特点如下：①亲油-吸附式收油机包括盘式收油器、刷式收油器、绳式收油机等对油的黏度和运动速度有要求，一般黏度高的油回收效率较高，吸附材料运动速度快时收油效率较低，反之亦然。也就是说此类装置适合回收黏度高的油品。一般回收油品含水量较低。其中绳式收油器适合回收中、低黏度的油，可回收杂物之间的油，不受水面垃圾、冰块的影响；盘式收油器适合回收中、高黏度的油；刷式收油器收油范围较广，可回收各种黏度的油，如轻油、重油、乳化油、原油、成品油等。②带式收油器适合在较平静的水面工作，回收黏度较高的溢油。③空气传输式收油机包括真空式收油机、吸抽式收油机等适合各种溢油的回收，且对垃圾等的干扰不敏感，可回收结成小块或固体油。④过滤式收油机适用黏度较高的溢油回收，主要是回收大块的重油，如沥青、重油、焦油球等。⑤堰式收油机是最常用的收油机之一，可回收一切油类，但最适宜回收油层较厚的油污；操作灵活，但抗风浪性不好，回收油的含水率较高。

4. 飞机喷洒消油剂

从飞机上喷洒消油剂现在已在数次溢油事件的应用中获得成功，飞机喷洒的最大特点是速度快，从而可把握喷洒的时机，同时还比水面船舶作业能更迅速地处理大面积溢油。另外，用飞机喷洒消油剂时，可以观察到溢油的全面情况，且其照明的角度和方向也有助于准确地喷洒消油剂。随着现代飞行技术、通信导航技术和航空遥感监测技术的快速发展，飞机喷洒作业对气象的适应性大大提高，并可在较恶劣的海况下作业。但空中喷洒只宜选用直接喷洒的浓缩型消油剂，因为这种消油剂仅需依靠波浪的运动即可与油层很好地混合，无须再搅拌。浓缩型消油剂还能使飞机保持最有效的装载能力。当然，海洋上空能见度好是实现空中喷洒的基础，由于这种喷洒是依靠波浪的作用使油膜分裂成液滴，因此在风平浪静的气候条件下，喷洒效果不明显。

1.4.3　石油污染对环境影响

1. 石油污染对沉积物的影响

石油中含有大量的非极性烃类组分，在水中溶解度较低。在海洋环境中，受潮汐系统和洋流系统等多种因素影响，部分漂浮于海面上的石油与海水形成乳状液，或附着于水中悬浮颗粒物如矿物和胶体物质等上，并通过重力沉降和渗透作用由海岸下渗进入海底沉积物中。在吸附的同时，沉积物中的石油组分也通过解吸过程释放入海水中。研究表明，沉积物对石油的吸附量与石油浓度、沉积物粒径等多因素有关，有机质含量高、颗粒细的沉积物更易吸附石油烃；而沉积物中石油类的释放主要取决于间隙水中石油类将向上覆水体扩散的速度和强度。总体来讲，沉积物对石油的吸附速率普遍高于解吸速率，并且石油被沉积物吸附后不会完全解析出来（岳宏伟等，2009），石油组分不断在沉积物中蓄积，产生环境胁迫（Marigomez et al., 2013）。因此，沉积物中石油组分浓度往往高于海水中浓度。

生态系统对石油组分的自净过程是十分缓慢的，由于溢油量及油品的不同，恢复时间往往需要数年至数十年不等。石油污染会明显改变沉积物物理力学性质，降低沉积物的重度、渗透系数和强度。此外，沉积物中溢油污染和自然降解的程度与深度密切相关，表层沉积物中的石油残留物最先被降解，而下层沉积物中残留物降解速率缓慢，即使在溢油事故发生几十年后，沉积物中仍有高浓度的石油残留物检出。

总石油烃（total petroleum hydrocarbons，TPH）是石油中众多不同碳氢化合物的总和。由于成分复杂，一旦进入环境将很难予以去除。有研究表明，沉积物中石油烃含量及分布受陆源输送、水动力条件、细颗粒物质的吸附，以及絮凝作用等多种因素影响，并与沉积物中有机碳含量呈显著正相关，与砂粒组分呈负相关。潘建明等（2002）的实验结果表明，石油烃含量与沉积物粒度呈负相关，与黏土含量呈正相关，并随着柱深而下降，表层含量最高。组成上，沉积物中正构烷烃的分布范围为 $nC_{10}\sim nC_{32}$，最大值出现在 $nC_{14}\sim nC_{16}$。

多环芳烃（polycyclic aromatic hydrocarbons，PAHs）是石油中主要有机化合物之一，属持久性有机污染物，生物毒性大、生态风险高，具有致畸、致癌、致突变的"三致"效应，可被生物富集并沿食物链逐级放大，最终危害人类健康。沉积物中的多环芳烃难被生物降解，可稳定存在几个月甚至几年之久，其持久性随苯环数增加而增强。根据相似相溶原理，沉积物中的有机质含量和多环芳烃的性质是决定疏水性的多环芳烃类化合物在水-沉积物间分配的主要因素，其中沉积物中富里酸和腐殖酸对多环芳烃的吸附速率显著高于腐黑物。同样地，沉积物中多环芳烃的含量受多种因素控制，如水温、溶解性有机质、有机质结构等。其中，沉积物对多环芳轻的吸附系数与温度呈负相关。就多环芳烃而言，沉积物中以高分子量多环芳烃（4~6 环）为主，且多富集于沉积物中层。

2. 石油污染对水体的影响

海面漂浮着的油膜会降低表层海水中的日光辐射量，造成浮游植物减少，最终导致海水溶解氧、叶绿素 A 含量降低，水质恶化。阻挡光照的同时，油膜还破坏了水气交换，减弱大气和海洋之间的动量交换。此外，溢油污染会减弱海洋对温室气体的吸收能力，影响气候调节服务功能，导致全球温室气体含量增加，进而影响局部区域水文气象条件。

海水石油烃含量在空间分布特征呈近岸高、离岸低趋势，多环芳烃含量在时间分布上多呈现出秋冬季高于春夏的趋势（Kim et al., 2013；张玉凤等，2016）。由于较高分子量多环芳烃的水溶性较差，因此就多环芳烃单体而言，海水中以中低环（1~3 环）为主，其中萘为优势组分。

对比国内外各海域海水中石油烃含量发现，溢油事故发生后，事发地点周边海域中海水石油烃浓度显著高于未发生溢油事故区，如"Hebei Spirit"号溢油事故、"Deepwater Horizon"事故、"Ixtoc"1 号油井溢油事故等，在事发数月至数年后，海水中石油烃含量恢复至较低水平。未发生溢油事故区域中，我国海域海水中石油烃含量与国外处于同一数量级，但略高于国外。

1.4.4　溢油应急标准现状

1. 国外溢油应急标准现状

国外关于溢油应急的技术标准中，ASTM 的标准较完善。ASTM 关于溢油应急产品的技术标准达 62 项，其中溢油应急综合技术标准共 4 项，主要包括溢油围控水体的分

类标准，溢油发生后的围控、吸附措施标准及溢油清理修复标准；溢油监测技术标准共
8 项，主要包括溢油空中遥感监测、溢油扩散模型开发、样品采集及水中油含量观测标
准；围油栏技术标准共 9 项，主要包括围油栏的选择、围油栏的性能指标要求、性能测
试方法及围油栏的连接等；溢油回收技术标准共 9 项，主要包括回收系统效率评价、收
油机的选择标准及收油机的性能测试评价方法；吸油材料技术标准共 2 项，主要包括室
内和室外吸油材料性能指标要求及测试方法；化学制剂技术标准共 14 项，主要包括各
类水域环境下使用分散剂的原则、分散剂喷洒设备、分散剂性能指标及其测试方法和分
散剂效果评估方法标准，另外还包括 2 项清洗剂的使用标准；溢油现场燃烧技术标准共
6 项，主要包括防火围油栏的性能测试要求，海洋、船舶及冰区现场燃烧的技术要求；
溢油修复技术标准共 4 项，主要包括生物制剂的安全有效性、利用膜技术和氧化技术减
轻泄漏油品污染的技术要求；此外还有 HSE 相关标准 6 项，主要包括应急人员健康安
全培训及溢油污染评定指标的标准。总之，ASTM 标准几乎涵盖了溢油应急处置从设备、
测试到应用系统所有的技术，是目前溢油应急处置技术领域主要的参考标准。美国石油
学会（API）针对溢油应急技术也制定了相应标准，其中包括综合技术标准 4 项，探讨
了淡水环境下的溢油应急响应措施及基于生态破坏最小化的应急响应决策；溢油分散剂
技术标准 1 项，分析了在潮汐区使用分散剂处理后溢油的迁移转化规律及对近岸底栖生
物的影响；溢油 HSE 标准 1 项，概述了溢油应急反应中化学品对人类健康的危害；溢
油修复技术标准 1 项，规定了对治理受溢油污染自然资源修复可选方案的评价。

2. 国内溢油应急标准现状

国内关于溢油应急的标准较少，主要为交通部制定颁布的行业标准，共有 15 项，
其中溢油综合标准 3 项，主要包括相关术语、船舶溢油应急部署及能力评估标准；溢油
应急物资配备标准 1 项，主要为港口各类码头的等级划分，溢油应急设备的配备原则、
配备数量和种类，配备基本要求及管理要求等；溢油污染评估标准 1 项，主要为海洋溢
油对海洋生态损害的评估程序、内容、方法及要求；围油栏技术标准 1 项，主要为围油
栏的分类、结构、性能要求及各项指标的试验方法；收油机技术标准 1 项，主要为转盘、
转鼓和转刷 3 种类型收油机的性能指标和测试方法；吸油材料技术标准 1 项，主要为船
用吸油毡的类型、规格、技术要求及试验方法；分散剂技术标准 3 项，主要为分散剂的
分类、性能指标、试验方法，以及分散剂喷洒装置的产品型号、技术要求、试验方法和
检验规则；溢油监测技术标准 4 项，主要为溢油跟踪浮标系统产品的分类、主要用途、
技术要求、试验方法，以及海面溢油样品的采集、储运、保存和水上溢油的快速鉴别
方法。

参 考 文 献

邓如莹, 崔兆杰, 殷永泉, 等. 2013. 石油胁迫对盐渍土壤微生物呼吸作用强度和酶活性的影响. 江苏
　　农业科学, 41(9): 326-329.
封星. 2011. 围油栏拦油数值实验平台及拦油失效研究. 大连: 大连海事大学博士学位论文.
潘建明, 扈传昱, 刘小涯, 等. 2002. 珠江河口沉积物中石油烃分布及其与河口环境的关系. 海洋环境

科学, 21(2): 23-27.

唐峰华, 沈盎绿, 沈新强. 2009. 溢油污染对虾类的急性毒害效应. 南方农业学报, 40(4): 410-414.

岳宏伟, 王海燕, 汪卫国, 等. 2009. 厦口湾沉积物对石油的吸附解吸规律研究. 应用海洋学学报, 28(2): 187-191.

张玉凤, 吴金浩, 李楠, 等. 2016. 潮海北部表层沉积物中多环芳烃分布与来源分析. 海洋环境科学, 35(1): 88-94.

Brannon E L, Collins K, Cronin M A, et al. 2012. Review of the Exxon Valdez oil spill effects on pink salmon in Prince William Sound, Alaska. Reviews in Fisheries Science, 20(1): 20-60.

Chasse C. 1978. The ecological impact on and near shores by the Amoco Cadiz, oil spill. Marine Pollution Bulletin, 9(11): 298-301.

Crego-Prieto V, Arrojo-Fernandez J, Prado A, et al. 2014. Cytological and population genetic changes in northwestern Iberian Mussels after the Prwtige oil spill. Estuaries and Coasts, 37(4): 995-1003.

Crego-Prieto V, Danancher D, Campo D, et al. 2013. Interspecific introgression and changes in population structure in a flatfish species complex after the Prestige accident. Marine Pollution Bulletin, 74(1): 42-49.

Dauvin J C, Thiebaut E, Wang Z. 1998. Short-term changes in the mesozooplantktonic community in the Seine ROFI(Region of Freshwater Influence)(eastern English Channel). Journal of Plankton Research, 20(6): 1145-1167.

Gesterira J L G, Dauvin J C. 2000. Amphipods are good bioindicators of the impact of oil spill on soft-bottom macrobenthic communities. Marine Pollution Bulletin, 40(11): 1017-1027.

Jung Y H, Yoon K T, Shim W J, et al. 2015. Short-term variation of the macrobenthic fauna structure in Rocky shores after the Hebei Spirit oil spill, west coast of Korea. Journal of Coastal Research, 31(1): 177-183.

Kim M, Hong S H, Won J, et al. 2013. Petroleum hydrocarbon contaminations in the intertidal seawater after the Hebei Sprit oil spill-effect of tidal cycle on the TPH concentrations and the chromatographic characterization of seawater extracts. Water Research, 47(2): 758-768.

MacNaughton S J, Stephen J R, Venosa A D, et al. 1999. Microbial population changes during bioremediation of an experimental oil spill. Applied and Environmental Microbiology, 65(8): 3566-3574.

Marigomez I, Zorita I, Izagirre U, et al. 2013. Combined use of native and caged mussels to assess biological effects of pollution through the intergrative biomarker approach. Aquatic Toxicology, 136-137(2): 32-48.

Proo S A G D, Chavez E A, Alatriste F M, et al. 1986. The impact of the Ixtoc-I oil spill on zooplankton. Journal of Plankton Research, 8(3): 557-581.

Ramachandran S D, Hodson P V, Khan C W, et al. 2004. Oil dispersant increases PAH uptake by fish exposed to crude oil. Ecotoxicology & Environmental Safety, 59(3): 300-308.

Vieites D R, Nieto R S, Palanca A, et al. 2004. European Atlantic: The hottest oil spill hotspot worldwide. Die Naturwissenschaften, 91(11): 535-538.

Zengel S, Montague C L, Pennings S C, et al. 2016. Impact of the deepwater horizon oil spill on salt marsh periwingkles(*Littoratia orrorata*). Environmental Science & Technology, 5(2): 643-652.

第2章　围油栏设计优化及性能测试

2.1　国内外围油栏现状

围油栏是用于围控水面浮油的机械漂浮栅栏。其主要结构包括：①干舷，防止和减少浮油从围油栏上部溢出；②吃水，防止和减少浮油从围油栏下部逃逸；③浮体，给围油栏提供浮力的部分；④纵向拉紧部件，承受风浪和水流冲击作用的构件；⑤配重，保持围油栏稳定和性能的构件；⑥接头，围油栏节与节之间连接的构件。

在物理处理法中，围油栏作为一种用来围堵溢油以及防止其大面积扩散的装置受到广泛使用。具有以下特点：可围控溢油，防止溢油扩散；拦截和集中溢油，以便用船和收油机回收；保护环境和敏感资源免受溢油污染；转移溢油方向。围油栏具有设备简单、投资小、操作方便、耐久性好、滞油性强、随波性好等特性。其主要作用有以下三种。

（1）溢油围控。是指用围油栏封锁、围堵扩散中的溢油，使油膜铺展范围相对集中且厚度相对较大，便于清污工作的开展。

（2）溢油导流。是指将围油栏按照规划的路线进行布放，改变溢油漂移路线，引导溢油流向非敏感作业区，便于进一步回收工作的开展。

（3）防止潜在溢油。是指在存有溢油风险的区域，按规范提前布放围油栏进行溢油防控措施。一般常见的高风险区有：码头作业区、发电站给排水出入口、海洋养殖区，以及自然保护区。

一般地，围油栏由浮体、裙体和镇重物（或称配重、压载体）等部件组成（图 2-1、图 2-2）。浮体主要起提供浮力的作用，其大部分暴露于海面。裙体在水下形成一道屏障，其作用是避免被围控的海面溢油从围油栏裙摆底部流失、逃逸。镇重物主要起保持围油栏整体姿态平衡的作用。绝大多数围油栏可以归为以下四大类。

（1）帘式围油栏：一般由填充了空气或者泡沫的浮物室支撑的连续水下裙摆或活动围屏，浮式截面通常为圆形（图 2-1（a）、（c））。裙体常采用柔性、相对较轻的 PVC 或者 TPU 材料。

（2）篱笆式围油栏：一般具有扁平的截面，水线面面积小，垂直平面上是刚性或接近刚性的。其在本身或外部的浮力、镇重物和撑杆（图 2-1（b））作用下，在水中保持竖立。一般来说，这种窄平型围油栏更有利于储存，但是其纵摇及垂荡响应表现较差。

（3）岸滩围油栏（又称潮间带拦油索）：这种围油栏的裙摆由充水的腔室所取代。围油栏在高潮位时自动浮出，低潮时能够紧贴出水海岸线，藏在泥沙中，阻止潮间带中的溢油继续向岸推进（图 2-1（d））。

（4）防火围油栏：专为承受油类燃烧时所产生的高温而制造的，可以采用帘式或者篱笆式围油栏设计，由于使用相对较重的防火材料，防火围油栏的纵摇及垂荡响应能力不及传统围油栏。主要涉及类型包括：恶劣环境下多用途不锈钢栅栏式围油栏，单一或多用途金属加强版防火型围油栏，阻火面料自充气式防火围油栏，以及活性/惰性冷却水套改进版充气式围油栏。

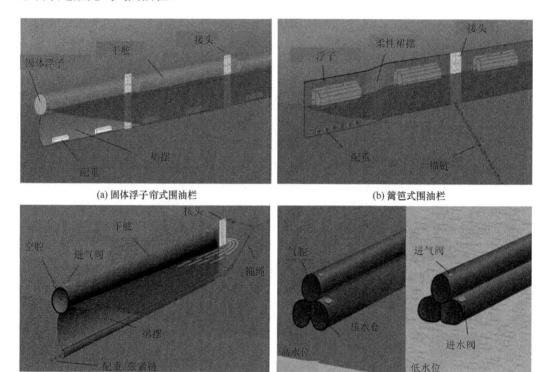

(a) 固体浮子帘式围油栏

(b) 篱笆式围油栏

(c) 充气浮子帘式围油栏

(d) 岸滩型围油栏

图 2-1　常见围油栏结构组成

(a) 固体浮子式PVC围油栏和卷栏机

(b) 充气式橡胶围油栏和卷栏机

图 2-2　常见的两种围油栏

目前，我国主要使用的围油栏有：帘式围油栏和防火围油栏。近年来随着围油栏制作工艺的不断提升，具有拦截吸附功能的吸附式围油栏、化学围油栏等也逐渐投入使用。

性能良好的围油栏一般需要有：良好的随波性能，一定的抗风、抗流能力，以及一定的幕身材料抗拉强度。充足的干舷高度可以防止或减少溢油从围油栏上端飞溅，干舷过高则受风力影响显著。充足的吃水深度可以防止围油栏前油层厚度超过裙摆深度而导致的油层流失。但裙摆过长会增加"油滴排放失灵"的可能性，这是由于围油栏吃水增大，流经裙摆底端的流速增大，栏前负压"抽吸"作用显著。合理的浮重比（最大浮力/配重质量）可以使围油栏在波流环境下保持竖立的姿态。其他重要特征有：部署形式、可清洗性、使用区域以及相对成本，具体参考表 2-1。

表 2-1　常见围油栏类型的特性

类型	帘式围油栏		篱笆式围油栏	岸滩式围油栏
浮起方法	充气	固体泡沫	外置泡沫浮物	上部腔室充气，下部腔室注水
存放空间	放气后体积小	体积庞大	体积庞大	放气后体积很小
随波性	良好	尚可	差	良好
部署形式	都可	锚定	锚定	锚定
可清洗性	可直接清洗	易清洗	难清洗	难度适中
相对成本	高	低	低	高
使用区域	近海或远海	有遮挡的近海水域，如海港	有遮挡的水域，如港口、码头	沿有遮挡的潮间海岸（无破碎波浪）

特种防火围油栏（图 2-3）：由栏体、不锈钢浮体、纵向抗拉单元、接头等组成。栏体上部由耐高温的防火布、金属材料组成；下部由橡胶布、PVC 布、PU 布或金属材料制成；不锈钢浮体由耐高温的不锈钢材料制成，内部填充耐高温的玻璃钢纤维，为本体提供浮力；栏体顶部的耐高温的钢丝绳、中部加强带、底部压载链共同构成栏体的纵向抗拉单元，提高栏体的纵向抗拉能力；每节围油栏两端由接头（ASTM 国际标准，由抗高温的不锈钢材料制成）实现快速连接。

图 2-3　特种防火围油栏

近岸处理时，常采用岸滩围油栏（图 2-4），其结构由栏体、充吸气阀、充吸水阀、接头组成。栏体由橡胶布、PVC 布或 PU 布材料制成；栏体上部为独立的充气气室，为栏体提供浮力；栏体下部有两个充水气室，与上部的气室形成品字形结构，充水气室起压载和岸滩接触的作用；充吸气阀、充吸水阀为特制自封闭结构，能自动封堵里面的气和水，确保气室和水室的密闭，充吸气、水时需用专用接头连接。每节围油栏两端由接头（ASTM 国际标准）连接。

图 2-4　岸滩围油栏

2.1.1　围油栏失效模式及相关研究

在广泛调研的基础上，针对港湾气候、水流及海况等因素，选择在实际中应用较好的围油栏包布材料、围油栏接头、围油栏的配重等。本书重点对橡胶围油栏、PVC 围油栏、PU 围油栏等进行研究，参考美国材料测试协会的标准 ASTMS2683—11、ASTMS1093—99（2012）、ASTMS2682—07（2012）、ASTMS2682—07（2012）、ASTMS2438—04（2010）和 ASTMS962—04（2010）研究围油栏材料的拉伸性、亲油性、防水性、抗侵蚀性及浮沉特性等参数，建立围油栏材料的性能评价指标体系。

实践表明：波流环境下使用围油栏开展清污工作时，会出现各种形式的拦油失效模式。围油栏失效，除了与自身参数（干舷高度、吃水深度、浮重比等）有关，还与溢油性质（密度、黏度、油水张力系数），溢油量以及风浪流条件有关。如图 2-5 所示，围油栏在波流共存环境下作业时，会出现六种典型的失效模式。这些失效模式主要由作业环境、所围控油品，以及围油栏自身结构参数决定。

对于低黏度油类（黏度小于 1000 cSt（1 cSt=1 mm²/s）），首波中因高速水流而造成的湍流会从油层下部剪切油滴，这些油滴随后被水流带走绕过围油栏底端，被称为"油滴夹带失效"（图 2-5（a））。同时，高速水流会导致围油栏前端面处积聚的油滴从油层中剥离，垂直向下流动并从裙摆下方流走，被称为"油滴排放失灵"（图 2-5（b））。对于黏度较高的油类，不太容易被水流带走，可以在围油栏附近形成较厚的油层。当围油栏前积累的油层的厚度超过围油栏有效吃水深度时，滞油会从围油栏底端流失，被称为下部流失（图 2-5（c））。一般来说下部流失，分为"油层流失失效"及"临界累积失效"两种。其中，"临界累积失效"特指乳化后的溢油所发生的失效形式，此时溢油需要当作非牛顿流体看待。在波浪波幅或者波陡较大的海况下，风和波浪的作用会导致被围堵的溢油从围油栏浮子上端飞溅出来，被称为"上部飞溅失效"（图 2-5（d））。对于结构尺寸、浮重比设计不合理的围油栏，若浮子尺寸较小，其在高水流流速环境下可能会由于浮子顶托力不够而导致围油栏被淹没在水中，使得水面漂浮油层从围油栏上部流失发生失效，这一类失效形态称为"围油栏淹没失效"（图 2-5（e））。若配重质量较轻，其在高水流流速或者风流逆向环境下可能会发生"围油栏平顶失效"（图 2-5（f））。

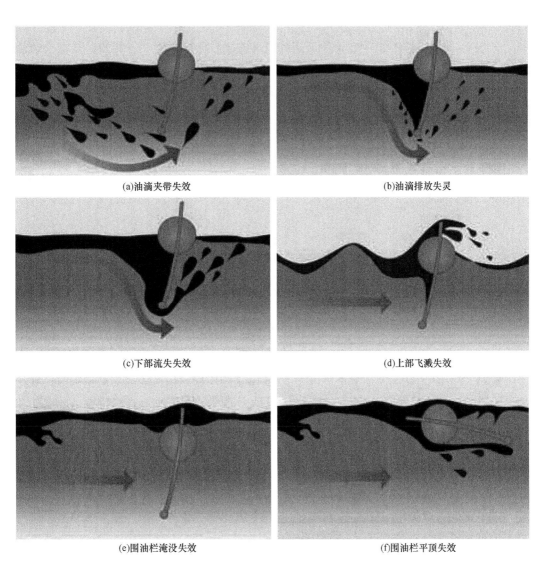

(a)油滴夹带失效

(b)油滴排放失灵

(c)下部流失失效

(d)上部飞溅失效

(e)围油栏淹没失效

(f)围油栏平顶失效

图 2-5　典型围油栏失效形式

根据典型围油栏失效模式可知，溢油飞溅、围油栏淹没、平顶失效主要由于围油栏自身的结构设计缺陷。在保证围油栏具有良好随波性能的基础上，油滴夹带失效、排放失灵、油层流失失效以及临界累积失效均与所围控油品的性质密切相关。以下根据所围控油品性质，介绍典型溢油失效模式以及相关研究现状。

1. 低黏度油品

对于低黏度油品，溢油一般以小油滴的形态从围油栏前油层中"剥离"，随后被周围流体携带绕过围油栏底端发生失效。这种失效形式目前有两种主流观点加以解释：一种是由油水界面开尔文-亥姆霍兹不稳定性引起油滴脱落（Wicks，1969）；另一种是由栏前负压力梯度引起的栏前油滴逃逸（Kordyban 1990；Ertekin and Sundararaghavan，1995）。

开尔文-亥姆霍兹不稳定性指的是两种流体作平行相对运动，异相流体界面会因流速扰动产生不稳定流场的现象。Wicks（1969）首先对油滴夹带失效模式，以及油层不稳定性进行了物理实验研究。Wicks 认为栏前油层可以分为三个区域：头波区域、中间区域及栏前区域（图 2-6）。头波区域指的是拦油油层上游端区域，该区域油层厚度最大，油滴容易被水流从油层中"撕扯"和"剥离"出来，并"携带"绕过围油栏底端发生夹带失效。中间区域指的是栏前油层中部区域，油层仅在水流作用下逐渐变厚变短。栏前区域指的是近围油栏区域，栏前油层受到绕裙摆水流拖曳作用，有沿围油栏前端面向下的运动趋势。

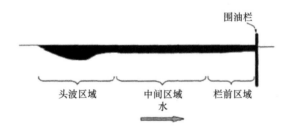

图 2-6　Wicks 提出的栏前油层分区图

Wicks（1969）认为油水界面的开尔文-亥姆霍兹不稳定性造成油滴夹带失效，并指出当临界 Weber 数大于 14 时，油滴开始从头波处脱落。这一临界指标后被 Agrawal 和 Halel（1974）修正为 28.2。Weber 数表达为

$$\mathrm{We_{cr}} = \rho_{\mathrm{w}} U^2 / \sigma_{\mathrm{ow}} g (\rho_{\mathrm{w}} - \rho_{\mathrm{o}}) \tag{2-1}$$

式中，σ_{ow} 为油水界面张力；U 为水流流速；g 为重力加速度；ρ_{w} 和 ρ_{o} 分别为水和油的密度。

Leibovich（1976）认为油滴起源于有限振幅的亥姆霍兹界面波，并发现当水流流速小于初始失效速度 $U_{\mathrm{i}} = 2.2\,U_{\mathrm{cr}}$（或者 $\mathrm{We_{cr}} \approx 20$）时，油滴不发生剥离；当水流流速大于全面失效速度 $U_{\mathrm{e}} = 3.1\,U_{\mathrm{cr}}$ 时，油滴在整个油层剖面剥离；当水流流速为 $2.2 \sim 3.1\,U_{\mathrm{cr}}$ 时，油滴仅在油层头波处剥离。临界流速 U_{cr} 定义为

$$U_{cr} = (2\frac{\rho_o + \rho_w}{\rho_o \rho_w} \sqrt{\sigma g(\rho_w - \rho_o)})^{1/2} \tag{2-2}$$

Leibovich（1976）提出的初始失效速度 U_i 以及全面失效速度 U_e 后被 Wilson（1977）修正为：$U_i = 1.55U_{cr}$，$U_e = 2.2U_{cr}$。

Lee 等（1998）通过大量的物理模型实验拟合得到油滴夹带失效临界水流流速：

$$U_i = 1.98U_{cr} + 0.085\sqrt{g\Delta D} \tag{2-3}$$
$$\Delta = (\rho_w - \rho_o)/\rho_w$$

式中，D 为围油栏栏深。

Amini 等（2008）通过实验研究认为波浪可以减小溢油初始失效流速，并认为波浪参数对围油栏失效的影响主要体现在波陡这一参数上。Amini 等（2008）还指出围油栏一旦拦油失效，拦油损失率与水流流速呈指数型关系。同时，Amini 等（2008）给出了波流环境下固体浮子式围油栏的栏前油层长度 L_s、头波厚度 t_h、拦油初始失效速度 U_i、拦油损失量 q_E 经验公式：

$$L_s = V^{2/3}\left(-11.7\ln U - 2/\sqrt{D}\right)$$
$$t_h = 1.4\sqrt{VU}$$
$$U_i = 1.98U_{cr} + 0.08\sqrt{g\Delta D} - 5/3s \tag{2-4}$$
$$q_E = 122.79DV^{2/3}\exp(22.65I_U) + 2.43I_U/D^3V^{7/3} - 0.74$$

式中，V 为溢油量；s 为波陡；I_U 为相对初始失效水流流速的增量。

封星（2011）通过 FLUENT 多相流数值模型分析波浪参数和水流流速对围油栏前油层形态，以及其演变规律的影响。结果表明：纯水流作用下时，被围控溢油的油层厚度随着水流流速的增加而增加。波浪的作用使得栏前油层厚度沿长度方向趋于均匀化，油层厚度随着波面变化而变化。栏前油层厚度在波峰传到围油栏时达到最大，易发生拦油失效。同时，封星拟合得到不同波流工况下固体浮子式围油栏拦油初始失效水流流速经验公式。

纯流工况：

$$U_i = 1.98U_{cr} + (0.39 + 0.078Q^{-0.5})D\sqrt{g\Delta} \tag{2-5}$$

波流同向工况：

$$U_i = \begin{cases} U_{cr} + U_{cr}(-0.0005\rho + 0.3304)ns < 0.02 \\ U_{cr} + U_{cr}(-0.0005\rho + 0.3304) - 1893.6s^2 + 82.108s - 0.8622ns > 0.02 \end{cases} \tag{2-6}$$

波流逆向工况：

$$U_i = U_{cr} + U_{cr}(0.0014\rho - 1.293) - 121.38s^2 + 0.0889s + 0.1004 \tag{2-7}$$

对于低黏度油围控失效的另一种解释是：在围油栏底端附近存在一定垂向负压梯度，负压梯度对栏前油层的"抽吸"作用是造成油水界面失稳的原因。Kordyban（1990）基于势流假设推导得出一个依赖于负压梯度的油水界面稳定性判断方程。Ertekin 和 Sundararaghavan（1995）通过数值方法得到了围油栏附近压力梯度分布，并根据压力分布讨论了油水界面的稳定性。Kordyban（1990）、Ertekin 和 Sundararaghavan（1995）均假设油膜的存在对整个流场的影响可以忽略，这与实际情况有较大出入。因此，刘诚等（2011）建立了考虑油膜存在的多相流数值模型，系统研究了围油栏裙摆迎流面压力梯度，以及油水界面稳定性与油水相对密度、油品黏度、围油栏有效吃水深度、水流流速的关系。

2. 中黏度油品

对于中等黏度的油品，常常会发生溢油在栏前不断累积直至绕过围油栏裙摆底端从而拦油失效。因此，近围油栏端油层厚度受到学者们的高度关注。Cross 和 Hoult（1971）通过研究水流作用下油膜单元受力，给出了围油栏栏前油层厚度公式。他认为围油栏前油层厚度与其距油层上游端点的距离的开方呈正比（图 2-7（a））。

$$h(x) = \sqrt{\frac{C_f U^2}{g\Delta}} x^{1/2} \qquad (2\text{-}8)$$

式中，C_f 为摩擦系数，对于低雷诺数，C_f 随着 x 的增大而减少；对于高雷诺数 C_f 为常数，等于 0.005；x 为距离油层上游端点的距离。

Wilkinson（1972a，1972b）将围油栏前油层分为前锋区和黏性区，其中前锋区重力占主导，黏性区黏滞力为主导（图 2-7（b））。对于前锋区剖面，可以采用 Benjamin（1968）提出的剖面厚度公式：

$$h = \frac{U^2}{2\Delta g} \qquad (2\text{-}9)$$

对于黏性区，油水界面受到惯性力、压力及摩擦力的影响，Wilkinson 所得抛物线形厚度剖面与 Cross 和 Hoult（1971）所得结果一致。

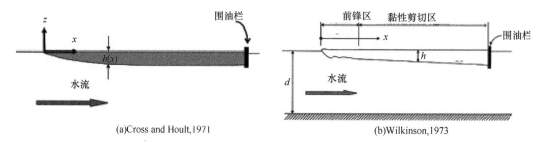

(a)Cross and Hoult,1971　　　　　　　　(b)Wilkinson,1973

图 2-7　围油栏前溢油剖面

推算得到水流作用下围油栏前溢油厚度可以有效防止中等黏度溢油从围油栏底部流失泄漏。然而，当油水界面发生失稳时，栏前油层并不存在上述平衡厚度。Wilkinson（1972b）认为水流作用下，中等黏度油品的油水界面失稳条件取决于当地水深及油品密度。他认为当密度弗汝德数 F_r 大于 0.5 时，围油栏前不存在稳定的油水剖面。其中，密度弗汝德数可以表示为

$$F_r = \frac{U}{\sqrt{\Delta g d}} \qquad (2\text{-}10)$$

式中，d 为当地水深。

Wilkinson（1973）进一步研究围油栏前油层长度及溢油滞留量，他发现围油栏前油层厚度受到密度弗汝德数及油水界面糙率影响。一般来说，界面糙率大的油层其栏前长度相对较短。

Lau 和 Moir（1979）分析了摩擦系数 C_f 对围油栏前油层剖面的影响，他认为油品黏度越高，油水界面摩擦系数 C_f 越大，相应的油水界面剪切力也较大。同时，Lau 和 Moi（1979）在 Wilkinso（1972a）的基础上，提出了更严格的防止栏前带油流失的条件：

$$F_r \leqslant 0.5 \text{ 且 } D \geqslant \frac{U^2}{2\dfrac{\Delta}{1-\Delta}g} \tag{2-11}$$

3. 高黏度油品

对于高黏度油品，或者严重乳化后的油品，常以非牛顿流体的形式在围油栏前聚集并突然从围油栏底端流失（称为临界累积失效）。Delvigne（1989）通过大量物理实验得出：当溢油运动黏度大于 3000 cSt，油水相对速度超过 0.15 m/s 时，会发生临界累积失效。对于运动黏度小于 30000 cSt 的油品，其发生临界累积失效时所对应的水流流速同阶。临界累积失效所对应的水流流速随着油品黏度的增加略有增大，与溢油量、围油栏吃水深度、当地水深等无关。Johnston 等（1993）通过研究高黏度油品的激增行为，指出高黏度油品发生临界累积失效的原因是：对于黏性较大的油品，其油水界面的剪切力相对较大，当油水界面的剪切力超过由油层内部循环流动提供的剪切力时，油层将以一个整体的形式被过剩的油水界面剪切力驱动，发生挤压变形，直到被"挤"出围油栏裙摆底端发生流失。图 2-8（左）表示中黏度油层内循环可以抵消油水界面剪切力，重新达到平衡，而图 2-8（右）表示高黏度油层内循环不足以抵消油水界面剪切力，"油块"整体被过剩的油水界面剪切力不断挤压直到流失。

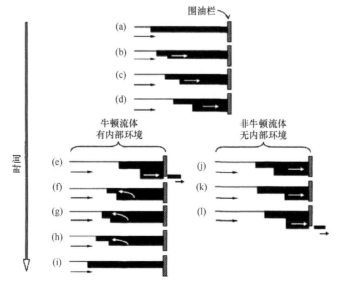

图 2-8　典型的高黏度溢油栏前行为

2.1.2　围油栏系统水力学分析及相关研究

为了提高复杂海洋环境中围油栏的拦油效率，学者们开始重视围油栏结构优化工作，提出了多种新型、高效的围油栏结构。Ventikos 等（2004）研究了围油栏浮子形状对其拦油性能的影响。研究结果表明：刚性浮子围油栏抗水流能力较强，柔性及半刚性浮子围油栏抗风浪能力较强。

Lee 和 Kang（1995，1997）的实验表明：一般地，适当增加围油栏的栏深，可以有效地提高围油栏的拦油效率。但是，长裙摆围油栏受波流曳力影响相对较大，更容易变形。在某些极端环境下（如高水流流速环境下），其拦油效率反而降低。Wong 和 Brain（2003）团队设计了多种形状的围油栏模型，如正（余）弦波型、有垂直障壁正（余）弦波型、仿机翼多重正（余）弦波型（图 2-9），并开展模型围油栏拦油实验。实验结果表明：单纯正（余）弦波裙摆型围油栏容易受到波流影响使得裙体倾斜，正（余）弦波组合垂直壁障型围油栏可以有效改善上述问题。仿机翼多重垂直障壁型拦油效果最好。但由于 Wong 设计的围油栏模型结构复杂，且拦油效率提高有限，并没有得到广泛的运用。

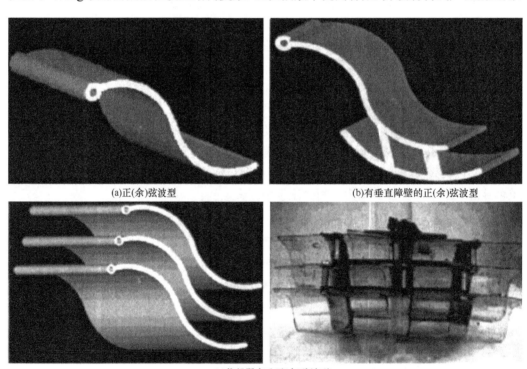

(a)正(余)弦波型　　　　　　　　　(b)有垂直障壁的正(余)弦波型

(c)仿机翼多重正(余)弦波型

图 2-9　新型单体围油栏设计

由于传统单一的结构，围油栏在某些恶劣海况下作业时拦油效率往往较低，Lee 等（1998）提出了双体围油栏，并指出当双体围油栏间距为 8.0～10.0 倍有效吃水深度时，双体围油栏系统拦油效果较好。并且 Lee 和 Kang（1997）认为双体围油栏系统的最优栏间距与油品性质有关。Wong 和 Barin（2003）、Wong 等（2002）设计了一种柔性围油栏系统（图 2-10），该系统由前端柔性围油栏和后端传统围油栏阵列组成。前端柔性围油栏裙摆在水流作用下，发生倾斜引导油层流动进入后端滞油区。研究表明通过调整围油栏阵列间距可以进一步增加围油栏系统拦油效率。

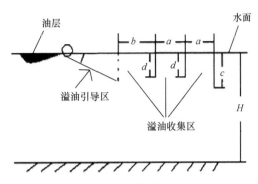

图 2-10　围油栏系统示意图

　　实际溢油应急过程中，除了要考虑围油栏结构、布设形式，还要考虑围油栏的受力情况。一方面，围油栏的整体受力情况决定了拖曳船舶的功率；另一方面，围油栏幕身材料抗拉强度要满足围油栏的局部极限受力要求。

　　Milgram（1971）提出了纯水流作用下，悬链线拖曳形式的围油栏受力公式：

$$T_w = \frac{1}{2} l \rho_w U^2 D C_d \tau \qquad (2\text{-}12)$$

式中，l 为围油栏总长度；ρ_w 为海水密度；U 为水流流速；D 为围油栏有效吃水深度；C_d 为拖曳力系数，通常取为 1.5；τ 为无量纲的张力系数，由悬链线型开口角决定，若考虑波浪的作用（图 2-11），式（2-12）可以写为

$$T_w = \frac{1}{2} l \rho_w (U + 0.5\sqrt{H_s})^2 D C_d \tau \qquad (2\text{-}13)$$

式中，H_s 为显著波高。作用在围油栏干舷上的风拖曳力可以表示为

$$T_a = \frac{1}{2} l \rho_a U_a^2 F C_d \tau \qquad (2\text{-}14)$$

式中，ρ_a 为空气密度；U_a 为风速；F 为干舷高度。

　　作用在围油栏结构上的合力 T_{tot} 为

$$T_{tot} = T_w + T_a \qquad (2\text{-}15)$$

　　Milgram（1973）发现围油栏的随波性能与围油栏固有频率和波浪频率的频率差有关，频率差越大，围油栏随波性能越好。他指出：提高围油栏随波性能最有效的办法是增大浮重比，减轻配重或者围油栏结构质量。Van Dyck 和 Bruno（1995）指出围油栏垂荡响应在溢油围控过程中的重要性，并认为在大波陡环境下围油栏随波性通常表现不佳。Kim 等（1998）通过大量物理实验研究了不规则波作用下围油栏的随波性能。研究结果表明：当围油栏浮重比为 20 左右时，其随波性能较好。重型围油栏（即小浮重比围油栏）虽然在长波环境下使用效果好，但其抗水流以及抗"溢油飞溅失效"性能差。Lee 和 Kang（1997）指出水流对围油栏的影响主要取决于围油栏迎水面波浪作用力与围

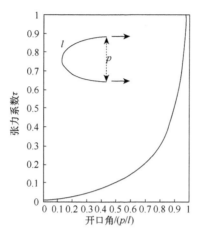

图 2-11　无量纲张力系数与围油栏开口角关系

油栏配重的比值。Castro 等（2010）通过大量物理模型实验，研究波流条件、围油栏设计参数（初始栏深、配重等）对围油栏吃水深度的影响。研究结果表明：波高对围油栏有效吃水深度影响最大，其次是波周期。波高和水流流速越大，围油栏有效吃水深度与最小吃水深度越小。

2.1.3　溢油围控数值模拟及相关研究

随着科学技术的飞速发展，学者们不再单纯依赖物理模型实验来研究溢油失效机理及围油栏性能。应用数值仿真技术可以大幅度提升前期实验的效率。Goodman 等（1996）和 Brown 等（1996）运用 FLUENT 成功模拟了水平均匀流环境下两种典型溢油失效模式：油层流失失效及临界累积失效。所得油层剖面与 Delvigine（1989）的实验结果相吻合，但是他们的模型并不能很好地模拟油滴夹带失效。Chebbi（2009）采用边界层和常阻力系数模型，推导出考虑油层内循环的油层剖面形态方程，得到近围油栏端油层厚度经验公式。宁成浩（2002）利用不可压缩油水两相流数学模型，模拟了不同黏度油品的拦油失效过程。Fang 和 Johnston（2001）采用非静压数值模型来模拟风波流共同作用下的栏前溢油失效过程。他发现前锋区油水界面波动要明显大于近围油栏区。油水界面波动幅值与波高呈正相关，水流流速增大会对已有界面波动起抑制作用。风速对栏前滞油的影响可以看成水流流速的一个增加量，折算比例约为 6 %。魏芳（2007）运用 FLUENT 模拟单个固体围油栏的拦油失效过程，分析围油栏形状对其拦油能力的影响，据此对围油栏的外形做优化处理。Amini 等（2005）、Amini 和 Schleiss（2009）运用 FLUENT 研究了裙摆柔性对围油栏拦油性能的影响。研究表明：波流作用下柔性裙摆可以显著影响围油栏周围流场，促使围油栏发生拦油失效。Violeau 等（2007）运用 SPH 模拟出轻质油及乳化油，研究不同黏度的溢油在波浪作用下的发展规律。Yang 和 Liu（2013）运用 SPH 研究了围油栏拖曳速度、波高，以及围油栏裙摆倾斜角度对围油栏拦油性能的影响。王建伟（2012）研究了不同海况下的围油栏水动力特性，为围油栏形状的优化与选型提供技术支持。

除了单体围油栏，宁成浩（2002）研究双体围油栏间距对拦油效率的影响。研究结果表明：双体围油栏系统的滞油效果要优于传统单体围油栏。此外，围油栏间距对双体围油栏系统拦油效率影响很大，数值结果分析得出双体围油栏间距为围油栏吃水深度的 8 倍时，围油栏系统拦油效率达到最佳，这与 Lee 和 Kang（1997）的实验结果吻合。基于 FLUENT 数值模型，丁桂峰等（2010）对传统围油栏的适用条件进行分析，得出双体围油栏协同作业可以改善围油栏的拦油效果，且改善效果随着水流流速的增大变得明显。

虽然双体围油栏拦油效果良好，但在实际清污作业过程中，双体围油栏操作相对复杂，且需要较大功率的拖船来拖曳。因此，双体围油栏并未得到广泛推广。近年出现了一种网栅结构围油栏，它由前网栅、底网栅和传统单体围油栏组成。相比传统围油栏，这种含网栅结构围油栏的改进在于：一方面，利用前网栅来减小围油栏前油水相对速度；另一方面，利用底网栅用来加强拦油区流场的稳定性。Zhang 等（1999）对网栅结构围油栏的拦油过程进行了数值模拟，结果表明：网栅结构可以显著降低栏前水流速度，从而提高拦油效率。孙添虎（2011）运用三相流数值模型，对网栅围油栏的干舷高度、裙体高度、网栅孔隙率、网栅裙体吃水对其拦油能力的影响进行了系统研究。

当前关于围油栏的研究大多局限于物理模型实验，并对围油栏进行了简化，而对柔性围油栏的研究还相对较少。且考虑到污染问题，物理实验过程中并没有投放溢油，这导致对波流作用下栏前溢油行为规律，以及其失效机理的研究难以深入。同时，对于围油栏的数值模拟研究仍处于起步阶段，对围油栏模型的描述相对简单。已有研究工作要么假设围油栏是固定在水面的，如 Goodman 等（1996）和 Brown 等（1996），Chebbi（2009），宁成浩（2002），Fang 和 Johnston（2001），Amini 等（2005），Amini 和 Schleiss（2009），Zhang 等（1999）；要么仅考虑围油栏的垂向升沉运动，如 Violeau 等（2007），Xing 等（2011），Yang 和 Liu（2013）。而真实海域作业的围油栏不仅可以随着波浪做垂荡、纵荡、纵摇运动，其裙摆亦可以发生柔性变形（Sung et al.，1995）。上述数值模型中引入的假设势必影响仿真结果的适用性，需要我们对模型做进一步的改进和优化。

2.2　围油栏拦油机理及抗风性能测试

借鉴美国围油栏在大比尺波浪水槽物理实验模拟的技术和方法，利用交通运输部天津水运工程科学研究所（简称"天科所"）的大比尺波浪水槽和溢油波流水槽物理实验模拟系统，模拟不同港湾溢油条件下围油栏的随波性、滞油性、抗风抗浪性等拦油能力实验，对上述优化设计的围油栏的溢油逃溢、溢油泄漏、溢油飞溅、围油栏不稳定性等进行实验研究，分析造成拦油失效的条件，总结不同结构参数的围油栏在波浪和水流作用下的失效规律，优化港湾溢油的围油栏各部件的几何尺寸及其布设方式。根据上述模拟实验研究结果，进一步完善在实际应用过程中围油栏的各组件的配置及立体化结构，改善对溢油的拦截效果，防止溢油的外溢或者沉积到港湾底部。

2.2.1　波流作用下固体浮子式围油栏运动响应实验

1. 实验设备和仪器

大比尺波浪水槽于 2014 年 7 月建成并投入使用，是目前世界上造波能力最强、功能最齐全的大比尺波浪水槽。天科所大水槽长 456 m，宽 5 m，试验段深 8～12 m，如图 2-12、图 2-13 所示。其最大造波能力为 3.5 m，最大模拟海啸波 2 m，造波周期 2～10 s，最大造流能力 20 m³/s，能进行 1/5～1/1 的大比尺模型试验，最大限度的消除比尺效应，还原更为真实的物理过程。

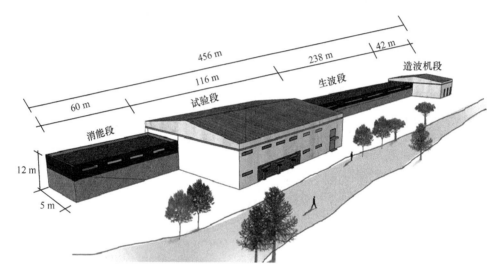

图 2-12　大水槽示意图

图 2-13　大水槽内部结构图

天科所室外溢油波流水槽，长为 45.0 m，宽为 0.5 m，高度为 1.1 m。波流水槽侧边壁以及水槽底部均铺有钢化玻璃，水槽采用推板式造波系统（波浪从右向左传播），水槽末端配有多孔介质消波装置，水槽配有双向造流泵。围油栏模型放置在水槽中部观测段，由两根锚线于迎浪侧水平锚拉。锚拉点系在围油栏浮子与裙摆交接处，锚线采用尼龙长丝合股捻线，长 1.5 m。围油栏模型宽度略小于水槽宽度，以保证围油栏运动不受水槽边壁的影响（图 2-14）。

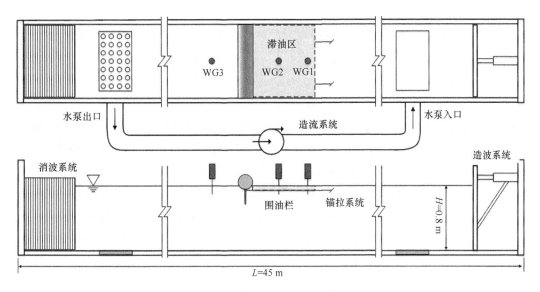

图 2-14　物理实验装置示意图

　　本次试验中采用非接触式船模运动量测试系统测量围油栏不同位置的六自由度运动量：非接触式船模运动量测试系统，主要由电磁发射器、电磁传感器、采集仪及采集软件组成，能够非常方便地追踪任何非金属物体的运动轨迹，见图 2-15、图 2-16。

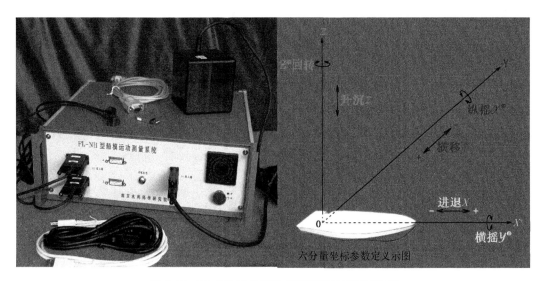

图 2-15　FL-NH 型非接触式船模运动量测试系统

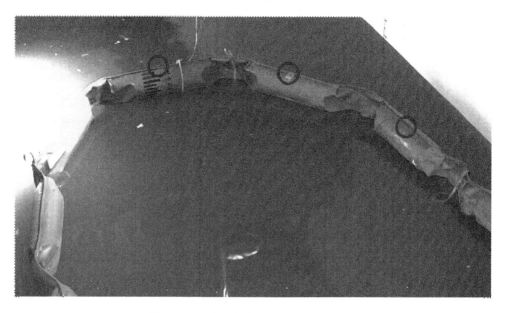

图 2-16　六分量传感器布置图（圆圈处）

锚链的拉力采用 LA1 型水下拉力传感器进行测量，该传感器为应变式，使用 350 Ω 应变计，组成全桥电路，具有良好的温度特性，量程为 250～1200 N（25～120 kg），可以在水下工作，如图 2-17 所示。

图 2-17　LA1 型水下拉力传感器

固体浮子式围油栏有浮子、裙摆以及配重三个主要组成部分。固体浮子采用轻质塑料泡沫。裙摆主体由 4 片 PVC 塑料板组成，每片 PVC 塑料板间由柔性线绞缝合、连接。配重由数根钢筋棒捆绑制成。考虑到围油栏模型需要与真实油品接触，模型围油栏表面用薄油布覆盖。为了防止溢油围控实验过程中油品从围油栏与水槽侧壁泄漏影响实验精度，本实验在围油栏结构侧边粘贴硅化毛条。刚性围油栏指的是围油栏浮子与裙摆间不能发生相对转动，围油栏裙摆不能变形。本实验中，柔性围油栏可以通过加设钢筋箍改造成刚性围油栏（图 2-18）。

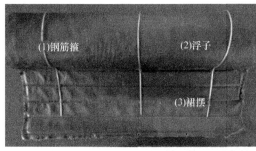

图 2-18　围油栏模型组件图

在实验观测段水槽边壁外，距水槽 6 m 处放置普通监控摄像一体机（海康威视公司制造，型号为 Model DS-2CD3T45D-I5），用来捕捉围油栏的运动轨迹以及栏前溢油剖面形态。相机的采集区域约为 2.5 m × 0.9 m，采集图像分辨率为 2048 px × 1536 px，采集频率为 25 fps。为提高室外实验采集图像的对比度，实验在黑暗环境中进行，并在水槽上方安置强光源。此外，波流水槽实验段背面贴浅绿色背景油纸，增加气液两相界面对比度。对于围油栏水动力特性实验，围油栏模型周围波高数据由 SG-2000 型动态水面测量系统采集（图 2-19），波高传感器安设位置参考 Goda 和 Suzuki（1977）给出的要求，具体传感器位置见表 2-2。

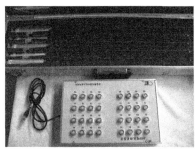

图 2-19　围油栏实验测量系统

表 2-2 高传感器位置

传感器编号	WG.1	WG.2	WG.3
相对位置 X	1.0 m	0.5 m	−0.5 m

注：X代表距离围油栏的相对位置；X向右为正方向。

2. 实验比尺

在大水槽试验中，试验采用原型比尺。

在小比尺波流水槽中开展围油栏水动力分析实验，采用弗洛德数相似准则，实验水流、波浪条件按照我国黄渤海海域水文要素进行缩放（张江泉等，2013）。模型围油栏尺寸依据原型固体浮子式围油栏长度比尺进行缩放。

3. 围油栏模型几何参数

大比尺波浪水槽中围油栏试验采用原型围油栏进行测试。围油栏由浮子、裙摆和配重三部分组成。浮子为圆形，采用泡沫填充；裙摆为柔性 PVC 材料，配重采用铁链。如与图 2-20 所示。浮子直径 0.35 m，干舷高度 0.3 m，裙摆 0.36 m，配重链质量约为 1892 g/m。

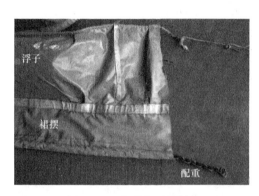

图 2-20 原型围油栏结构

实验中测试的围油栏总长 18.69 m，共 11 节，每节浮子长 1.35 m，连接段长 0.32 m，如图 2-21 所示。围油栏在水槽中呈 U 形布置，两端通过拉力传感器固定水槽边壁上或与拖曳装置连接（图 2-22、图 2-23）。

图 2-21 水槽中使用的原型围油栏

图 2-22　水槽中固定围油栏布置型式

图 2-23　水槽中移动围油栏布置型式

室外溢油小水槽的模拟侧重于机理研究，为了适应复杂的海洋波流环境下的溢油应急作业，溢油应急作业针对不同海况配备不同型号的围油栏。依据固体浮子式围油栏规范《围油栏》GB JT/T 465—2001 中给出的"不同水域环境条件下围油栏的一般性能要求"。本实验设计不同浮子直径、裙体高度、浮重比、刚柔性共 19 种围油栏模型装置，围油栏几何比尺为 1∶6，围油栏具体参数见表 2-3。

表 2-3　水动力实验围油栏模型参数

组次	刚度	浮子直径/mm	裙摆长度/mm	初始干舷/mm	初始吃水/mm	总重/（kg·m/s²）	浮重比
M1	R	100	100	8.84	11.16	6.00	7.83
M2	R	100	100	7.48	12.52	10.00	4.70
M3	R	100	100	6.53	13.47	14.00	3.36
M4	F	100	100	9.15	10.85	6.00	7.83
M5	F	100	100	8.30	11.70	8.00	5.88
M6	F	100	100	7.60	12.40	10.00	4.70
M7	F	100	100	7.00	13.00	14.00	3.36
M8	F	80	100	4.50	13.50	3.63	8.83
M9	F	80	100	4.00	14.00	6.50	4.92
M10	F	80	100	3.60	14.40	9.00	3.56
M11	F	50	100	3.23	11.77	2.75	4.36
M12	F	50	100	2.97	12.03	3.50	3.43
M13	F	50	100	2.46	12.54	5.00	2.40
M14	F	50	150	3.10	16.9	2.75	4.36
M15	F	50	150	2.88	17.12	3.50	3.43
M16	F	50	150	2.25	17.75	5.00	2.40
M17	F	50	50	3.35	6.65	2.75	4.36
M18	F	50	50	3.10	6.90	3.50	3.43
M19	F	50	50	2.76	7.24	5.00	2.40

注：R 代表刚性围油栏；F 代表柔性围油栏。

4. 围油栏模型水动力以及性能参数

波流作用下刚性以及柔性围油栏的运动形态见图 2-24，其中，r，h，d 分别为浮子半径、裙体长度和水下淹没深度；F_0，D_0，F_i，D_i 分别为初始干舷高度、初始吃水深度、瞬时干舷高度以及瞬时吃水深度。刚性围油栏浮子与裙体刚性连接，且裙体不变形；而柔性围油栏浮子与裙体铰接连接，且裙体可变形。θ、φ 分别为浮子、裙体纵摇幅度。为了描述固体浮子式围油栏三个自由度运动（垂荡、纵荡、纵摇），现定义以下相对坐标系：坐标原点位于浮子质心，x 正方向水平向左，z 正方向垂直向上。图像采集系统通过捕捉围油栏栏身关键点 $P_1 \sim P_5$，获得围油栏运动响应以及栏前水面爬高数据。其中，$P_1 \sim P_2$ 是为了监测固体浮子式围油栏的浮子运动响应，$P_3 \sim P_4$ 是为了监测固体浮子式围油栏的裙摆运动响应，P_5 是为了监测栏前液面信息。

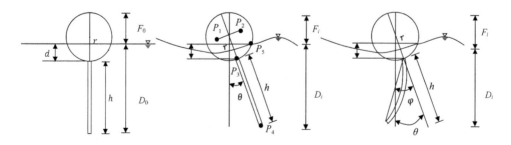

图 2-24　围油栏运动形态示意图

2.2.2　围油栏运动响应及拦油有效性分析

1. 刚性围油栏、柔性围油栏运动响应区别

在研究波流作用下柔性围油栏运动响应规律前有必要讨论刚性围油栏、柔性围油栏的运动响应区别。总的来说，刚性围油栏运动时浮子和裙摆保持相同的运动幅度。柔性围油栏由于其裙摆可变形，且浮子与裙摆铰接可转动，其浮子和裙摆运动响应相对分离。从图 2-25 中可以看出，对于浮子的垂荡响应，柔性围油栏（M4）与刚性围油栏（M1）的运动幅值保持一致，而柔性围油栏（M4）的裙摆垂荡幅值明显大于刚性围油栏（M1）的运动幅值。这是由于水流作用下柔性围油栏裙摆会发生变形。对于纵荡响应，高水流流速环境下柔性围油栏浮子的运动幅值明显高于刚性围油栏浮子的运动幅值，而柔性围油栏裙摆的运动幅值与刚性围油栏裙摆的运动幅值在整个测试水流流速范围内（0～0.276 m/s）均保持一致。

对于纵摇响应，柔性围油栏浮子的运动幅值高于刚性围油栏浮子的运动幅值，而柔性围油栏裙摆的运动幅值在低水流流速环境下低于刚性围油栏裙摆的运动幅值，在相对高水流流速环境下（> 0.139 m/s）与刚性围油栏裙摆的运动幅值趋于一致。这是由于高水流流速环境下，刚性与柔性围油栏在水流曳力、锚链拉力作用下保持一致的倾斜姿态。

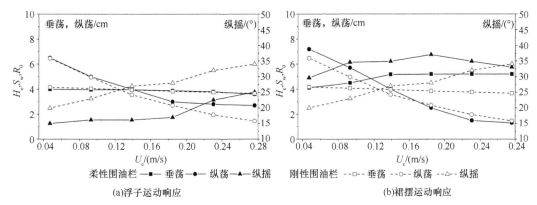

图 2-25　不同波流环境作用下刚性与柔性围油栏运动响应对比（$H = 0.04$ m，$T = 2.2$ s；M1 和 M4）

对于围油栏的运动响应实验，共设计 7 种不同的水流要素，见表 2-4、表 2-5。

表 2-4　波浪参数表

	W_1	W_2	W_3	W_4	W_5	W_6	W_7
波高 H/m	0.04	0.04	0.06	0.06	0.06	0.08	0.08
波周期 T/s	1.3	2.2	1.2	1.7	2.2	1.2	2.2
波陡 S	0.016	0.007	0.027	0.015	0.011	0.036	0.015

表 2-5　水流流速表

	V_1	V_2	V_3	V_4	V_5	V_6	V_7
流速 U_c/(m/s)	0	0.047	0.093	0.139	0.185	0.230	0.276

2. 固体浮子式围油栏运动响应研究

1）波流要素对运动响应影响

A. 波浪要素对运动响应的影响

从图 2-26 中可以看出，柔性围油栏的垂荡响应幅值主要取决于围油栏作业海域的波高。一般来说，一方面，波高越大，围油栏垂荡响应幅值越大。另一方面，波周期对围油栏垂荡响应幅值影响并不显著，对于重型围油栏（B/W 值较低）来说更是如此。为了进一步研究波浪对围油栏运动响应幅值的影响，图 2-27 给出了不同浮重比（B/W）围油栏的相对垂荡响应幅值在不同波陡 H/L 条件下的变化情况。总的来说，围油栏的相对垂荡响应幅值随着波陡的增大而降低。对于相同波陡环境下（波陡约为 0.015 时），围油栏的相对垂荡响应幅值受到波高的影响，波高越大，其相对垂荡响应幅值越小。此特征

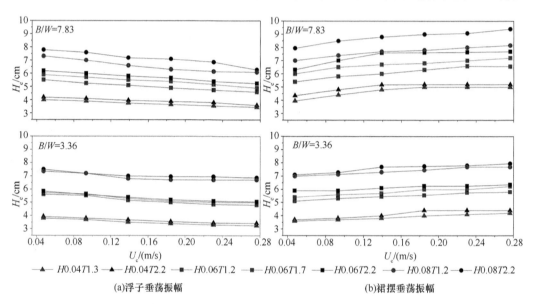

(a)浮子垂荡振幅　　　　　　　　　　(b)裙摆垂荡振幅

图 2-26　不同波流环境作用下柔性围油栏的垂荡响应 H_e 对比（M4 和 M7）

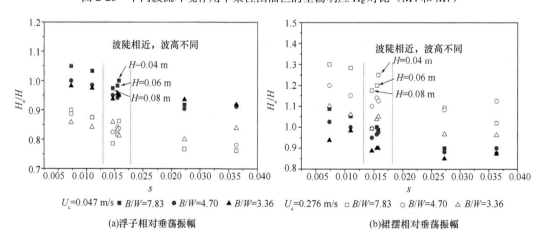

(a)浮子相对垂荡振幅　　　　　　　　(b)裙摆相对垂荡振幅

图 2-27　不同波流环境作用下柔性围油栏的相对垂荡响应 H_e/H 对比（M4，M6 和 M7）

对于轻型围油栏来说更为显著。注意到，图 2-27 中，围油栏的相对垂荡响应幅值在某些波流环境下会大于 1，这是由于围油栏浮子以及裙摆的运动响应是根据其对应的成对运动追踪点的运动响应幅值取平均所得。当围油栏在波流作用下，发生纵摇、变形及裙摆松弛时（Zhao et al.，2016；Bai et al.，2016），常常伴随着相对垂荡响应幅值大于 1。

图 2-28 为不同波流环境作用下柔性围油栏的纵荡响应幅值 S_w 在不同波陡条件下的变化情况。可以看出，相同波高条件下，柔性围油栏的纵荡响应幅值随着波陡的增大而增大。当柔性围油栏所处环境波陡大小一致时，其纵荡响应幅值随着波高的增大而增大。这可以解释图 2-28 中波陡在 0.015 附近时，不同波流作用下的围油栏的纵荡响应幅值有"陡峭的"变化。此外，当围油栏裙摆相对较长且材料更柔软时，可能会发生裙摆松弛的现象，也会造成类似的纵荡响应幅值有"陡峭的"变化（Bardestani and Faltinsen，2013）。对于相对纵荡响应幅值 S_w/L（图 2-29），可以发现：当围油栏所处作业环境波陡小于 0.015时，其浮子以及裙摆的相对纵荡响应幅值总是处于一个狭小的空间范围内，波高与波周期对相对纵荡响应幅值的影响均不明显。而当围油栏所处作业环境波陡大于 0.015 时，围油栏的相对纵荡响应幅值与波陡呈正相关。这一现象在 Amini 和 Schleiss（2007）研究栏前溢油失效速度与波陡关系时同样被发现，Amini 和 Schleiss 指出存在一临界波陡 $H/L = 0.0086$。当围油栏所处作业环境波陡大于 0.0086 时，前溢油失效速度会发生显著降低。

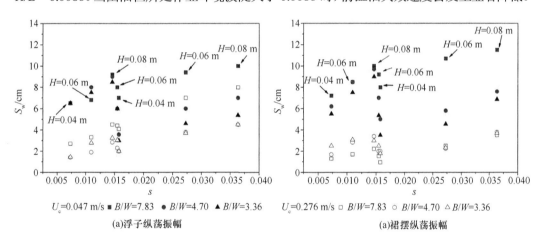

(a)浮子纵荡振幅　　　　　　　　　　　　(a)裙摆纵荡振幅

图 2-28　不同波流环境作用下柔性围油栏的纵荡响应 S_w 对比（M4，M6 和 M7）

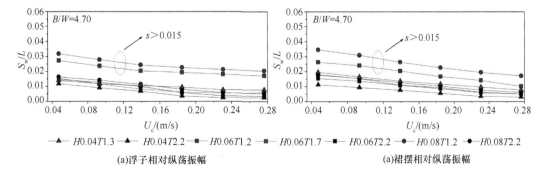

(a)浮子相对纵荡振幅　　　　　　　　　　(a)裙摆相对纵荡振幅

图 2-29　不同波流环境作用下柔性围油栏的相对纵荡响应 S_w/L 对比（M6）

图 2-30 给出了不同波流环境作用下柔性围油栏的纵摇响应幅值 R_o 在不同波陡条件下的变化情况。实验结果表明：柔性围油栏的纵摇响应幅值 R_o 与波陡呈正相关，且围油栏所处作业环境波高越大，围油栏纵摇响应幅值越大。

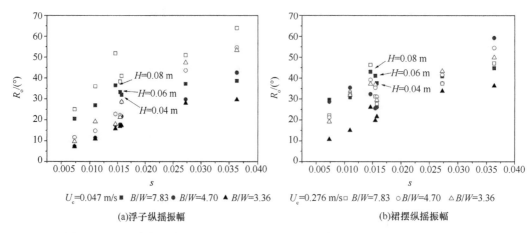

(a)浮子纵摇振幅   (b)裙摆纵摇振幅

图 2-30　不同波流环境作用下柔性围油栏的纵摇响应 R_o 对比（M4，M6 和 M7）

B. 水流流速对运动响应的影响

相比波高对柔性围油栏运动响应的影响，水流流速对围油栏运动响应的影响规律则相对简单。柔性围油栏浮子以及裙摆的垂荡响应幅值随着水流的增大呈现出相反的趋势。浮子的垂荡响应幅值随着水流流速的增大而降低，而裙摆的垂荡响应幅值随着水流流速的增大而增大。与垂荡响应所不同的是，柔性围油栏浮子以及裙摆的纵荡响应幅值随着水流流速的增大均表现出下降的趋势。柔性围油栏的纵荡响应幅值在高水流流速环境体现下降趋势的原因为：高水流流速环境下，围油栏在紧绷的锚拉系统制约下，由于水流的冲击、拖曳作用，裙体会发生倾斜。倾斜的裙摆姿态会导致围油栏裙摆在迎水方向的投影面积减少。进一步地，围油栏裙摆受到波流在迎流方向的压力会减少，因此围油栏裙摆的纵荡幅值会减少。此外，由于浮子和裙摆铰接成整体，减少的裙摆的纵荡响应同样会降低围油栏浮子的纵荡响应幅值。对于围油栏的纵摇响应，柔性围油栏浮子的纵荡响应幅值随着水流流速的增大而增大，而柔性围油栏裙摆的纵荡响应幅值先随着水流流速的增大而增大（水流流速小于 0.1~0.18 m/s）。当纵荡响应幅值达到最大值后，便随着水流流速的增大而略有减小。这一现象在 Kim 等（1998）的物理模型实验中同样被发现，Kim 指出这可能是由于裙摆在高水流环境下发生变形所致（图 2-31）。

2）围油栏结构参数对运动响应影响

A. 浮重比（B/W）对运动响应的影响

从图 2-32 可以看出：柔性围油栏浮子的相对垂荡运动幅值几乎不受浮重比 B/W 的影响，而柔性围油栏裙摆的相对垂荡运动幅值则与围油栏浮重比呈正相关，即围油栏越轻，其裙摆的相对垂荡运动幅值越大。这是柔性围油栏与刚性围油栏又一不同的水动力特性。此外，可以发现：围油栏浮子的相对垂荡运动幅值在大部分实验组况下均小于 1。而围油栏浮子的相对垂荡运动幅值在大水流流速环境下，由于裙摆纵摇、变形及松弛，始终会超过 1。

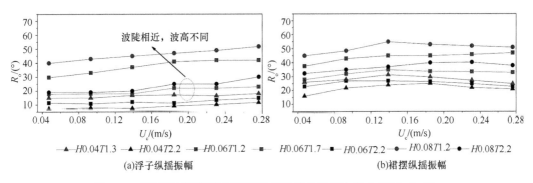

(a)浮子纵摇振幅　　　　　　　　　(b)裙摆纵摇振幅

图 2-31　不同波流环境作用下柔性围油栏的纵摇响应 R_o 对比（M6）

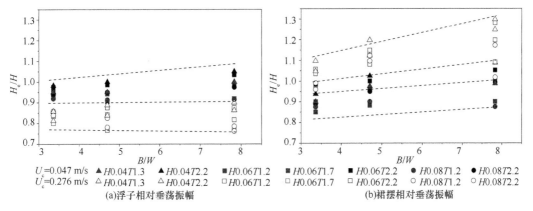

(a)浮子相对垂荡振幅　　　　　　　　(b)裙摆相对垂荡振幅

图 2-32　不同浮重比的柔性围油栏的相对垂荡响应 H_e/H 对比（M4，M6 和 M7）

　　围油栏浮重比对柔性围油栏浮子以及裙摆的纵荡运动幅值的影响可以参见图 2-33。图中可以看出：相比轻质围油栏，重型围油栏（$B/W = 3.36$）在大波陡作业环境下（如 $H = 0.06$ m，$T = 1.2$ s；$H = 0.08$ m，$T = 1.2$ s）保持较小的纵荡幅值，而在较小波陡作业环境下（如 $H = 0.04$ m，$T = 2.2$ s）保持一致的纵荡幅值。这说明：大波陡作业环境下重型围油栏有着较强的抗纵荡性能；而在较小波陡作业环境下，围油栏的纵荡运动幅值对其自身浮重比的变化不敏感。对于柔性围油栏浮子以及裙摆的纵荡响应，减少围油栏的浮重比，或增大围油栏配重质量，其裙摆的最大纵摇幅值显著降低，意味着围油栏的抗转动能力增强。

　　B. 裙摆长度对运动响应的影响

　　图 2-34 给出了波流作用下不同裙摆长度的柔性围油栏的垂荡响应幅值 H_e 变化情况。实验结果表明：不同裙摆长度的柔性围油栏浮子的垂荡响应幅值在低水流流速环境下趋于一致，在高水流流速环境下略有不同。裙摆长度对柔性围油栏裙摆的垂荡响应幅值的影响与其对浮子的垂荡响应幅值的影响类似，高水流流速环境下不同裙摆长度的柔性围油栏裙摆的垂荡响应幅值差异更明显。可以看出：长度为 5 cm 的柔性围油栏裙摆的垂荡响应幅值随着水流流速的增大几乎保持不变，而长度为 15 cm 的柔性围油栏裙摆的垂荡响应幅值随着水流流速的增大显著增大。这是由于不同裙摆长度的柔性围油栏裙摆的抗水流能力不同。围油栏裙摆的抗水流能力与其受到的水流拖曳力与所挂配重质量

的比值 $\rho_w U^2 L_{sk} / (2W_b)$ 有关,其中:ρ_w 代表水的密度,U 代表水流流速,L_{sk} 代表裙摆长度,W_b 代表配重质量。一般来说,水流拖曳力与所挂配重质量的比值越小,围油栏裙摆抗水流拖曳能力越强。

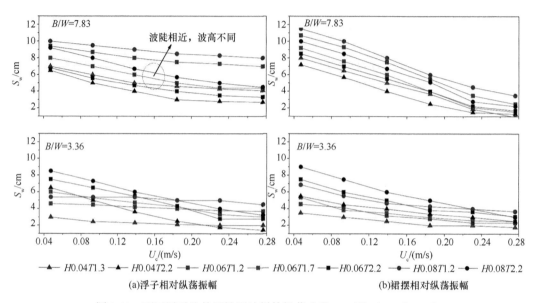

(a)浮子相对纵荡振幅　　　　　　　　(b)裙摆相对纵荡振幅

图 2-33　不同浮重比的柔性围油栏的纵荡响应 S_w 对比(M4 和 M7)

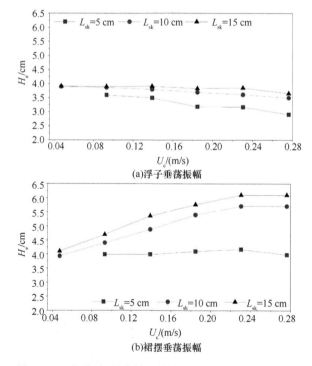

(a)浮子垂荡振幅

(b)裙摆垂荡振幅

图 2-34　不同裙摆长度的柔性围油栏的垂荡响应 H_e 对比
(M12,M15 和 M18;$H = 0.04$ m,$T = 2.2$ s)

图 2-35 给出了波流作用下不同裙摆长度的柔性围油栏的纵荡响应幅值 S_w 变化情况。与柔性围油栏的垂荡响应幅值一致的是，柔性围油栏的纵荡响应幅值同样在低水流流速环境下趋于一致，而在高水流流速环境下出现差异。与柔性围油栏的垂荡响应幅值不同的是，柔性围油栏的纵荡响应幅值随着水流流速的增大显著降低。当水流流速较小时，波流共同作用下的柔性围油栏裙摆的纵荡响应幅值几乎不受其裙摆长度的影响，而当水流流速较大时，上述由裙摆长度不同导致的纵荡响应幅值差异越来越大。总的来说，无论是浮子或是裙摆，长裙摆围油栏总有相对大的纵荡响应幅值。这可以归功于：通常情况下，长裙围油栏均拥有相对较大的有效吃水深度以及更显著的栏前阻水效应。

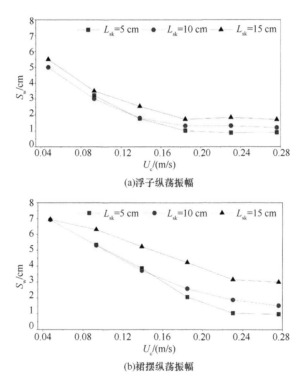

图 2-35　不同裙摆长度的柔性围油栏的纵荡响应 S_w 对比

（M12，M15 和 M18；$H = 0.04$ m，$T = 2.2$ s）

图 2-36 给出了波流作用下不同裙摆长度的柔性围油栏的纵摇响应幅值 R_0 变化情况。可以发现：长裙摆柔性围油栏一般拥有较大的浮子以及裙摆纵摇响应幅值。随着水流流速的增大，不同裙摆长度的柔性围油栏的浮子的纵摇响应幅值差异变大。这可以理解为：长裙摆围油栏前阻水效应更严重，围油栏浮子迎水面所受壅水的水压越大，因此其纵摇幅度也越大。与浮子的纵摇响应幅值随水流流速的变化规律不同的是，裙摆的纵摇响应幅值随水流流速的增大而趋于一致。这是由于：不同裙摆的长度的围油栏，其有效吃水深度在大水流流速环境下趋于一致。在波流共同作用下，柔性围油栏裙摆获得最大纵摇幅值时所处的水流流速范围是 0.14～0.185 m/s。

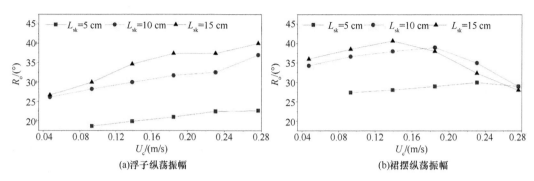

(a)浮子纵荡振幅   (b)裙摆纵荡振幅

图 2-36　不同裙摆长度的柔性围油栏的纵荡响应 R_o 对比（M12，M15 和 M18；$H = 0.04$ m，$T = 2.2$ s）

C. 浮子大小对运动响应的影响

一般来说，当围油栏的浮重比固定时，围油栏配备的浮子越大，相应的配重也越重，围油栏的抗波流能力就越强。图 2-37 给出了波流作用下不同浮子大小的柔性围油栏的垂荡响应幅值 H_e 的变化情况。实验结果表明：较大浮子直径的柔性围油栏的浮子以及裙摆的垂荡响应幅值均相对较小。这一特点对于高水流流速环境下的裙摆的垂荡响应幅值更为明显。这是由于：大浮子柔性围油栏拥有较大配重，其在强水流环境下仍能保持较为垂直的姿态，裙摆在水流作用下不易倾斜、变形。

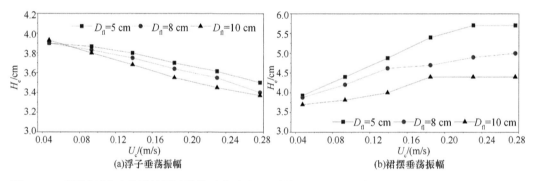

(a)浮子垂荡振幅   (b)裙摆垂荡振幅

图 2-37　不同浮子大小的柔性围油栏的垂荡响应 H_e 对比（M7，M10 和 M12；$H = 0.04$ m，$T = 2.2$ s）

图 2-38 给出了波流作用下不同浮子大小的柔性围油栏的纵荡响应幅值 S_w 变化情况。与柔性围油栏的垂荡响应幅值不同的是，不同浮子大小的柔性围油栏浮子的纵荡响应幅值在低水流流速环境下差异显著，而在高水流流速环境下趋势一致。此外，配有较大浮子的柔性围油栏，其浮子的纵荡响应幅值一般亦较大。这是由于：配有大浮子的柔性围油栏一般有相对较大的有效干舷高度。对于柔性围油栏的裙摆的垂荡响应幅值来说，浮子直径大小对其垂荡响应幅值影响不显著。配有较大浮子的柔性围油栏在低水流流速环境下的垂荡响应幅值相对略小，而在高水流流速环境下则相对略大。这是由于：在低水流流速环境下，不同浮子大小的围油栏姿态均相对垂直，而小浮子围油栏由于相对较轻容易受到波浪力的作用获得相对较大的运动幅值；在高水流流速环境下，配有大浮子大配重的围油栏才能保持相对垂直的姿态，且保持相对较大的有效吃水深度，即相对较大的迎水面积，因此能获得相对较大的运动幅值。

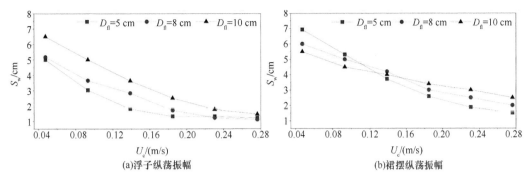

图 2-38　不同浮子大小的柔性围油栏的纵荡响应 S_w 对比（M7，M10 和 M12；$H = 0.04$ m，$T = 2.2$ s）

图 2-39 给出了波流作用下不同浮子大小的柔性围油栏的纵摇响应幅值 R_o 变化情况。实验结果表明：浮子越大的柔性围油栏，其纵摇响应幅值越小。这是由于：在浮重比相同的情况下，配有较大浮子的固体浮子式围油栏，其配重一般也较大。这便增加了围油栏整体的转动惯量，围油栏抗转动能力也因此增强。图 2-40 可以看出：当柔性围油栏浮子的直径为 10 cm 时，围油栏的纵摇响应幅值几乎不受到水流流速的影响。

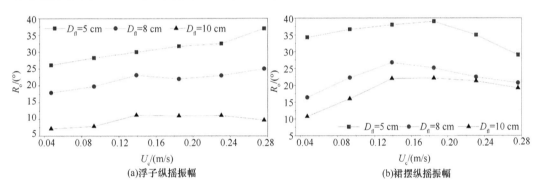

图 2-39　不同浮子大小的柔性围油栏的纵摇响应 R_o 对比（M7，M10 和 M12；$H = 0.04$ m，$T = 2.2$ s）

3. 固体浮子式围油栏有效性指标研究

本节主要讨论固体浮子式围油栏有效性指标（有效吃水深度及有效干舷高度）与所处作业环境的波浪要素、水流流速，以及其自身参数，如围油栏裙摆长度、浮子直径及浮重比的相关关系。

1）有效吃水深度

图 2-40 可以看出：无论刚性围油栏还是柔性围油栏，其有效吃水深度都随着水流流速的增加而降低。这是由于：围油栏在水流作用下，其栏身会发生转动且裙摆会发生倾斜。倾斜和转动角度随着水流流速的增大而增大，导致裙摆迎流面积降低，有效吃水深度减小。此外，围油栏的有效吃水深度还与所作业环境的波陡大小有关。一般来说，当波高一定的情况下，波陡越大，围油栏有效吃水深度越小。这意味着围油栏在短波主导的海域环境中作业，其随波性能往往表现不佳。这主要是由于：短波环境中围油栏的纵摇响应幅值往往比较大。当波陡一定的情况下，围油作业所处环境波高越大围油栏有效吃水深度越小（图 2-41）。

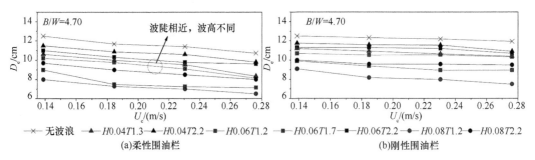

图 2-40　不同波流环境作用下固体浮子式围油栏的有效吃水深度 D_e 对比（M2 和 M6）

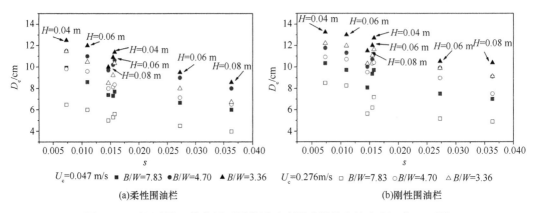

图 2-41　不同陡波环境作用下固体浮子式围油栏的有效吃水深度 D_e 对比
（M1～M4，M6～M7）

围油栏浮重比对固体浮子式围油栏有效吃水深度的影响可以参见图 2-42。总的来说，在不同水流流速作业环境下，固体浮子式围油栏的有效吃水深度均随着浮重比的增大而降低。这是由于：小浮重比围油栏一般较重，其自身转动惯量大，围油栏抗转动能力强，波流作用下纵摇响应幅值小。

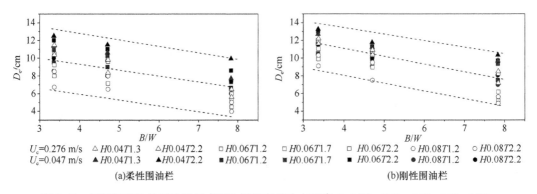

图 2-42　不同浮重比的固体浮子式围油栏的有效吃水深度 D_e 对比（M1～M4，M6～M7）

一般来说，长裙摆围油栏有较大的有效吃水深度。在某些特殊情况下，如长裙摆围油栏配有较轻的配重，且作业环境水流流速较大时，长裙摆围油栏的有效吃水深度甚至比短裙摆围油栏的有效吃水深度要小（图 2-43），这与 Castro 等（2010）的实验结果保持一致。这意味着：对于长裙摆围油栏，如果作业环境水流流速较大，有必要配备相对较重的压载物来保持垂直的裙摆姿态。图 2-43 还可以看出，波流共同作用下的围油栏有效吃水深度往往要小于纯流作用下的围油栏有效吃水深度。此外，实验结果表明配有大浮子直径的固体浮子式围油栏的有效吃水深度一般较大（图 2-44）。

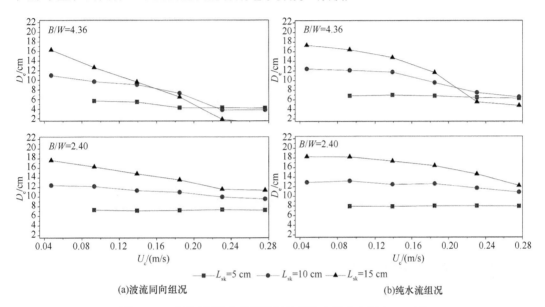

(a)波流同向组况　　　　　　　　　　　(b)纯水流组况

图 2-43　不同裙摆长度的柔性围油栏的有效吃水深度 D_e 对比
（M11，M13，M14，M16，M17 和 M19；$H = 0.04$ m，$T = 2.2$ s）

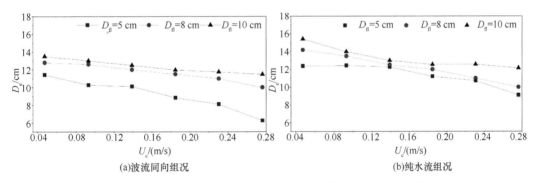

(a)波流同向组况　　　　　　　　　　　(b)纯水流组况

图 2-44　不同浮子大小的柔性围油栏的有效吃水深度 D_e 对比
（M7，M10，M12；$H = 0.04$ m，$T = 2.2$ s）

2）有效干舷高度

相比刚性围油栏，柔性围油栏由于其裙摆柔性可变形，浮子和裙摆铰接可转动，在波浪荷载作用下更具有适应性。具体表现为：相同作业环境下，柔性围油栏一般可以提供更大的有效干舷高度（图 2-45）。此外，图 2-45 还可以看出，对于轻型围油栏（如 $B/W = 7.83$），水流流速越大，有效干舷高度越大。而对于重型围油栏（如 $B/W = 3.36$），水流流速越大，有效干舷高度越小。特别地，上述现象在大波陡作业环境下更为明显。这是由于：轻型围油栏一般裙摆质心较高，在水流的作用下常发生"顶托"效应，而重型围油栏则更容易出现"淹没"效应。由图 2-46 可知，固体浮子式围油栏的有效干舷高度与所处作业环境的波陡大小呈反相关。围油栏浮重比越大，其有效干舷高度也相应越大（图 2-47）。

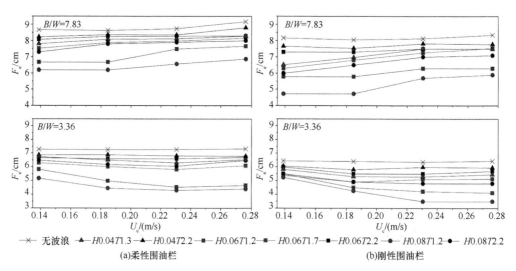

图 2-45　不同波流环境作用下固体浮子式围油栏的有效干舷高度 F_e 对比（M1，M3～M4 和 M7）

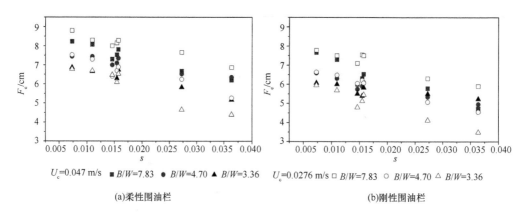

图 2-46　不同波陡环境作用下固体浮子式围油栏的有效干舷高度 F_e 对比（M1～M4，M6，M7）

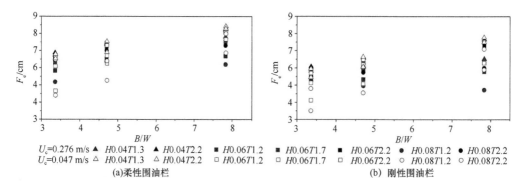

图 2-47　不同浮重比的固体浮子式围油栏的有效干舷高度 F_e 对比（M1～M4，M6，M7）

图 2-48（a）可以看出，围油栏在纯流作业环境下，其有效干舷高度随着裙摆长度的增大而增大；而在纯波浪作业环境下，其有效干舷高度随着裙摆长度的增大而减小。这是由于：一方面，长裙摆围油栏通常有较大的迎流面积，当围油栏在水流作用下发生倾斜时，裙体通常会受到较大的向上顶托力。在水流向上的顶托力作用下，围油栏整体向上移动，其有效干舷高度增大。另一方面，随着围油栏裙摆增长，栏前阻水效应更为明显，且栏前反射波浪增强，会导致围油栏有效干舷高度降低（He et al.，2012，2013）。这意味着波流共同作用下的围油栏有效干舷高度在这相反趋势的影响下变得更为复杂。图 2-48 给出了水流流速下柔性围油栏的有效干舷高度的影响。对于不同浮重比的围油栏均表现出：短裙摆围油栏的有效干舷高度几乎不受水流流速的影响，而长裙摆围油栏的有效干舷高度则是随着水流流速的增大而显著增大。

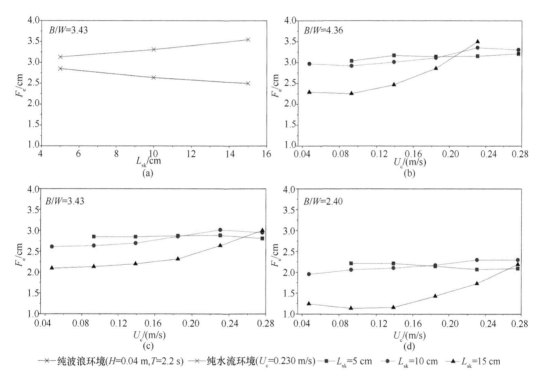

图 2-48　（a）不同裙摆长度的柔性围油栏的有效干舷高度 F_e 在纯波浪以及纯水流作用下的结果对比；（b）～（d）不同配重的固体浮子式围油栏的有效干舷高度 F_e 对比
（M11～M19；$H = 0.04$ m，$T = 2.2$ s）

4. 围油栏三维水动力及运动响应

将围油栏两端通过锚绳固定在大比尺波浪水槽侧壁，测量围油栏在波浪以及波浪水流共同作用下的受力和围油栏上不同位置的运动响应。其中，波浪周期为 4～7 s，间隔 1 s，波高 0.2～0.6 m，间隔 0.2 m，流速为 0.1～0.3 m/s，间隔 0.1 m/s，具体试验工况如表 2-6 和表 2-7 所示。

表 2-6　纯波浪作用下工况表

工况	周期/s	波高/m
W1-1	4	0.2
W1-2	4	0.4
W1-3	4	0.6
W2-1	5	0.2
W2-2	5	0.4
W2-3	5	0.6
W3-1	6	0.2
W3-2	6	0.4
W3-3	6	0.6
W4-1	7	0.2
W4-2	7	0.4
W4-3	7	0.6

表 2-7　波流联合作用下工况表

工况	流速/(m/s)	周期/s	波高/m	工况	流速/(m/s)	周期/s	波高/m
WC1-1-1	0.1	4	0.2	WC2-3-1	0.2	6	0.2
WC1-1-2	0.1	4	0.4	WC2-3-2	0.2	6	0.4
WC1-1-3	0.1	4	0.6	WC2-3-3	0.2	6	0.6
WC1-2-1	0.1	5	0.2	WC2-4-1	0.2	7	0.2
WC1-2-2	0.1	5	0.4	WC2-4-2	0.2	7	0.4
WC1-2-3	0.1	5	0.6	WC2-4-3	0.2	7	0.6
WC1-3-1	0.1	6	0.2	WC3-1-1	0.3	4	0.2
WC1-3-2	0.1	6	0.4	WC3-1-2	0.3	4	0.4
WC1-3-3	0.1	6	0.6	WC3-1-3	0.3	4	0.6
WC1-4-1	0.1	7	0.2	WC3-2-1	0.3	5	0.2
WC1-4-2	0.1	7	0.4	WC3-2-2	0.3	5	0.4
WC1-4-3	0.1	7	0.6	WC3-2-3	0.3	5	0.6
WC2-1-1	0.2	4	0.2	WC3-3-1	0.3	6	0.2
WC2-1-2	0.2	4	0.4	WC3-3-2	0.3	6	0.4
WC2-1-3	0.2	4	0.6	WC3-3-3	0.3	6	0.6
WC2-2-1	0.2	5	0.2	WC3-4-1	0.3	7	0.2
WC2-2-2	0.2	5	0.4	WC3-4-2	0.3	7	0.4
WC2-2-3	0.2	5	0.6	WC3-4-3	0.3	7	0.6

1）围油栏受力分析

将围油栏两端的受力进行相加,得到围油栏在波浪作用下和波流作用下的受力情况,具体结果如表 2-8 所示。

从纯波浪情况下测量结果可以看出,同一波浪周期情况下,入射波高越大,围油栏受到的波浪力也越大;而对同一入射波幅情况下,波浪周期越大,围油栏受到的波浪力越大。

表 2-8　纯波浪作用下围油栏受力结果

工况	W1-1	W1-2	W1-3	W2-1	W2-2	W2-3
拉力/ N	5.233	17.549	37.997	5.158	22.642	48.968
工况	W3-1	W3-2	W3-3	W4-1	W4-2	W4-3
拉力/ N	4.954	24.246	69.633	4.405	26.951	72.571

从表 2-9 可以看出，波流联合作用下的围油栏受力与纯波浪作用下围油栏受力情况一致，即入射波浪的波高越大，周期越长，围油栏受力也就越大；相对来讲，围油栏受力相对波高较为敏感，而对周期没那么敏感。同时，我们发现波流作用下的围油栏受力远远大于纯波浪作用下的围油栏受力情况，受力情况大概和流速的平方呈正比。因此，当围油栏同时遭受波浪与水流作用或者在拖拽其前进的时候，要注意围油栏连接处的受力情况。

表 2-9　波浪水流联合作用下工况表　　　　　　（单位：N）

工况	拉力	工况	拉力	工况	拉力
WC1-1-1	51.428	WC2-1-1	299.573	WC3-1-1	554.514
WC1-1-2	106.114	WC2-1-2	447.162	WC3-1-2	835.466
WC1-1-3	203.183	WC2-1-3	569.329	WC3-1-3	902.724
WC1-2-1	67.579	WC2-2-1	447.579	WC3-2-1	574.011
WC1-2-2	155.593	WC2-2-2	511.438	WC3-2-2	871.072
WC1-2-3	244.813	WC2-2-3	780.559	WC3-2-3	933.384
WC1-3-1	74.246	WC2-3-1	470.829	WC3-3-1	594.376
WC1-3-2	199.983	WC2-3-2	698.364	WC3-3-2	907.908
WC1-3-3	301.351	WC2-3-3	802.072	WC3-3-3	964.227
WC1-4-1	84.1645	WC2-4-1	559.965	WC3-4-1	611.621
WC1-4-2	223.1765	WC2-4-2	809.272	WC3-4-2	971.423
WC1-4-3	383.9915	WC2-4-3	906.263	WC3-4-3	1092.33

2）围油栏不同位置运动响应

当围油栏两端固定时，其他位置在波浪、水流的作用下会发生六个自由度的运动，我们定义沿围油栏两端的方向为 x 方向，具体各个运动分量如图 2-49 所示。

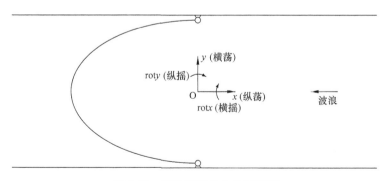

图 2-49　围油栏运动分量示意图

我们将围油栏上测点（图 2-49）从左至右依次定为通道 3、通道 2 和通道 1。试验测量结果如表 2-10 和表 2-11 所示，其中，表 2-10 为纯波浪情况下围油栏不同位置的运动响应，表 2-11 为波浪水流联合作用下围油栏上不同位置的运动响应。

表 2-10 纯波浪作用下围油栏不同位置运动响应

工况	通道 1						通道 2						通道 3					
	纵荡	横荡	升沉	横摇	纵摇	回转	纵荡	横荡	升沉	横摇	纵摇	回转	纵荡	横荡	升沉	横摇	纵摇	回转
W1-1	4.24	3.35	5.63	1.42	3.25	2.37	5.28	5.27	9.27	2.62	2.69	3.34	5.82	3.64	9.54	3.49	1.18	1.91
W1-2	6.61	12.01	10.77	2.6	5.62	4.35	10.47	10.84	17.35	3.95	4.3	12.99	14.89	13.82	18.03	7.85	2.35	16.26
W1-3	10.56	13.52	17.82	3.59	7.97	6.89	17.55	13.89	25.18	10.01	11.14	12.53	21.88	17.1	26.11	12.8	2.55	12.01
W2-1	10.85	4.17	7.5	2.02	3.24	2.97	11.2	5.84	7.73	5.7	3.65	6.58	16.34	9.39	7.87	5.62	1.25	4.18
W2-2	11.55	9.44	9.36	2.97	3.73	4.1	14.6	10.68	11.42	8.74	4.8	11.99	25.56	16.27	11.97	10.71	2.04	9.29
W2-3	13.46	13.77	24.04	3.8	8.52	6.99	26.31	17.8	20.66	9.9	16.72	18.63	41.85	19.39	25.55	15.4	3.53	12.77
W3-1	8.09	5.21	5.29	1.53	1.95	3.36	10.99	2.45	6.65	3.45	2.95	1.79	12.21	2.02	6.96	2.15	0.66	1.81
W3-2	14.15	10.7	8.74	2.05	4.23	5.21	19.67	11.31	14.78	8.98	7.51	6	29.88	7.74	15.29	11.64	1.85	10.57
W3-3	29.46	20.17	16.29	4.96	9.63	7.4	41.32	19.03	23.63	15.99	10.65	13.23	47.01	12.62	21.45	11.76	3.2	19.09
W4-1	9.47	6.34	6.61	1.3	2.46	3.65	15.35	3.28	10.9	2.51	2.59	2.07	16.57	2.3	13.02	1.94	0.42	1.54
W4-2	16.18	10.08	13.45	2.78	5.71	5.44	25.83	7.83	21.22	6.17	7.04	6.95	31.79	7.77	25.49	6.95	1.63	4.39
W4-3	27.87	20.67	17.3	4.3	11.11	7.99	45.98	17.78	34	10.0	11.14	12.31	57.49	18.67	40.38	11.27	2.69	15.55

表 2-11　波浪、水流联合作用下围油栏不同位置运动响应

工况	通道 1						通道 2						通道 3					
	纵荡	横荡	升沉	横摇	纵摇	回转	纵荡	横荡	升沉	横摇	纵摇	回转	纵荡	横荡	升沉	横摇	纵摇	回转
WC1-1-1	6.24	4.78	9.79	3.16	1.41	6.06	5.37	5.28	8.97	3.89	4.68	3.17	7.66	3.09	10.92	3.22	2.98	3.46
WC1-1-2	7.62	9.97	20.53	4.81	3.67	8.54	10.44	15.86	16.78	7.59	5.58	12.43	14.63	9.96	17.86	11.44	13.47	9.08
WC1-1-3	14.54	16.90	34.04	14.42	8.78	13.24	13.99	25.36	26.36	14.11	19.74	22.33	27.12	12.18	28.11	11.59	16.44	10.31
WC1-2-1	5.68	4.87	9.60	3.94	0.72	3.20	7.16	8.09	7.63	3.22	3.14	5.04	15.28	3.62	7.53	5.46	3.42	4.15
WC1-2-2	7.02	8.43	17.47	3.16	1.80	6.95	11.07	18.29	13.97	5.14	8.00	5.90	27.09	6.71	13.62	17.64	18.47	6.48
WC1-2-3	8.94	16.09	26.05	9.30	3.51	9.89	28.18	31.59	22.64	10.62	20.02	14.57	44.43	13.91	19.61	13.17	10.24	8.38
WC1-3-1	3.81	4.68	9.59	2.57	2.58	4.93	6.72	5.07	6.28	1.89	2.74	3.69	10.39	5.04	6.39	4.72	3.41	2.17
WC1-3-2	8.47	11.89	25.85	5.89	6.63	12.09	22.81	12.75	17.19	6.00	5.60	10.61	22.21	15.43	13.72	9.62	7.75	4.79
WC1-3-3	13.71	15.46	37.76	9.27	6.54	16.69	19.85	25.32	33.02	10.63	14.00	16.75	43.62	18.60	20.30	11.67	14.98	5.55
WC1-4-1	4.65	8.12	19.15	1.65	4.36	5.69	11.19	8.10	10.28	2.06	3.45	4.46	14.48	5.72	11.91	4.90	4.28	2.44
WC1-4-2	13.59	12.01	22.53	3.60	4.87	11.34	26.22	11.53	21.07	3.78	3.76	6.50	29.72	10.34	23.39	4.85	3.86	4.84
WC1-4-3	22.02	20.59	41.15	7.10	8.28	23.00	33.66	26.91	28.61	4.66	8.20	6.17	46.88	24.00	33.64	9.51	4.71	8.67
WC2-1-1	3.02	3.71	9.17	1.13	1.27	1.90	4.66	3.39	7.10	3.01	1.04	2.44	7.35	3.10	8.90	3.50	0.49	1.76
WC2-1-2	10.07	9.62	21.20	7.06	3.27	12.11	8.48	7.60	13.51	7.54	8.39	10.21	13.28	7.83	15.54	6.57	1.56	8.42
WC2-1-3	13.26	15.78	27.34	13.78	7.02	15.00	13.79	10.92	22.77	16.37	12.45	15.24	22.37	14.36	23.23	9.08	2.07	16.22
WC2-2-1	7.54	4.78	9.23	5.12	5.18	8.20	7.34	10.85	6.69	1.66	2.92	4.53	12.93	6.17	8.71	4.73	1.13	1.61
WC2-2-2	6.27	5.74	16.10	5.13	6.74	16.15	16.63	24.10	11.99	5.37	3.57	9.72	19.93	7.87	14.41	8.82	2.34	10.44
WC2-2-3	8.06	9.21	23.54	7.19	3.30	7.27	23.37	32.21	25.49	36.59	21.78	37.93	43.98	18.56	20.10	12.27	3.03	45.32
WC2-3-1	3.16	4.84	12.40	2.00	3.32	4.71	7.78	7.33	5.75	1.49	2.18	2.96	11.91	3.51	6.77	3.15	0.53	2.72
WC2-3-2	8.64	11.95	28.26	5.98	6.69	11.06	12.84	13.86	12.53	6.57	10.76	7.97	22.81	16.13	16.06	6.43	1.12	7.64

续表

工况	通道 1						通道 2						通道 3					
	纵荡	横荡	升沉	横摇	纵摇	回转	纵荡	横荡	升沉	横摇	纵摇	回转	纵荡	横荡	升沉	横摇	纵摇	回转
WC2-3-3	16.19	15.40	37.50	8.32	6.68	14.95	23.81	35.65	20.87	15.37	26.60	37.39	47.16	15.05	21.01	9.34	2.69	39.10
WC2-4-1	4.90	7.63	19.03	1.39	6.36	6.66	8.03	6.48	11.85	2.72	3.38	3.99	14.43	4.58	11.46	2.85	0.93	4.90
WC2-4-2	7.74	14.17	37.48	4.97	7.40	11.51	25.83	22.39	20.47	4.00	7.41	14.61	26.77	9.93	19.68	6.04	1.85	21.74
WC2-4-3	21.97	22.47	56.99	6.97	12.69	15.19	30.82	31.93	40.77	20.95	18.86	33.43	53.03	14.41	37.67	10.11	2.03	19.30
WC3-1-1	4.27	3.66	5.15	1.64	1.95	2.07	4.53	3.59	7.40	3.67	2.13	1.87	6.01	2.62	6.61	3.50	0.79	1.78
WC3-1-2	12.64	7.86	22.30	8.98	7.02	5.07	5.57	9.84	14.96	2.79	6.09	7.24	12.17	4.51	13.00	8.26	1.39	8.07
WC3-1-3	19.24	12.11	26.11	14.08	6.55	13.25	19.87	16.28	20.80	18.67	7.57	11.97	24.07	9.87	21.87	12.19	1.86	15.93
WC3-2-1	8.27	5.16	17.05	2.81	3.68	4.51	5.53	11.01	6.40	8.15	6.76	5.70	16.08	5.23	6.57	5.11	1.16	2.91
WC3-2-2	15.99	9.55	32.31	8.73	11.00	9.36	14.53	22.53	13.88	10.86	15.02	10.16	29.11	10.05	11.40	8.83	2.01	7.18
WC3-2-3	21.23	15.04	29.11	13.12	24.04	13.81	18.61	26.10	22.60	23.03	25.20	20.45	43.17	13.75	22.02	10.35	2.75	19.30
WC3-3-1	5.73	3.48	10.36	1.17	3.10	1.95	6.02	8.76	5.59	4.64	4.51	3.34	10.10	3.36	27.99	2.99	0.75	3.83
WC3-3-2	16.13	12.39	27.06	5.20	7.90	9.08	13.15	21.88	19.08	18.34	14.21	24.29	28.25	7.15	11.96	3.22	1.75	9.93
WC3-3-3	21.83	14.95	40.74	9.11	16.86	19.86	24.42	32.66	22.18	28.16	14.20	29.46	44.99	12.85	21.84	5.10	2.45	28.08
WC3-4-1	7.80	5.34	12.49	1.10	4.53	3.06	8.51	6.43	8.90	0.04	2.28	2.20	9.59	3.45	11.04	2.92	0.75	3.68
WC3-4-2	21.92	11.05	31.31	7.39	9.73	8.55	21.17	18.57	20.04	19.98	16.98	17.59	28.74	10.14	17.58	2.85	1.30	8.27
WC3-4-3	27.55	23.39	48.68	13.18	10.04	17.47	34.62	35.63	34.74	16.96	26.59	25.73	47.09	12.37	36.72	6.20	1.85	24.14

从测量结果来看，围油栏上各个测点的数据趋势同拉力的数据结果，在周期相同的情况下，波高越大，围油栏上各点运动响应也就越大；波高相同情况下，波浪周期越大，运动响应越大，相对来讲各个位置对波高数据较为敏感，而对周期没那么敏感。然后比较不同位置的结果，发现测点 3，也就是围油栏中间点的位置运动响应最大，测点 2，靠近中间位置，在横荡方向也有较大位移，因此我们会观察到围油栏出现中间凹进去的现象，发生此现象的原因也有可能是由于两端都没有受到约束，两端围油栏相对运动较大，因此发生了较大的旋转。

3）小结

设计了单浮体组合式柔性围油栏的物理模型，模型围油栏外表面用薄油布覆盖。对于围油栏水动力特性实验，采用非接触式图像采集系统和数据处理技术捕捉围油栏运动响应及其周围波面形态的变化，解决了传统量测手段干扰流场影响测量精度的问题。在此基础上，开展了固体浮子式围油栏运动响应规律及其拦油机理实验研究。主要结论如下：

（1）波高在围油栏垂荡响应中起主导地位。随着水流流速的增大，柔性围油栏浮子以及裙摆的垂荡响应幅值呈现相反的趋势，浮子的垂荡响应幅值减小而裙摆的垂荡响应幅值增大。同时，柔性围油栏浮子以及裙摆的纵荡响应幅值随着水流流速的增大迅速减小。重型围油栏在短波环境下的适应能力要强于在长波环境下。总的来说，柔性围油栏浮子以及裙摆的纵摇响应幅值随着水流流速的增大而增大。

（2）柔性围油栏浮子以及裙摆的无量纲纵荡、纵摇响应幅值随着波陡的增大而增大，而垂荡响应幅值随着波陡的增大而减小。当波陡小于 0.015 时，柔性围油栏浮子以及裙摆的无量纲纵摇响应幅值对作业环境波浪要素不敏感。

（3）在外海作业的围油栏一般有："大直径浮子""大质量压载体"和"相对适中的裙摆长度"等特点。配有大浮重比的围油栏一般有良好的随波性。合理的水流曳力/配重比可以使裙摆保持铅直姿态，起到抗水流冲击的效果。这一参数对配有较长柔性裙摆的围油栏来说更为关键。一般说来，对于相同浮重比的围油栏，配有较大浮子的围油栏一般有效干舷充足，且裙摆不容易倾斜。

（4）在溢油应急作业时，需根据作业环境的水流、波浪要求，选择合适的围油栏参与溢油打捞工作。围油栏的有效吃水深度主要受到纵摇响应的影响，而围油栏的有效干舷高度主要与围油栏的随波性以及栏前爬高有关。相比刚性围油栏，柔性围油栏一般具有较充足的干舷高度，但是其有效吃水深度通常较小。

2.2.3　波流作用下固体浮子式围油栏拦油机理实验

拦油机理实验研究在交通运输部天津水运工程科学研究院室外溢油专用水槽进行。

在室外溢油专用水槽试验中，实验用油为石化润滑油（CKC220 及 CKC680），属于中、低黏度油。实验过程中环境水温为 27～32 ℃，其油品黏度、密度随着温度的变化而变化，具体参数见图 2-50。需要注意的是，为了增加实验过程中油水界面对比度，实验油品掺混少量朱红色油溶性有机染料，且染料并不会改变油品性质。

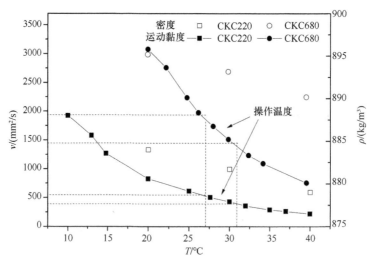

图 2-50　实验油运动黏滞系数 v、密度 ρ 随温度变化图

1. 实验比尺

对于围油栏拦油实验，中、低黏度溢油失效常伴随以下两个过程：①小尺度涡旋导致油水界面临界失稳，油滴被水流"撕扯"脱落；②大尺度涡旋的对流扩散作用导致小油滴被水流"携带"越过围油栏底端。其中，油水界面失稳导致的小油滴"撕扯"脱落及分裂油滴"再融合"过程主要与油水相对密度、油品黏度，以及油水界面张力系数有关，目前很难通过合适的相似准则来保证这些过程相似（Giustolisi et al.，2015）。Delvigne（1991）、Amini 和 Schleiss（2007）认为模拟油水界面失稳没有必要采用缩比尺模型。而小油滴被水流"携带"越过围油栏裙摆底部的过程主要取决于流场结构中的大尺度涡旋（Bai et al.，2016）。相似的流场可以通过保证模型及原型实验有相同的弗洛德数来实现。因此，围油栏拦油实验中各物理要素采用以下相似准则方案：①原型比尺，水流流速、溢油油品参数（密度、黏滞系数和油水界面张力）；②弗洛德数相似准则，围油栏几何尺寸、水深、溢油体积、波浪要素（波高、波周期）。

2. 围油栏模型几何参数

从典型围油栏拦油失效模式可以看出：绝大多数的栏前溢油失效是由于油滴或者油层绕过围油栏裙摆底端，而非飞溅越过围油栏干舷。因此，本书围油栏拦油实验更关心围油栏有效吃水深度对栏前溢油的影响。在围油栏水动力实验的基础上，增设了 6 种裙摆长度、浮重比、刚柔度的围油栏模型装置（表 2-12 中的 M7～M12）。其中围油栏比尺为 1∶6，用于拦油实验的模型围油栏具体参数见表 2-12。

3. 栏前滞油剖面形态以及临界失效条件

为了系统研究栏前溢油剖面形态发展规律、临界失效条件及溢油损失率，定义以下形态特征参数：栏前溢油长度 L_f、栏后溢油长度 L_r、栏前最大油层厚度 T_h、栏前涡旋区半径 D_{vor}，如图 2-51 所示。

表 2-12　拦油实验围油栏模型参数

组次	刚度	浮子直径/mm	裙摆长度/mm	初始干舷/mm	初始吃水/mm	总重/（kg·m/s²）	浮重比
M1	R	100	100	8.84	11.16	6	7.83
M2	R	100	100	7.48	12.52	10	4.70
M3	R	100	100	6.53	13.47	14	3.36
M4	F	100	100	9.15	10.85	6	7.83
M5	F	100	100	7.60	12.40	10	4.70
M6	F	100	100	7.00	13.00	14	3.36
M7	R	100	150	8.65	16.35	7.5	7.83
M8	R	100	150	7.28	17.72	11.5	4.70
M9	R	100	150	6.34	18.66	15.5	3.36
M10	F	100	150	8.43	16.57	7.5	7.83
M11	F	100	150	7.35	17.65	11.5	4.70
M12	F	100	150	6.40	18.60	15.5	3.36

注：R 代表刚性围油栏；F 代表柔性围油栏。

为了防止中黏度油品发生围控失效，现定义最小围油栏吃水以及初始失效水流流速两项指标。最小围油栏吃水定义为：栏前最大油层厚度 T_h 与栏前涡旋区半径 D_{vor} 之和。初始失效流速定义为油滴连续地从围油栏裙摆下方泄漏、逃逸时刻所对应的水流流速。在实际工程作业中，由于海上环境复杂，很难保证被围控的溢油完全不发生泄漏。能够准确地预估拦油溢油损失量有着重要的实际工程价值。因此，溢油损失率可以作为围油栏性能指标。溢油损失率定义为：当溢油围控失效后，单位时间内溢油流失到围油栏后方的体积。

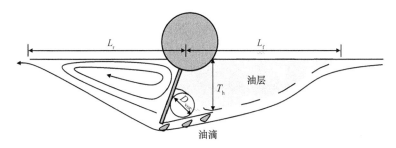

图 2-51　围油栏栏前剖面形态

4. 拦油实验条件与组次

实验过程波浪参数，与围油栏模型水动力实验一致。关于水流流速的控制，拦油实验重点在于探索不同围油栏结构参数、油品性质下的油层剖面形态以及拦油失效临界条件。因此，采用渐变水流流速方式。

具体操作流程如下：首先在水槽实验段内布置固体浮子式围油栏，开启水泵给定一定初始水流流速，待流速稳定后在栏前投放油品。对于每组实验，均采用逐步增加水流流速的方式，以观察不同流速环境下油层剖面形态，直至栏前溢油全部泄漏完，本组实验结束。其具体过程详述如下：

（1）先将围油栏布置在实验段，最先给定 0.2 m/s 的水流流速，待围油栏与水流流速稳定后，再在距离围油栏前 1 m 处均匀投放一定体积油品；

（2）待油品油层厚度稳定不变后，以 0.01 m/s 的水流流速增量增加流速，每增加一个流速步值，待油层稳定后，再增加下一步值；

（3）针对不同流速条件，每组实验都有相对应的稳定油层形态，油层演变过程由摄像一体机记录；

（4）不断重复以上步骤（1）～（3），记录不同实验参数下的拦油流失失效过程。

（5）若考虑波浪对拦油过程的影响，应在实验段水流条件稳定的前提下，按照指定波浪要素造波，由摄像一体机记录整个实验过程。考虑到物理波流水槽可能存在二次反射现象，每个组况限定造 50 个波。经预实验观察，整个实验过程，既不会出现由于长时间造波导致的栏前滞油流失光的现象，也不会出现栏前滞油达到相对稳定后油层不流失的现象。

2.2.4　栏前溢油演变规律及拦油机理

1. 栏前溢油形态演变过程

1）水流作用下的栏前溢油形态演变过程

当水流流速很低时，栏前溢油首先在水面形成一薄油层。随着水流流速的不断增大，薄油层逐渐变厚。当水流流速达到 18 cm/s 时，油层靠近上游前端迎水面处形成"头波"，该"头波"随着水流流速的不断增加，逐渐向近围油栏端移动（图 2-52 水流作用下的围油栏前溢油形态演变过程（a）、（b））。随着水流不断增加，"头波"迎水面界面波出现。界面波逐渐变陡，导致小油滴从油水界面脱落。脱落后的油滴一部分掺杂到周围的水体中，另一部分重新融入原油层中。"头波"不断向围油栏前端移动的过程中，在围油栏前端和"头波"之间形成一倒三角涡旋区。油水界面处剥落的油滴进入水体后，一旦进入这个区域便会在涡旋的作用下在此区域停留较长时间。甚至一部分油滴会在"头波"背面重新融入油层，参与油层内循环（图 2-52 水流作用下的围油栏前溢油形态演变过程（c）），这一阶段栏前溢油剖面将达到一个临界稳定的状态，即油滴不断从油水界面处脱落，在围油栏的阻挡作用下进入栏前涡旋区，又不断融入原油层之中。当水流流速继续增大，油水界面处剥离的油滴将会在周围水体的作用下，绕过围油栏底端，发生围油栏拦油失效。这些逃逸到围油栏后方的小油滴，会在水流的拖曳作用下流向下游并远离围油栏；另一部分会进入到"栏后遮蔽区"，在栏后涡旋的作用下在遮蔽区停留很长一段时间，聚集成更大的油滴或者油层，停留在围油栏后方（图 2-52 水流作用下的围油栏前溢油形态演变过程（d））。

2）波流作用下的栏前溢油形态演变过程

波流作用下的栏前溢油，不仅受到水流流速、波浪要素的影响，还受到水面波浪以及围油栏运动响应的影响。总的来说，栏前溢油在波流的拖曳作用下会在栏前逐渐聚集，

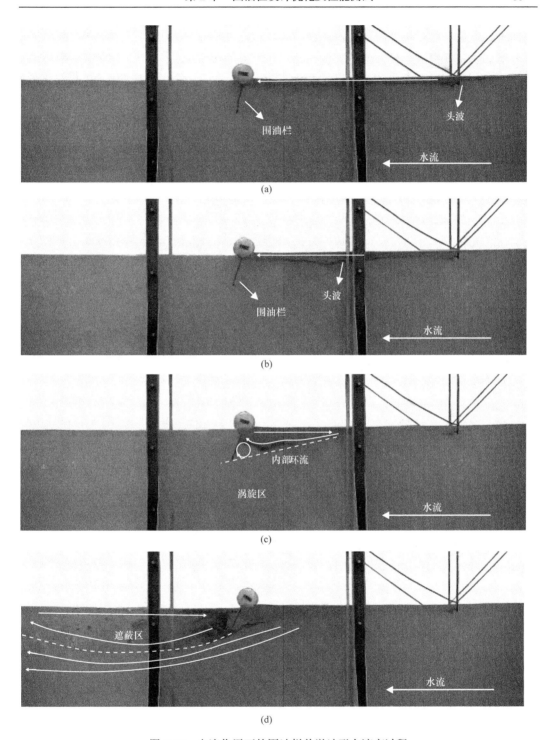

图 2-52　水流作用下的围油栏前溢油形态演变过程

并随着波面起伏而上下起伏。波流共同作用下的栏前油层厚度相比纯水流作用下的厚度更为平均。图 2-53（a）～（b）可以看出：油层厚度变化与波浪的起伏运动基本保持相位一致。当波谷到达围油栏前端时，栏前油层随着波面向下运动，厚度减小；当波峰到达围油栏前端时，栏前油层随着波面向上运动，厚度增大。当围油栏前端油层厚度达到最大时，常常伴随着油层流失失效。此外，在波浪的作用下，围油栏会发生周期性的纵摇响应会引起有效吃水深度呈周期性减少，同时伴随着围油栏出现周期性的"排放失灵"失效模式（图 2-53（c））。

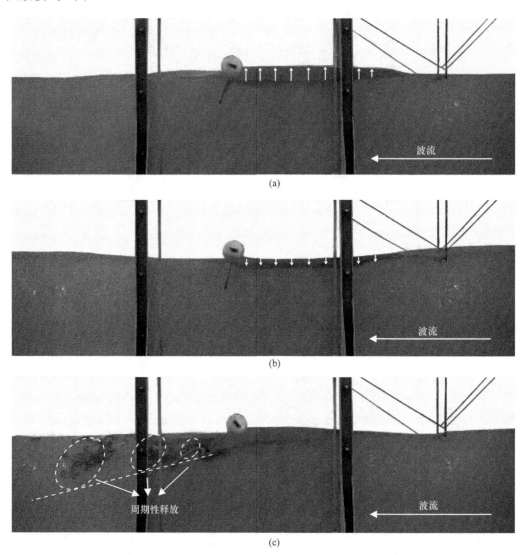

图 2-53 波流作用下的围油栏前溢油形态演变过程

2. 栏前溢油特征几何要素研究

本节将研究纯水流以及波流共同作用下围油栏前后特征几何要素，如溢油长度、溢油厚度、围油栏前涡旋区，以及栏后遮蔽区的尺度。并给出围油栏裙摆长度、浮重比、柔性、溢油种类，以及溢油量对围油栏前后特征几何要素的影响。

1）围油栏前后溢油的特征长度

图 2-54 给出了水流作用下溢油类型以及溢油量对栏前溢油长度的影响。可以看出：

当水流流速小于 0.225 m/s 时，栏前溢油长度随着水流流速的增大而显著缩短，这一阶段称为"加速累积阶段"。当水流流速大于 0.225 m/s 直至栏前溢油发生失效时，栏前溢油长度随着水流流速的增大而缓慢缩短，这一阶段称为"蠕变累积阶段"。这是由于：这一阶段油层在围油栏前聚集变厚，在水流剪切力的驱动下栏前油层形成内部环流。内部环流的存在导致油层厚度缩短减慢。当水流流速达到临界失效速度时，栏前溢油长度随着水流流速的增大而显著缩短，这一阶段溢油流失失效发生。同时，实验结果表明溢油量与溢油长度呈正比。相同水流流速情况下，黏度较大的油品（CKC680）的栏前长度一般较短。这是由于：一方面，高黏度油在水流的剪切作用下不容易形成内部环流，更倾向于以油层的形式整体向围油栏方向聚集。另一方面，高黏度油品一般具有相对更高的密度，发生 KH 界面不稳定的临界水流流速相比低黏度油品大，因此不容易发生油水界面失稳（Wicks，1969）。由于围油栏裙摆刚性几乎不影响围油栏上游较远处的流场（刘诚等，2011）。因此，当水流流速较小，栏前溢油长度较长时，围油栏裙摆的刚性对溢油长度几乎没有影响。然而，当水流流速较大时，溢油被围油栏裙摆阻挡并聚集在栏前。柔性围油栏裙摆由于在强水流环境下发生严重的弯曲、变形，其有效吃水深度显著减少。进一步地，柔性围油栏前溢油损失相对刚性围油栏要大，栏前油层长度显著变短。

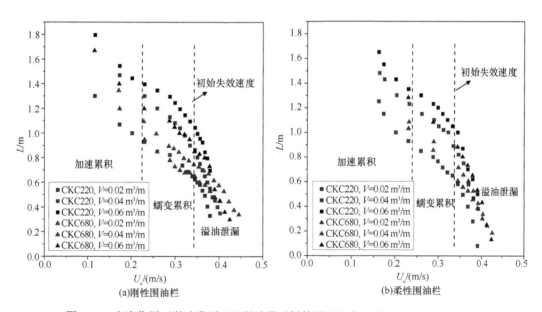

图 2-54　水流作用下溢油类型以及溢油量对栏前溢油长度 L 的影响（M2 和 M5）

图 2-55 给出了水流作用下围油栏裙摆长度以及浮重比对栏前溢油长度的影响。由于在水流流速较低的情况下，围油栏的裙摆刚性对围油栏前溢油油层长度没有影响。同样地，改变围油栏裙摆长度以及配重质量，也不会显著影响到上游远端的流场以及油层剖面形态。当水流流速较大时，增大围油栏裙摆长度以及增大围油栏配重，可以有效地增大围油栏吃水深度，增加其拦油能力，围油栏前油层也相对较长。

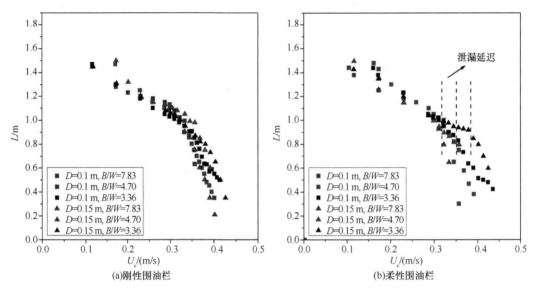

图 2-55　水流作用下围油栏裙摆长度以及浮重比对栏前溢油长度 L 的影响（M1～M6 和 M7～M12）

　　为了进一步研究栏前溢油油层长度，我们将油层长度用溢油量均方根 $V^{1/2}$ 无量纲化。无量纲化的栏前溢油油层长度表明：刚性围油栏与柔性围油栏前溢油长度规律相似（图 2-56），溢油长度均随着水流流速的增加呈对数型下降。围油栏裙摆刚性对无量纲化的栏前油层长度几乎没有影响，溢油量对无量纲化的栏前油层长度有显著影响。溢油量越小，无量纲化的栏前溢油油层长度越长。为了验证实验测量结果的正确性，本次实验结果与 Delvigne（1989）的实验结果进行了对比。需注意的是：Delvigne 的物理实验油品范围黏度范围是 350～2600 cSt。可以看出，虽然与 Delvigne 的物理实验油品、溢油量、温度、围油栏模型不尽相同，但是无量纲化的栏前溢油油层长度与 Delvigne 所测量的实验结果处于同一量级，说明本实验结果是合理的。将本次实验数据采用人工神经网络工具进行拟合，得到无量纲化的栏前溢油油层长度公式：

$$L_s/V^{1/2} = \left(-1.0013\ln\left(\frac{\alpha^{1/2}U^{1/2}V^2}{D^{1/2}} \right) + 3.9173\frac{\alpha^{1/2}U^2}{D^{1/2}}\ln\left(\frac{\alpha^2 V^{3/2}}{U^2 D} \right) \right); \ (R^2 = 0.93) \quad (2\text{-}16)$$

式中，$L_s/V^{1/2}$ 为无量纲化的栏前溢油油层长度；α 为水流拖曳力与配重比值 $\rho_w U^2 D/(2W_b)$，其中 ρ_w 为水的密度，单位：kg/m³；U 为水流流速，单位：m/s；D 为裙摆长度，单位：m；W_b 为配重质量，单位：kg/s；V 为初始溢油量，单位：m³/m。需要注意的是：式（2-1）仅用于油品性质与齿轮润滑油 CKC 系列相似的油品，且平均水流流速小于 30 cm/s 的围油栏作业环境中。

　　为了研究波浪对围油栏前溢油长度的影响，定义纯水流条件下栏前溢油长度为 L_s，波流条件下栏前溢油长度为 L_{sw}，由波浪作用引起的栏前溢油长度衰减率为（$L_s - L_{sw}$）/ L_s。现取以下组况进行分析：围油栏裙摆长度 $L = 0.1$ m，浮重比 $B/W = 4.70$，初始溢油量 $V = 0.04$ m³/m。从图 2-57 可以看出：当围油所处作业环境的波陡大于 0.0011 时，栏前油层长度衰减率随水流流速的增大呈指数型增长，这一结果与 Amini 和 Schleiss（2007）实验结果保持一致。同时可以看出，围油栏作业环境波陡越大，相对应的溢油长度衰减率越大。对于作业环境波陡一致的情况，溢油长度衰减率主要取决于当地波高大小。一般来说，作业环境波高越大，溢油长度衰减率越大。

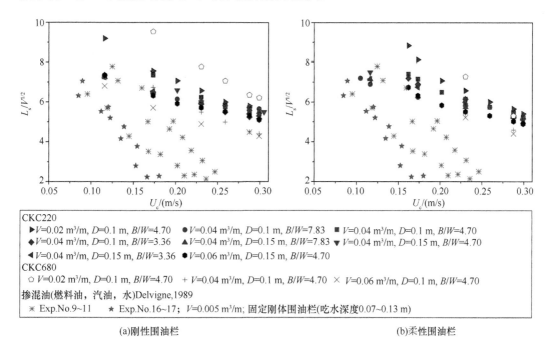

(a)刚性围油栏

(b)柔性围油栏

图 2-56　水流作用下无量纲栏前溢油长度 $L/V^{1/2}$（M1～M 6 和 M7～M12）

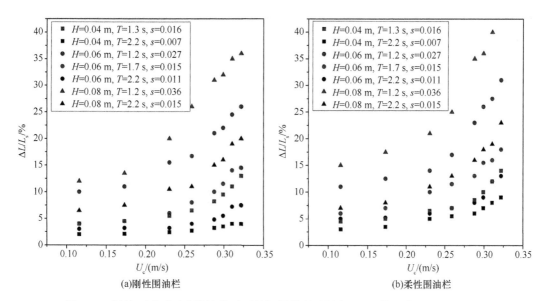

(a)刚性围油栏

(b)柔性围油栏

图 2-57　波浪要素以及水流流速对无量纲栏前溢油长度 $\Delta L/L_s$ 的影响（M2 和 M5）

当围油栏拦油失效后，大量的溢油会从围油栏裙摆底端逃逸到围油栏后方，相当一部分溢油会随水流携带进入到栏后遮蔽区停留很长一段时间，最终以浮油的形式停留在围油栏后方。显然，由围油栏裙摆后方尾涡形成的栏后遮蔽区可以看成围油栏储油能力的表现。尤其当溢油事故发生后，多种溢油应急设备联合围控溢油时，被"捕获"的栏后浮油可以进一步被收油机等设备处理。实验结果发现拦油遮蔽区的长度为 4～7 倍围油栏有效吃水深度，这一结果与 Amini 和 Schleis（2009）数值模拟结果保持一致。现定义无量纲的栏后涡旋长度为 L_r/D_0（L_r 指的是栏后涡旋长度，D_0 为围油栏有效吃水深度）。

图 2-58 可以看出：由于柔性围油栏裙摆可变形，其无量纲的栏后涡旋长度比刚性围油栏的无量纲栏后涡旋长度要小。围油栏作业所处环境波陡越大，无量纲栏后涡旋长度越小。围油栏裙摆长度对无量纲栏后涡旋长度的影响效果要比围油栏浮重比对无量纲栏后涡旋长度的影响效果显著。长裙摆围油栏一般其无量纲栏后涡旋长度比较大。围油栏浮重比越小，即围油栏越重时，无量纲栏后涡旋长度越大。

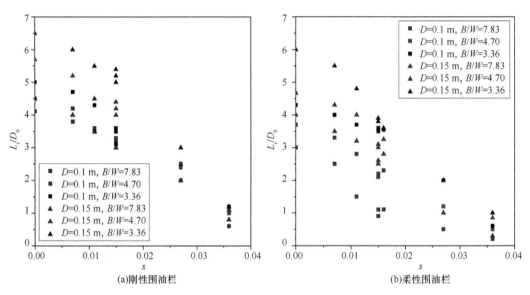

图 2-58　波浪要素、围油栏裙摆长度以及浮重比对栏后溢油长度 L_r/D_0 的影响
（M1～M6 和 M7～M12）

2）围油栏前方溢油的特征厚度

图 2-59 给出了水流作用下溢油类型以及溢油量对栏前油层厚度的影响。可以看出：当水流流速小于栏前溢油失效临界速度（约 0.35 m/s）时，栏前溢油厚度随水流流速的增大而线性增大。无论刚性围油栏还是柔性围油栏，初始溢油量较大的组次的栏前油层厚度亦越大，而溢油油品种类对拦油溢油油层厚度影响不大。

参考 Amini 等（2008）给出的无量纲的栏前溢油厚度 $T_p/V^{1/2}$ 公式，本书拟合无量纲的栏前溢油厚度将考虑围油栏的初始有效吃水深度以及栏前初始溢油量并得到以下公式：

$$T_h/V^{1/2} = \left(0.4507\frac{UD}{\alpha^{1/2}V^{1/2}} + 9.8537U^{3/2}D^{1/2}\right); \ (R^2 = 0.92) \qquad (2\text{-}17)$$

式中，α 为裙摆受到的水流拖曳力与围油栏配重质量的比值；V 为栏前初始溢油量，单位：m^3/m；D 为围油栏裙摆长度，单位：m；U 为水流流速，单位：m/s。图 2-60 可以看出：无量纲的栏前溢油厚度在未发生栏前溢油失效前，其值总是小于 0.5，可以据此大致估计栏前溢油最大厚度。

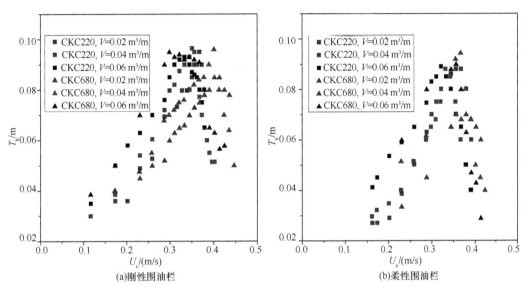

图 2-59　水流作用下溢油类型以及溢油量对栏前溢油厚度 T_h 的影响（M2 和 M5）

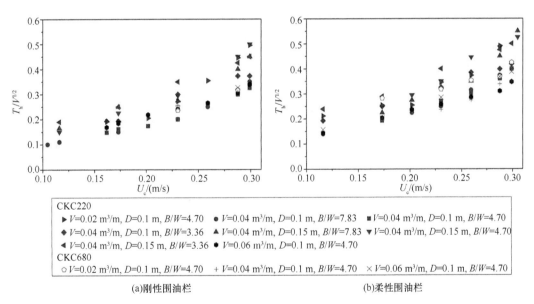

图 2-60　水流作用下无量纲栏前溢油厚度 $T_h/V^{1/2}$（M1～M6 和 M7～M12）

3）围油栏前方特征涡旋尺度

图 2-61 给出了水流作用下溢油类型以及溢油量对栏前涡旋尺度的影响。可以看出：只有当水流流速处于 0.28～0.40 m/s，栏前溢油涡旋区才会出现，且随着水流流速的增大，栏前涡旋尺度逐渐变小直至消失。总的来说，栏前初始溢油量越大，栏前涡旋尺度

越大。当围油栏前初始溢油量固定时，黏度较高的油品（如 CKC680）通常获得较小的栏前涡旋尺度。以上规律对刚性及柔性围油栏均适用。不同的是柔性围油栏的栏前涡旋尺度受到裙摆柔性可变性的影响，一般小于刚性围油栏的栏前涡旋尺度。

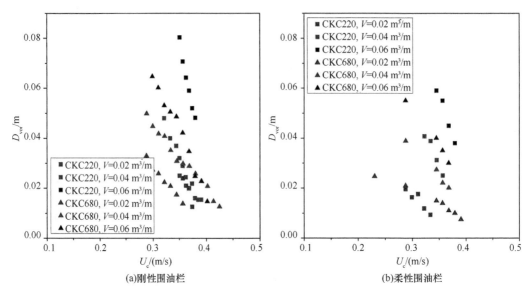

图 2-61　水流作用下溢油类型以及溢油量对栏前涡旋尺度 D_{vor} 的影响（M2 和 M5）

图 2-62 给出了水流作用下围油栏裙摆长度以及浮重比对栏前涡旋尺度的影响。实验结果表明：无论是柔性围油栏还是刚性围油栏，长裙摆围油栏一般栏前涡旋尺度较大。对于短裙摆围油栏来说，栏前涡旋尺度对围油栏浮重比不敏感；而对于短裙摆围油栏来说，围油栏浮重比越小，即围油栏越重，栏前涡旋尺度越大。

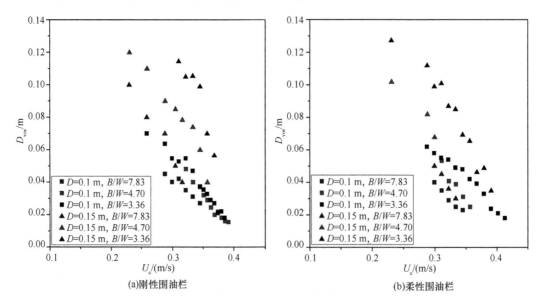

图 2-62　水流作用下围油栏裙摆长度以及浮重比对栏前涡旋尺度 D_{vor} 的影响
（M1～M6 和 M7～M12）

无量纲栏前涡旋尺度 $D_{vor}/V^{1/2}$ 拟合结果如下：

$$D_{vor}/V^{1/2} = \left(33.3294\frac{D^{3/2}V^{1/2}}{\alpha^{1/2}} - 4.5175U^2V^{1/2}\right); \ (R^2 = 0.85) \qquad (2\text{-}18)$$

图 2-63 中可以看出水流流速越大，无量纲栏前涡旋尺度 $D_{vor}/V^{1/2}$ 越小。

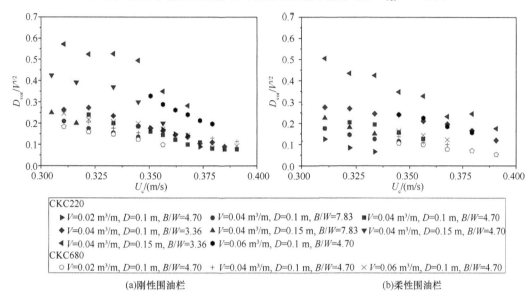

(a)刚性围油栏　　　　　　　　　　　　　　　　(b)柔性围油栏

图 2-63　水流作用下无量纲栏前涡旋尺度（M1～M6 和 M7～M12）

3. 溢油失效条件及损失率研究

1）围油栏拦油失效条件

实验发现：对于中低黏度油品，围油栏拦油失效常表现为油滴夹带失效以及油层流失失效两种形式，这两种形式往往同时出现。因此本书讨论的围油栏拦油失效条件同时考虑这两种典型失效形式。就工程应用而言，提出栏前溢油特征高度 T_w 公式很有价值，其可以直接指导不同海域作业环境下围油栏安全设计吃水深度的选取。本书粗略地假设栏前溢油特征高度 T_w 为栏前溢油厚度 T_h 以及栏前涡旋尺度 D_{vor} 之和，可分别用式（2-17）和式（2-18）计算。

除了栏前溢油特征高度，围油栏拦油初始失效水流流速也是国内外学者的研究重点。图 2-64 可以看出：对于刚性围油栏，拦油失效初始水流流速为 32～43 cm/s；对于柔性围油栏，拦油失效初始水流流速为 32～41 cm/s。虽然油滴夹带失效主要取决于溢油物理属性，如黏度、密度及油水界面张力，但是裙摆较长的围油栏可以一定程度上阻止已从油层中剥离的油滴绕过围油栏裙摆底端，因此裙摆长度同样影响油滴夹带失效临界水流流速条件。同时，Lee 和 Kang（1997）、Amini 等（2008）均指出溢油量可以影响初始失效水流流速。因此，现综合考虑溢油量、围油栏裙摆长度以及浮重比对拦油失效初始水流流速的影响并拟合得到：

$$U_i = 3.141U_{KH} - 1.1322\frac{V^2}{D} - 0.31875\beta^{1/2}; \ (R^2 = 0.85) \qquad (2\text{-}19)$$

式中，U_i 为拦油失效初始水流流速，单位：m/s；U_{KH} 为 KH 失稳速度（Wilson，1977），单位：m/s；β 为配重稳定系，$\beta=1/W_b$，W_b 为配重质量。

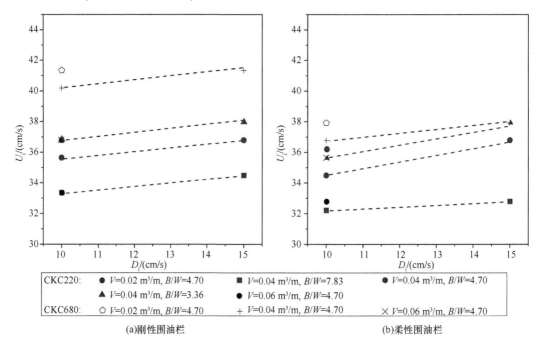

CKC220:	● $V=0.02$ m³/m, B/W=4.70	■ $V=0.04$ m³/m, B/W=7.83	● $V=0.04$ m³/m, B/W=4.70
	▲ $V=0.04$ m³/m, B/W=3.36	● $V=0.06$ m³/m, B/W=4.70	
CKC680:	⬠ $V=0.02$ m³/m, B/W=4.70	+ $V=0.04$ m³/m, B/W=4.70	✕ $V=0.06$ m³/m, B/W=4.70

(a)刚性围油栏　　　　　　　　　　　(b)柔性围油栏

图 2-64　围油栏拦油失效初始水流流速 U_i

图 2-65 给出了波流作用下溢油类型以及溢油量对初始失效水流流速的影响。可以看出：当围油栏作业环境波陡大于 0.011 时，初始失效流速随着波陡的增大而降低，这个趋势对于低黏度油品（如 CKC220）更为显著。一般来说，溢油量越大，油滴从油层中剥离、从围油栏裙摆底端逃逸的机会越多，其初始失效水流流速越小。

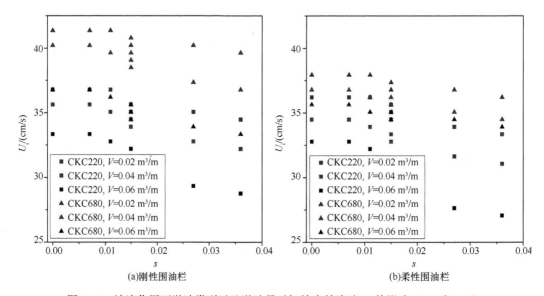

(a)刚性围油栏　　　　　　　　　　　(b)柔性围油栏

图 2-65　波流作用下溢油类型以及溢油量对初始失效流速 U_i 的影响（M2 和 M5）

　　图 2-66 给出了波流作用下围油栏裙摆长度以及浮重比对初始失效水流流速的影响。可以看出：对于短裙摆以及柔性围油栏，波陡对初始失效水流流速的影响更为显著。这是由于：对于短裙摆以及柔性裙摆围油栏，一旦油滴被水流剥离，受到围油栏裙摆的阻挡作用重新融合到原油层中机会很小。此外，围油栏浮重比越小，即围油栏越重，裙摆姿态相对垂直，围油栏有效吃水深度越大，围油栏拦油初始失效水流流速越大。

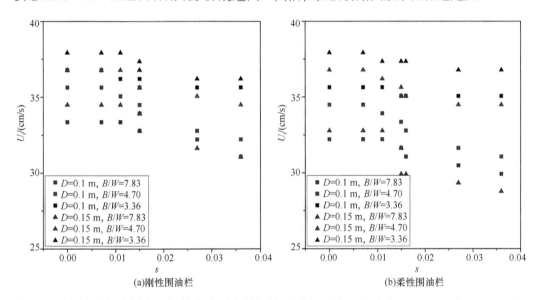

(a)刚性围油栏　　　　　　　　　　(b)柔性围油栏

图 2-66　波流作用下围油栏裙摆长度以及浮重比对初始失效流速 U_i 的影响（M1～M6 和 M7～M12）

2）溢油损失率影响因素

　　溢油事故发生后，需要耗费大量的人力、物力来消除残留溢油带来的影响。因此，准确的预测事故后围油栏的溢油损失率很有必要。Agrawal 和 Hale（1974）和 Leibovich（1976）研究认为油水界面张力可以影响溢油损失率。Delvigne（1989）认为油水界面张力仅仅能影响夹带油滴的数量和尺寸，对围油栏拦油初始失效水流流速以及拦油损失率均不影响。Zalosh（1975）通过数值模拟发现拦油损失率与水流流速呈线性关系。Amini 等（2008）通过低黏度油品失效实验，得出拦油损失率与初始溢油量和围油栏吃水深度的关系。本书在 Amini 等（2008）研究的基础上，考虑油品性质和围油栏参数对溢油损失率的影响。

　　图 2-67 可以看出：在纯水流作业环境中，当初始拦油失效发生后，溢油损失率随着水流流速增大快速增大。特别对于轻质油品，溢油损失率增长的更明显。对于某一种油品来说，溢油量越大，则溢油损失率越大。增大围油栏裙摆长度可以一定程度上减缓溢油损失率随水流流速的增长。对于柔性围油栏，围油栏浮重比很大程度上影响溢油损失率。一般来说，围油栏浮重比越大，溢油损失率越大（图 2-68）。本书通过溢油围控实验，得出以下经验公式：

$$q_E = 0.77015\exp(I_U) + 0.0018586\exp\left(\frac{\alpha^2 V^{1/2}}{D^{3/2}}\right) + 306313.4956 I_U^{3/2} V D^2; \ (R^2 = 0.91) \ (2\text{-}20)$$

式中，q_E 为溢油损失率，单位：$cm^3/m/s$；I_U 为相对于初始失效流速的水流流速增加量，单位：m/s。

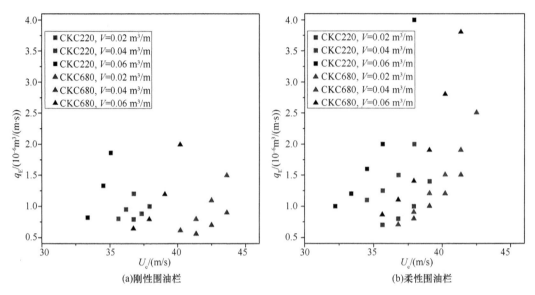

图 2-67　水流作用下溢油类型以及溢油量对溢油损失率的影响（M2 和 M5）

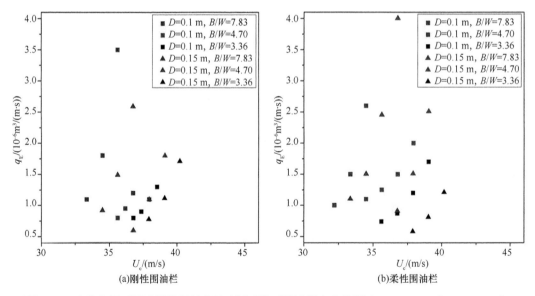

图 2-68　水流作用下围油栏裙摆长度以及浮重比对溢油损失率的影响（M1～M6 和 M7～M12）

波浪不仅可以影响围油栏拦油初始失效流速，也可以影响溢油损失率。当围油栏作业环境波陡小于 0.011 时，波浪对溢油损失率几乎没有影响，溢油损失率与纯水流作业环境中一致。当围油栏作业环境波陡大于 0.011 时，溢油损失率显著增大。在大水流流速环境下，溢油损失率甚至是纯水流作业环境中的 3 倍以上（图 2-69）。

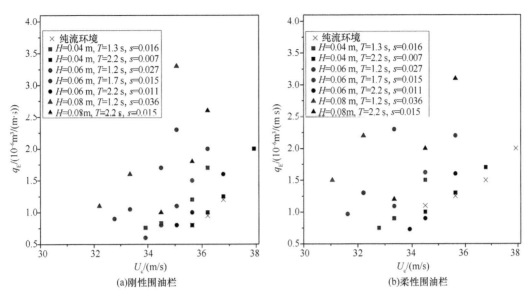

图 2-69　波浪要素、水流流速对溢油损失率的影响（M2 和 M5）

2.2.5　小　　结

在固体浮子式围油栏运动响应实验研究的基础上，分析了纯流以及波浪作用下的栏前溢油形态演变过程，并对栏前溢油几何特征要素（油层长度、厚度及涡旋尺度），溢油失效条件以及拦油损失率做系统系统研究。主要结论如下：

（1）对于中低黏度油品来说，栏前溢油在水流环境下逐渐变短变厚的过程中，会经历"加速累积""蠕变累积"和"溢油泄漏"三个阶段。在"蠕变累积"阶段，栏前油层会达到动态平衡。围油栏前后存在两个主要涡旋结构，分别是栏前涡旋区及栏后遮蔽区。栏前涡旋区会随着水流流速的增加而减小，直至消失。而栏后遮蔽区可以看成围油栏的储油区，从围油栏裙体底端逃逸的油滴一旦进入栏后遮蔽区将会停留很长一段时间。一般来说，纯水流作用环境下，栏后遮蔽区长度是围油栏有效吃水深度的 4～7 倍。

（2）围油栏拦油实验发现：在相同水流环境下，较高黏度的溢油一般其长度较短，油层厚度较大，栏前涡旋区较小。栏前溢油量越大，其对应的油层长度越长，油层厚度越厚，栏前涡旋区越大。在低水流流速环境下，栏前溢油剖面形态对围油栏类型不敏感，而在高水流流速环境下，配有较长裙摆、较重压载体的围油栏能有效抵抗溢油泄漏。围油栏裙摆长度决定栏前溢油油层厚度以及栏前涡旋尺度。当围油栏在短波主导环境下作业时，溢油损失率随着水流流速的增大而显著增大；当围油栏在长波主导环境下作业时，如波陡小于 0.011 时，溢油损失率对水流流速不敏感。相比纯水流作业环境，波浪作用下的栏前油层长度以及栏后遮蔽区尺度会显著减小。根据采集的实验数据，采用进化多项式回归算法，拟合栏前油层长度、最大油层厚度、栏前涡旋以及栏后遮蔽区长度经验公式。

（3）针对中低黏度溢油，失效过程中常常伴随着油滴夹带失效以及油层流失失效两种形式。一旦泄漏失效发生，溢油损失率随着水流流速的增加呈指数型增加。固体浮子式围油栏同时配备长裙摆和大质量压载体一般具有良好的拦油性能。当波陡大于 0.011 时，波浪会显著影响溢油初始泄漏所对应水流流速及溢油损失率。根据采集的实验数据，采用进化多项式回归算法，拟合溢油初始泄漏所对应的水流流速经验公式。

问题和建议：围油栏前滞油演变、泄漏失效机理研究应当考虑更为丰富的油品系统，不仅要研究中低黏度油品失效机理，更要研究经风化后的中高黏度溢油失效机理。同时，由于市场上用于溢油应急作业的围油栏种类繁多，应当筛选出具有代表性的高性能围油栏参与水动力以及拦油过程实验研究。在此基础上，将研究结果加以对比并总结出各代表围油栏的适用范围及其优化改进方案，将更有社会、经济以及工程价值。

2.3　围油栏拦油数值模拟及结构设计优化

根据港湾的水文气候条件和以往港湾溢油事故调查评估，结合美国围油栏设计思路，选择围油栏的浮体、裙体、张力带、配重和接头等各组件的材质、结构和布设方式。引进美国围油栏拦油的数值模拟方法，对围油栏的浮体、裙体、配重等各组件的材质、尺寸、结构和布设方式等变化时围栏外水体的表面、水下石油含量的变化，模拟不同结构参数的围油栏在波浪和水流作用下的失效规律，优化港湾溢油的围油栏各部件的几何尺寸，提出合理的布设方式。

2.3.1　围油栏数值模拟方法

1. SPH 方法基本原理

光滑粒子流体动力学（smoothed particle hydrodynamics，SPH）方法是一种完全无网格的、稳定的拉格朗日型数值计算方法。由 Lucy（1977），Gingold 和 Monaghan（1977）首先提出并应用该方法到天体物理学领域中，随后又被广泛应用到连续固体力学和流体力学领域中。

由于每个粒子都是独立的，尤其适合模拟大变形（孙晓燕和王军，2007）问题，以及多项流耦合问题，其粒子系统可以自然的描述物质，而不必刻意描述物质的边界。相比于传统的网格数值方法，SPH 具有以下六个优点（Liu and Liu，2010）。

（1）SPH 是拉格朗日形式粒子法，具有伽利略不变性（Galilean invariant），即在多个坐标系中，物理规律在通过伽利略变换之后可以得到和原来的物理规律一样形式，可以计算物质粒子随时间的演化情况。

（2）只要给定粒子初始状态及分布，无论是自由界面，还是物质相互作用，或者具有移动边界情况，都可以通过计算自然确定其边界情况。所以用于计算流体问题时，SPH 具有很大优势。

（3）无网格法的特点是避免计算结果对网格的依赖，在计算爆炸相关问题时，SPH 方法可以计算随时间变化的大变形问题、如爆破、水下爆炸、高速冲击等问题。

（4）在 SPH 方法中，粒子代表一定体积的物质。与传统的分子动力学（molecular dynamics，MD）和耗散粒子动力学（dissipative particle dynamics，DPD）方法相近。但是又不是这两种方法研究的分子和纳米尺度问题，而是可以研究跨尺度问题，可以说 SPH 是这种方法的耦合。所以在生物和生物化学方面也有应用。

（5）SPH 擅长模拟问题对象不是连续体，如上面提到的生物、生物化学、天文学这样的尺度下，问题大多不是连续体。

（6）SPH 比较容易通过计算机编程实现，并且容易从 2D 扩展到 3D。

但是传统的 SPH 也有一些不足，比如数值震荡、拉伸不稳定等问题都是由于粒子分布位置计算不准确导致的。为此作者提出一种新的算法处理自由界面附近处的粒子，该算法只需要在已有的代码基础上做简单修改就可以实现弱可压缩流粒子转移技术（particle shifting technique，PST），并通过计算算例验证了算法的可靠性和准确性。SPH 的发展主要分为三个阶段。

（1）第一阶段：20 世纪 70 年代提出到 90 年代初。在 20 世纪 80 年代，并没有引起太多注意，几位 SPH 开创者做了很多非常有意义的开创性的工作，使得 SPH 可以模拟流体问题，为 SPH 的发展打下基础。在 1992 年，SPH 第一篇综述（Monaghan，1992）指出了 SPH 方法在模拟方面存在的一些问题：①粒子分布对计算结果的影响；②数值震荡问题，并且指出了 SPH 适用于物理大变形问题的模拟，这个阶段 SPH 鲜有用于工程模拟。

（2）第二阶段：20 世纪 90 年代初至 2005 年。在 2005 年，作者 Monaghan J. J.又发表了第二个综述（Monaghan，2005），总结了 SPH 在这个阶段成果，并且评价了粒子法的根基（Von Neumann 和 Oskar（1944））：The particle method is not only an approximation of the continuum fluid equations，but also gives the rigorous equations for a particle system which approximates the molecular system underlying，and more fundamental than the continuum equations. 这个阶段 SPH 已经开始广泛应用于流体力学分析，采用 SPH 分析不可压缩流（Morris 等，1997）及自由表面流等问题，开始与 FEM 等进行耦合，并且可以初步模拟工程问题。

（3）第三阶段：2006 年至今。这个阶段 SPH 发展相当迅速，在 2010 年 Liu M B 和 Liu G R 发表综述，SPH 无论是在固体（Hedayati et al.，2014）、液体、多相流，甚至生物力学（Grant et al.，2015）等方面都有相当多的成果。得益于计算机的发展，SPH 可以模拟很多工程问题（Ulrick et al.，2013），甚至模拟高达 10^9 个粒子的大规模工程问题（Domínguez et al.，2013）。

光滑粒子流体动力学算法的主要思想是：①采用一系列随机分布的粒子来离散计算域，每个粒子都有相应的物理属性，粒子之间相互不连接，但可通过搜索算法得到邻近粒子的物理属性；②通过核函数积分近似来表示物理域中的场函数，通过粒子近似法对核函数积分做进一步的近似，利用相邻粒子对中心粒子的场变量及其导数进行插值；③通过核函数近似法及粒子近似法，近似表示所研究问题的偏微分方程组的场函数相关项，如质量、动量和能量三大守恒方程（Liu G R and Liu M B，2003），得到离散化形式的常微分方程组；④通过时间积分更新得到下一个时刻计算域中所有粒子的场变量。上述观点表明：①体现了 SPH 方法具有无网格性质；②将空间物理常量用带参数粒子的形式表示；③对流体运动基本控制方程离散化；④对离散化的空间粒子物理量做时间积分，求解已离散的常微分方程组。

2. 积分近似和粒子近似

SPH 方法是一种数值离散法,通过积分近似和粒子近似两个过程将任意函数及其空间导数离散成一系列具有独立质量和体积的粒子间的相互作用。在积分近似中,空间某点的场函数被写成该点核函数紧支域上的积分形式;在粒子近似中,积分形式的场函数近似被进一步离散为紧支域内离散粒子的求和。其中,积分近似是 SPH 名称中"光滑"概念的具体表现,粒子近似是 SPH 名称中"粒子"概念的具体表现。

对于空间内目标点处的一个场函数,可以精确表达成以下积分形式:

$$f(x_0) = \int_{\Omega} f(x)\delta(x_0 - x)\mathrm{d}x \tag{2-21}$$

式中,x_0 为目标点的位置;Ω 为支持域的体域;δ 为狄拉克函数,其只在目标点处有值,表达如下:

$$\delta(x_0 - x) = \begin{cases} 1 & x = x_0 \\ 0 & x \neq x_0 \end{cases} \tag{2-22}$$

由于式(2-22)在数值模拟中无法实现。因此,SPH 方法中引入核函数 $W(x_0 - x, h)$ 来代替狄拉克 δ 函数,表达如下:

$$\langle f(x_0) \rangle = \int_{\Omega} f(x)W(x_0 - x, h)\mathrm{d}x \tag{2-23}$$

式中,h 为光滑长度,表示光滑核函数 W 的影响半径,通常取为模型初始粒子间距的 1.0～1.5 倍。由于式(2-23)仅是式(2-21)的近似表达,因此场函数 $f(x_0)$ 用角括弧<·>标记。

同样地,场函数 $f(x_0)$ 的一阶导数表达成以下积分形式:

$$\langle \nabla \cdot f(x_0) \rangle = \int_{\Omega} [\nabla \cdot f(x)]W(x_0 - x, h)\mathrm{d}x \tag{2-24}$$

对式(2-24)做整理有

$$\langle \nabla \cdot f(x_0) \rangle = \int_{\Omega} \nabla \cdot (f(x)W(x_0 - x, h))\mathrm{d}x - \int_{\Omega} f(x) \cdot \nabla W(x_0 - x, h)\mathrm{d}x \tag{2-25}$$

对式(2-25)左边第一项利用格林公式有

$$\langle \nabla \cdot f(x_0) \rangle = \int_{S} f(x)W(x_0 - x, h) \cdot \bar{n}\mathrm{d}S - \int_{\Omega} f(x) \cdot \nabla W(x_0 - x, h)\mathrm{d}x \tag{2-26}$$

式中,S 为支持域的面域;$\bar{n}$ 为面域 S 的单位法向矢量。

根据核函数的紧支性,即面域 S 上光滑核函数 W 值为零。当核函数紧支域被包含在计算域内时,式(2-26)右边第一项为 0,该式修改为

$$\langle \nabla \cdot f(x_0) \rangle = -\int_{\Omega} f(x) \cdot \nabla W(x_0 - x, h)\mathrm{d}x \tag{2-27}$$

同样地,由式(2-27)场函数 $f(x_0)$ 的二阶导数表达成以下积分形式:

$$\langle \nabla^2 \cdot f(x_0) \rangle = \int_{\Omega} [\nabla^2 \cdot f(x)] \cdot W(x_0 - x, h)\mathrm{d}x \tag{2-28}$$

同样地,对上式运用分步积分和散度定理有

$$\langle \nabla^2 \cdot f(x_0) \rangle = \int_{S} [\nabla \cdot f(x)]W(x_0 - x, h) \cdot \bar{n}\mathrm{d}S - \int_{S} f(x)\nabla \cdot W(x_0 - x, h) \cdot \bar{n}\mathrm{d}S$$
$$+ \int_{\Omega} f(x) \cdot \nabla^2 W(x_0 - x, h)\mathrm{d}x \tag{2-29}$$

由于核函数的紧支性，且认为紧支域被包含在计算域内时，上式右边第一项、第二项都为零，有

$$\left\langle \nabla^2 \cdot f\left(x_0\right) \right\rangle = \int_{\Omega} f\left(x\right) \cdot \nabla^2 W\left(x_0 - x, h\right) \mathrm{d}x \tag{2-30}$$

可以发现，经核函数近似，场函数 $f\left(x_0\right)$ 的导数可以表达成场函数 $f\left(x_0\right)$ 以及核函数的导数的函数。此外，上述推导过程中均假设光滑核函数 W 支持域被包含了计算域内部。当所求解目标粒子在计算域边界附近时，其光滑核函数支持域可能会被计算域边界截断，则式（2-29）及式（2-30）等号右边面域积分项不为零，应对方程进行修正。

经过积分近似的空间场函数表达式（2-30），可转化为目标粒子紧支域内所有粒子场函数叠加求和的形式，转化过程如下：

$$\left\langle f\left(x_0\right) \right\rangle = \int_{\Omega} f\left(x\right) W\left(x_0 - x, h\right) \mathrm{d}x = \sum_{j=1}^{N} f\left(x_j\right) W\left(x_0 - x_j, h\right) \cdot \Delta V_j$$
$$= \sum_{j=1}^{N} f\left(x_j\right) W\left(x_0 - x_j, h\right) \frac{1}{\rho_j} \cdot \rho_j \Delta V_j = \sum_{j=1}^{N} \frac{m_j}{\rho_j} f\left(x_j\right) W\left(x_0 - x_j, h\right) \tag{2-31}$$

式中，m_j 为粒子 j 的质量；ρ_j 为粒子 j 的密度；N 为粒子 j 紧支域内的粒子总数。

同理，式（2-30）及式（2-31）表达成粒子近似形式，有

$$\left\langle \nabla \cdot f\left(x_0\right) \right\rangle = -\sum_{j=1}^{N} \frac{m_j}{\rho_j} f\left(x_j\right) \cdot \nabla W\left(x_0 - x_j, h\right) \tag{2-32}$$

$$\left\langle \nabla^2 \cdot f\left(x_0\right) \right\rangle = \sum_{j=1}^{N} \frac{m_j}{\rho_j} f\left(x_j\right) \cdot \nabla^2 W\left(x_0 - x_j, h\right) \tag{2-33}$$

式中，$\nabla W\left(x_0 - x_j, h\right) = \dfrac{x_i - x_j}{r_{ij}} \dfrac{\partial W\left(x_0 - x_j, h\right)}{\partial r_{ij}}$，$r_{ij}$ 为粒子 i 和粒子 j 的质心距离；

$\nabla W\left(x_0 - x_j, h\right)$ 简写为 $\nabla_i W_{ij}$。

3. 核函数的性质与选取

核函数的选择在光滑粒子流体动力学（SPH）方法中至关重要，它决定了算法的精度以及计算速度，主要有以下特征。

（1）归一性（或连续性）：

$$\int_{\Omega} f\left(x\right) W\left(x_0 - x, h\right) \mathrm{d}x = 1 \tag{2-34}$$

（2）紧支性：当 $\left| x_0 - x \right| \geqslant kh$ 时，$W\left(x_0 - x_j, h\right) = 0$。其中：$k$ 为光滑核函数支持域系数。

（3）趋同性：当光滑长度 h 趋于零时，可以认为核函数 W 趋同于狄拉克函数。

（4）非负性：为避免出现非物理解，核函数在目标粒子（位于点 x_0 处）支持域内恒为正值，即 $W\left(x_0 - x_j, h\right) > 0$。

（5）衰减性：当目标粒子与邻粒子间距增大时，核函数的值单调递减。

（6）对称性：为了使处在不同位置但距中心质点距离相同的两个质点对中心质点的影响相同，要求核函数为偶函数。

（7）光滑性：为了使光滑核函数对紧支域内质点的不规则分布不敏感，要求核函数及核函数导数连续。

目前，广泛使用的核函数有：Gaussian 函数（Gingold and Monaghan，1977）、三次（Monaghan and Lattanzio，1985）以及高次（Morris et al.，1997；Wendland，1995）核样条函数。高斯型核函数的优点是其高阶导数具有良好的光滑性，缺点是它不能完全满足紧支性条件，其函数值在边界上不等于零。三次样条核函数具有严格满足紧支性条件、计算速度快等特点，被广泛使用。但是三次样条核函数的二阶导数是分段线性函数，高阶导数的核近似稳定性较差。在本书中，数值计算采用的是 Wendland（1995）五阶核函数，其数学式写作：

$$W\left(x_0 - x, \kappa h\right) = \alpha_{\mathrm{d}} \begin{cases} \left(1 - \dfrac{q}{2}\right)^4 \left(2q + 1\right), & 0 \leqslant q < 2 \\ 0, & q \geqslant 2 \end{cases} \qquad (2\text{-}35)$$

式中，$q = |x_0 - x| / h$；α_{d} 在二维和三维问题中分别取 $7 / \left(4\pi h^2\right)$ 和 $21 / \left(16\pi h^3\right)$。

该核函数及其导数完全光滑，模型稳定性较好。对比广泛使用的三次样条核函数（Monaghan and Lattanzio，1985；Grant et al.，2015），图 2-70 五次核函数和三次样条函数的比较可以看出：五次核函数压缩失稳区间（$q < 0.50$）小于三次样条函数的压缩失稳区间（$q < 0.67$），即采用五次核函数的 SPH 模型稳定性相比三阶核函数要更好。

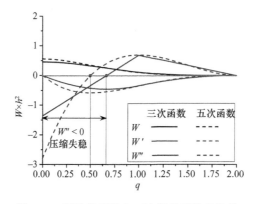

图 2-70　五次核函数和三次样条函数的比较

4. 邻域粒子搜索方法

在 SPH 方法中，需要用光滑核函数对紧支域内相邻粒子的场函数及其导数进行插值。积分插值需要中心粒子紧支域范围内的相邻粒子信息。由于每一个时间步后离散粒子的空间位置都会更新，因此在无网格算法中，需要用搜索算法更新中心粒子当前计算时间步中紧支域内的相邻粒子信息。搜寻粒子的方法对运算速度的影响很大，约占计算总计算时间的 50 %～85 %。常用的粒子搜索方法有如下四种。

（1）全区域配对搜索算法：对目标粒子进行离散时，需要搜索计算域内所有的粒子。

这种算法搜索耗时较大，只适用于粒子数较少的算例，搜索算法的复杂度为 $O(N^2)$。

（2）链表搜索算法（Fang and Johnston，2001）：在计算域内布置一系列背景网格，通过存储规则将粒子信息和其所在的背景单元信息连接起来，并将中心粒子搜索域缩小至中心粒子所在以及相邻的网格内。对于 N 维情况（N 为 1，2 或者 3），需要搜索的网格的数量为 3^N。这种算法适合固定核函数光滑长度的问题，搜索算法的复杂度为 $O(N)$。

（3）树形搜索算法（Hernquist and Katz，1989）：有别于链表搜索算法，树形搜索算法较适用于可变光滑长度的问题。树形算法是将计算域按照"父子关系"进行等级分块，确保直到每个小的分块中只剩下一个粒子，并根据粒子的位置得到的树形链表关系。根据建立的树形关系开展粒子积分插值计算，搜索算法的复杂度为 $O(N\lg N)$。

（4）单元粒子搜索算法：粒子搜索范围，仅考虑对其有影响的相邻的网格内的粒子。以二维算例为例，在中心粒子所在单元网格的东、北、东北及西北向相邻网格中搜索邻域粒子（图 2-71）。

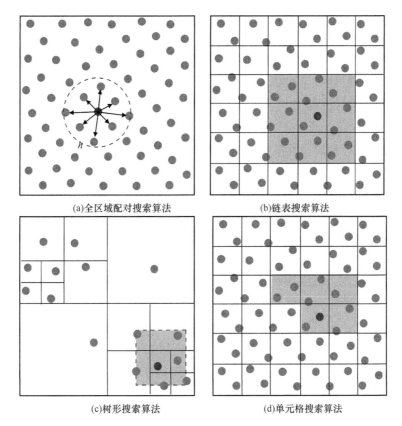

(a)全区域配对搜索算法　　　　　　　　(b)链表搜索算法

(c)树形搜索算法　　　　　　　　(d)单元格搜索算法

图 2-71　典型邻域粒子搜索方法

5. 流体控制方程

黏性流体的运动控制方程为

$$\frac{\mathrm{d}\rho}{\mathrm{d}t} = -\rho \nabla v \qquad (2\text{-}36)$$

$$\frac{\mathrm{d}v}{\mathrm{d}t} = -\frac{1}{\rho}\nabla p + \Theta + g \tag{2-37}$$

式中，ρ 为密度；p 为压强；$v = (v_x,\ v_y,\ v_z)$ 为速度矢量；Θ 为流体耗散项；$g = (0,\ 0,\ -9.81)$ 为重力加速度矢量；$\nabla = \left(\dfrac{\partial}{\partial x}, \dfrac{\partial}{\partial y}, \dfrac{\partial}{\partial z}\right)$ 为哈密顿算子。

将粒子近似应用于式（2-37），有

$$\frac{\mathrm{d}\rho_i}{\mathrm{d}t} = -\rho_i \sum_{j=1}^{N} \frac{m_j}{\rho_j} v_j \nabla_i W_{ij} \tag{2-38}$$

考虑常数导数粒子近似有

$$\nabla 1 = \int 1 \cdot \nabla W(x_0 - x, h)\mathrm{d}x = \sum_{j=1}^{N} \frac{m_j}{\rho_j}\nabla_i W_{ij} = 0 \tag{2-39}$$

可以得到：

$$\rho_i \sum_{j=1}^{N} \frac{m_j}{\rho_j} v_i \nabla_i W_{ij} = \rho_i v_i \sum_{j=1}^{N} \frac{m_j}{\rho_j}\nabla_i W_{ij} = 0 \tag{2-40}$$

联立式（2-39）和式（2-40），可以得到对称形式的连续性方程：

$$\frac{\mathrm{d}\rho_i}{\mathrm{d}t} = \rho_i \sum_{j=1}^{N} \frac{m_j}{\rho_j}\left(v_i - v_j\right)\nabla_i W_{ij} = \rho_i \sum_{j=1}^{N} \frac{m_j}{\rho_j} v_{ij}\nabla_i W_{ij} \tag{2-41}$$

此外，对于式（2-41），若将密度放入梯度算子中可以得到另一种形式的连续性方程：

$$\frac{\mathrm{d}\rho}{\mathrm{d}t} = -\nabla(\rho v) + v \cdot \nabla\rho \tag{2-42}$$

应用粒子近似对上式等号右侧的场函数梯度进行变换，得到：

$$\frac{\mathrm{d}\rho_i}{\mathrm{d}t} = -\sum_{j=1}^{N} \frac{m_j}{\rho_j}\rho_j v_j \nabla_i W_{ij} + v_i \cdot \sum_{j=1}^{N} \frac{m_j}{\rho_j}\rho_j \nabla_i W_{ij} = \sum_{j=1}^{N} m_j v_{ij}\nabla_i W_{ij} \tag{2-43}$$

相比密度求和法，连续性密度法虽然难以精确地保证质量守恒，但是其包含了反对称形式的相对速度项，大大降低了边界效应以及紧支域内非连续粒子影响导致的误差，特别是在处理流体自由液面时不会因为流体粒子的缺失而导致液面边界附近流体粒子密度异常（Liu G R and Liu M B，2003）。式（2-42）与式（2-43）均是连续性方程的粒子表达形式，主要区别是式（2-41）密度显式表达，式（2-39）中未包含密度项。Monaghan（1992）指出，式（2-42）更适合用于不可压缩流，式（2-43）更适合应用于界面流。考虑本书研究的问题是油水多相流体与浮式建筑物相互作用，应采用一种混合形式连续性方程（Zhang et al.，1999）：

$$\frac{\mathrm{d}\rho_i}{\mathrm{d}t} = \rho_i \sum_{j\subset A} \frac{m_j}{\rho_j} v_{ij}\nabla_i W_{ij} + \sum_{j\not\subset A} m_j v_{ij}\nabla_i W_{ij} \tag{2-44}$$

式中，$j \subset A$ 为粒子 j 与粒子 i 在同种介质中；$j \not\subset A$ 为粒子 j 与粒子 i 在不同种介质中。

对于动量方程式（2-37），等式右边压力项利用粒子近似可以写成：

$$\frac{\mathrm{d}v_i}{\mathrm{d}t} = -\frac{1}{\rho_i} \sum_{j=1}^{N} \frac{m_j}{\rho_j} p_j \nabla_i W_{ij} \tag{2-45}$$

与式（2-45）同理，可以得到：

$$\sum_{j=1}^{N} m_j \frac{p_i}{\rho_i \rho_j} \nabla_i W_{ij} = \frac{p_i}{\rho_i} \sum_{j=1}^{N} \frac{m_j}{\rho_j} \nabla_i W_{ij} = 0 \tag{2-46}$$

上式与式（2-45）叠加有

$$\frac{\mathrm{d}v_i}{\mathrm{d}t} = -\sum_{j=1}^{N} m_j \frac{p_i + p_j}{\rho_i \rho_j} \nabla_i W_{ij} \tag{2-47}$$

上式是 SPH 方法中广泛使用的一类动量守恒方程。考虑到如下等式：

$$\frac{1}{\rho} \nabla p = \nabla \left(\frac{p}{\rho} \right) + \frac{p}{\rho^2} \nabla \rho \tag{2-48}$$

$$\frac{\mathrm{d}v_i}{\mathrm{d}t} = -\sum_{j=1}^{N} \frac{m_j}{\rho_j} \frac{p_j}{\rho_j} \nabla_i W_{ij} - \frac{p_i}{\rho_i^2} \sum_{j=1}^{N} \frac{m_j}{\rho_j} \rho_j \nabla_i W_{ij} = -\sum_{j=1}^{N} m_j \left(\frac{p_j}{\rho_j^2} + \frac{p_i}{\rho_i^2} \right) \nabla_i W_{ij} \frac{-b \pm \sqrt{b^2 - 4ac}}{2a} \tag{2-49}$$

式（2-48）与式（2-49）均是动量方程中压力项的粒子近似表达形式，等式右边引入含 p_i 相关项的目的是提高光滑粒子法数值计算稳定性。本书采用式（2-49）的形式表达压力项。为了防止油水异相粒子之间非物理性渗透，Monaghan 和 Kocharyan（1995）建议在动量方程中增加一个异相粒子斥力项，该斥力项可以有效解决粒子渗透问题。修改后的动量方程压力项如下：

$$\frac{\mathrm{d}v_i}{\mathrm{d}t} = -\sum_{j} (1 + R_{ij}) m_j \left(\frac{p_i}{\rho_i^2} + \frac{p_j}{\rho_j^2} \right) \nabla_i W_{ij} \tag{2-50}$$

式中，R_{ij} 为压力斥力系数。

$$R_{ij} = \begin{cases} 0.08 \left(\dfrac{\rho_w - \rho_o}{\rho_w + \rho_o} \right), & j \not\subset A \\ 0, & j \subset A \end{cases} \tag{2-51}$$

式中，ρ_w 为油粒子密度；ρ_o 为油粒子密度。

流体耗散项通常由分子黏性耗散及紊动耗散两部分组成：

$$\Theta = \nu \nabla^2 v + \frac{1}{\rho} \nabla \tau \tag{2-52}$$

式中，等式右边第一项为流体分子黏性耗散，ν 为流体分子黏性系数；等式右边第二项为紊动黏性耗散，τ 为亚粒子 SPS 应力张量。

分子黏性项利用粒子近似可以写成（Lo and Shao，2002）：

$$\left(\nu \nabla^2 v \right)_i = \sum_{j} m_j \left(\frac{4 \nu r_{ij} \nabla_i W_{ij}}{(\rho_i + \rho_j) |r_{ij}|^2} \right) v_{ij} \tag{2-53}$$

参考压力项的粒子近似过推导过程，紊动黏性项可以表达为

$$\left(\frac{1}{\rho}\nabla\tau\right)_i = \sum_j m_j\left(\frac{\tau_i}{\rho_i^2}+\frac{\tau_j}{\rho_j^2}\right)\nabla_i W_{ij} \tag{2-54}$$

τ 采用涡黏假定展开有（Gotoh et al.，2001）：

$$\frac{\tau_i}{\rho_i} = \nu_t\left(2S_{ij}-\frac{2}{3}k\delta_{ij}\right)-\frac{2}{3}C_1\Delta^2\delta_{ij}\left|S_{ij}\right|^2 \tag{2-55}$$

式中，ν_t 为紊动涡黏系数，等于 $[C_s\Delta l]^2|S|$；k 为亚粒子紊动能量；C_s 为亚粒子系数（Rogallo and Moin，1984），一般取 $0.1\sim0.24$；Δl 为光滑长度；$|S_{ij}|=(2S_{ij}S_{ij})^{1/2}$，$S_{ij}$ 为亚粒子应变张量；C_1 取 0.0066；δ_{ij} 为克罗内克尔符号。

弱可压缩光滑粒子法计算过程中，需建立流体密度与压强之间关系。Monaghan（1994）采用人工压缩法，通过流体状态方程显式求解压强，如下式：

$$p = \frac{c_0^2\rho_0}{\gamma}\left[\left(\frac{\rho}{\rho_0}\right)^\gamma-1\right] \tag{2-56}$$

式中，ρ_0 为参考密度；γ 为与流体压缩性质有关的系数，一般取为 7；c_0 为数值声速。当数值声速在流体运动速度十倍以上时，可以使数值流体密度变化率限制在 1% 以内，基本实现对不可压缩性质流体的模拟。

6. 边界条件

在浮式结构水动力学数值模型中涉及的物理边界条件主要有：自由液面边界及固壁边界。一方面，SPH 方法在处理含自由表面的水波问题时，自由表面粒子由计算域中气液交界处的粒子组成，流体自由表面可以自动捕捉，因此特别适合用来模拟强非线性自由液面问题，如波浪破碎（Khayyer et al.，2008；Pelfrene et al.，2011）、液体飞溅（Crespo et al.，2008；Gao et al.，2012）、固体抨击（Monaghan et al.，2003）等。另一方面，固壁边界通常指的是流固交界面，对固壁边界附近的流体粒子施加合理的排斥力是光滑粒子算法重点研究方向。目前主要有三类固壁边界处理方法。

1）排斥力边界法

排斥力边界法的主体思想是在固壁边界上布置一排（或数排）墙粒子，这些墙粒子会对靠近它的流体粒子施加中心排斥力，以保证流体粒子无法穿透固壁边界（图 2-72）。因此，确定合理的外施加边界力成为关键。早期较常用的排斥力模型为 Lennard-Jones（L-J）模型（Monaghan，1994），计算公式如下：

$$f_{ij} = \begin{cases} D_{RB}\left[\left(\frac{r_0}{r_{ij}}\right)^{p_1}-\left(\frac{r_0}{r_{ij}}\right)^{p_2}\right]\dfrac{r_{ij}}{\left|r_{ij}\right|^2}, & r_{ij}\geqslant r_0 \\ 0, & r_{ij}<r_0 \end{cases} \tag{2-57}$$

式中，f_{ij} 为墙粒子对流体粒子的排斥力；D_{RB} 为排斥力系数，需要根据具体问题来定；r 为排斥力截断间距，一般取流体粒子初始间距。当流体粒子与墙粒子间距 r_{ij} 超过 r_0 时，流体粒子将不受到墙粒子影响；p_1 和 p_2 为经验系数，分别可取 12 和 4。

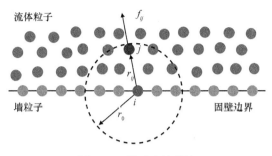

图 2-72　排斥力边界法

以上看出，L-J 形式的排斥力的方向是沿墙粒子和流体粒子的中心连线，因此流体粒子同时受到来自固壁边界的法向作用力和切向作用力。法向作用力保证流体粒子不会穿透固壁边界，切向作用力则阻碍流体粒子沿边界的滑移运动。由于切向作用力随着墙粒子与流体粒子间距变化而不断变化，流体粒子沿固壁切面受到墙粒子的间断性的变切应力，导致流体粒子沿墙面移动形式既不属于滑移边界，又不属于无滑移边界，而是一种类粗糙平面运动，边界附近流体粒子呈波纹状分布（Gao et al.，2012）。因此，Monaghan 和 Kos（1999）提出了一种法向排斥力边界法，在该方法中固壁边界上的墙粒子仅对流体粒子施加法向排斥力，排斥力计算公式如下：

$$f_{ij} = n_j R_1\left(r_{ij,n}\right) R_2\left(r_{ij,\tau}\right) \tag{2-58}$$

式中，n 和 τ 分别为固壁边界的单位外法向向量和切向向量；$r_{ij,n}$ 和 $r_{ij,\tau}$ 分别为墙粒子和流体粒子间的法向距离和切向间距；$R_1\left(r_{ij,n}\right)$ 的计算式如下：

$$R_1\left(r_{ij,n}\right) = \begin{cases} \dfrac{1}{h}\left(0.01c_0^2 + B_{RB}cv_{ij} \cdot n_j\right)\dfrac{2r_0}{\sqrt{r_{ij,n}}}\left(1 - \dfrac{r_{ij,n}}{2r_0}\right), & r_{ij,n} < 2r_0 \\ 0, & r_{ij,n} \geqslant 2r_0 \end{cases} \tag{2-59}$$

式中，当流体粒子向边界靠近时 $B_{RB}=1$，否则为零。

$R_2\left(r_{ij,\tau}\right)$ 的计算式如下：

$$R_2\left(r_{ij,\tau}\right) = \begin{cases} \dfrac{1}{2}\left(1 + \cos\dfrac{\pi r_{ij,\tau}}{r_0}\right), & r_{ij,\tau} < r_0 \\ 0, & r_{ij,\tau} \geqslant r_0 \end{cases} \tag{2-60}$$

排斥力边界法仅需在固壁边界上设置单排墙粒子就可以实现固壁边界对流体粒子的排斥。L-J 形式的排斥力模型适合用于边界几何形状复杂的物理问题但固壁边界切向作用力不合理，法向排斥力边界模型需要确定固壁边界的单位方向向量，不适合处理复杂固壁边界问题。此外，两种排斥力模型均依赖于一些人为给定的经验系数，对于不同的物理问题需要对参数进行调整，调整不当会导致数值震荡（边界粒子爆炸，流体粒子穿透等），模型适用性差。

2）镜像粒子边界法

相比传统排斥力边界法，镜像粒子边界法可以很好地解决界面切向应力间断不连续问题。镜像粒子法的主体思想是：以固壁边界为基准面，在固壁边界外侧布置和流体粒子空间位置相对称的虚拟粒子（图 2-73）。镜像粒子参与流体控制方程的求解，并对靠近固壁边界的流体粒子施加中心排斥力。虚拟粒子的密度、压力、速度大小以及其法向分量与对应的流体粒子相同，而切向速度与内部流体粒子的切向速度相反形成无滑移边界条件或与内部流体粒子的切向速度相同形成滑移边界条件。镜像粒子边界法通常在固壁边界外侧生成 2~3 排镜像粒子，因此有效地改善了流体粒子在边界附近积分域缺失的问题，基本保证了系统的动量守恒和能量守恒，计算精度相对较高。但是对于形状复杂的固壁边界，镜像粒子生成算法较为复杂。此外，镜像粒子的位置在每个计算时间步都随流体粒子位置的更新而更新，计算资源开销大。因此，Marrone 等（2011）针对传统镜像粒子法的缺点提出了固定镜像粒子边界法。固定镜像粒子法只需要在计算开始前设置一次镜像粒子，通过插值算法（移动最小二乘法 MLS）更新镜像粒子的场变量信息，如密度、压强、速度大小和方向，但是其空间分布保持不变。这样不仅节约了计算资源，也避免了由镜像粒子非均匀移动而导致的不合理粒子斥力。

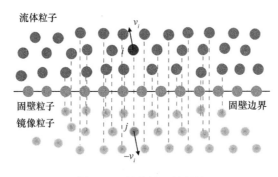

图 2-73　镜像粒子边界法

3）动力学边界粒子法

与 Marrone 等（2011）提出的固定镜像粒子边界法类似，动力学边界粒子法（图 2-74）是在固壁边界上布置 2~3 排动力学边界粒子（以下简称 DBPs）。DBPs 与流体粒子有相同流体属性，参与流体控制方程的求解，其空间位置由所代表的固壁边界决定。不同的是，动力学边界粒子法方法中固壁粒子的密度是通过 DBPs 和流体粒子间连续性方程的计算求得，而固定镜像粒子边界法中镜像粒子的密度是由插值得到。动力学边界粒子法的主要优点是计算上的便捷性，计算过程中不需重新生成 DBPs，不需要复杂的插值算法，也不需要计算固壁边界的法向方向或切向方向，仅通过 DBPs 和流体粒子间的计算就可以得到固壁边界对流体粒子的排斥力，特别适合处理复杂边界问题。

数值仿真过程中通常会受到计算资源的限制，因此除了上述物理边界条件，常会引入周期性开边界条件。周期性开边界条件作为一种辅助性数值边界条件，可以让流体粒子穿过计算区域中某一边界，再从预先设定的区域流出，这样便可以在有限的计算区域研究更为广泛的物理问题。对于图 2-75 中的数值波流水槽，采用周期性开边界之后，流体粒子一旦穿过出流口，便会在入流口流入并补充到水槽中，从而实现稳定循环流动的水流。另外，注意到出流口边缘粒子部分紧支域会在上缘区域延伸，粒子近似过程不会受到紧支域内粒子缺失的影响。

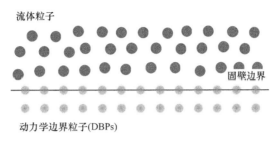

图 2-74　动力学边界粒子法

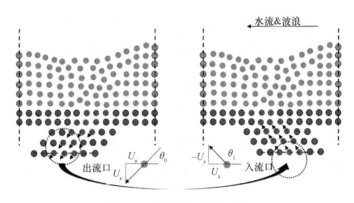

图 2-75　周期性开边界条件

7. 数值过滤器

1）XSPH

在基于拉格朗日体系的流体数值模型中，流体粒子的位置随时间而发生改变：

$$\frac{\mathrm{d}x_i}{\mathrm{d}t} = v_i \tag{2-61}$$

采用上式计算流体粒子运动时，可能会出现粒子分布不整齐或粒子相互逼近其至穿透的现象，Monaghan（1989）提出的 XSPH 方法很好地缓解了这一问题。在 XSPH 方法中，粒子位置由下式计算：

$$\frac{\mathrm{d}x_i}{\mathrm{d}t} = v_i - \varepsilon \sum_{j=1}^{N} \frac{m_j}{\overline{\rho}_{ij}} x_{ij} W_{ij} \tag{2-62}$$

式中，ε 为 0～1 的常数。XSPH 方法对粒子运动速度进行了修正，使粒子运动速度更接近于周围粒子运动速度的平均值。这种速度平均作用不会破坏系统的动量守恒性，但会轻微损耗系统的总能量（Monaghan，2005）。由于浮式结构水动力学研究中空间尺度和时间长度均相对较大，因此应尽量减小系统能量的耗散速率，本书取 0.2。

2）密度正则化

求解过程中，流体粒子的密度由粒子间的相对速度和相对位置决定，由于粒子位置分布的随机性，且目标粒子的支持域内粒子数量有限，无法通过增加数量来弥补位置分布的随机性。因此支持域内其他粒子对目标粒子的作用也是随机的，导致粒子密度微弱的波动。

　　密度正则化可以很好解决弱可压缩光滑粒子法中的粒子密度非物理性振荡问题，近年来被广泛采用，其主体思想是：在粒子近似过程中增加一个修正权函数，强制其满足支持域内核函数归一化条件。研究表明：一般每隔 20～40 个计算时间步施加一次密度正则化校正，便可以有效缓解密度场的非物理性振荡。本书采用的是零阶的 Shepard 密度过滤法（Dalrymple and Rogers，2006），具体做法是对流体粒子密度进行如下修正：

$$\rho_i = \sum_{j=1}^{N} m_j \bar{W}_{ij} \tag{2-63}$$

式中，$\bar{W}_{ij}$ 为修正核函数，表达式如下：

$$\bar{W}_{ij} = \frac{W_{ij}}{\sum_{j=1}^{N} \dfrac{m_j}{\rho_j} W_{ij}} \tag{2-64}$$

8. 数值积分算法

　　计算流体力学中常见的常微分方程组的积分方法有：预测校正法（Monaghan，1989）、蛙跳法（Bonet ang Rodríguez，2005）、龙格库塔法（Ferrari，2010）、韦尔莱法（Verlet，1967a，1967b）等。本书采用的数值模型为具有二阶精度的预测校正法对场变量进行数值积分，算法具体实施过程如下：

　　首先，在预测步计算中间时刻（$t = n + 1/2$）粒子场变量 φ，如密度、速度和位置：

$$\phi_i^{n+1/2} = \phi_i^n + \frac{\Delta t}{2}\left(\frac{d\phi_i^n}{dt}\right) \tag{2-65}$$

　　然后，再计算校正步粒子场变量信息：

$$\phi_i^{n+1/2} = \phi_i^n + \frac{\Delta t}{2}\left(\frac{d\phi_i^{n+1/2}}{dt}\right) \tag{2-66}$$

　　最终，$t = n + 1$ 时刻粒子场变量信息更新为

$$\phi_i^{n+1} = 2\phi_i^{n+1/2} - \phi_i^n \tag{2-67}$$

　　在 SPH 模型中 CFL 条件要求一个计算时间步内数值声速的传播距离小于粒子光滑长度，即

$$c_0 \Delta t < h \tag{2-68}$$

Monaghan 和 Kos（1999）在式（2-68）基础上提出了考虑黏性影响的时间步长约束条件：

$$\Delta t_{\text{cv}} \leqslant \min\left[\xi_1 h \left/ \left(c_0 + \max\left|\frac{h v_{ij} \cdot r_{ij}}{|r_{ij}|^2}\right|\right)\right.\right] \tag{2-69}$$

式中，ξ_1 为安全系数，一般取小于 0.5。

　　若考虑粒子加速度限制，时间步长约束条件为（Monaghan，1989）：

$$\Delta t_{\mathrm{f}} \leqslant \min\left(\frac{\xi_2 h}{\sqrt{F_i/m_i}}\right) \tag{2-70}$$

式中，F_i 为目标粒子受到的外力矢量；ξ_2 为小于 0.5 的安全系数。

结合式（2-69）和式（2-70），本书采用的时间步长如下：

$$\Delta t = 0.3 \cdot \min\left(\Delta t_{\mathrm{cv}}, \Delta t_{\mathrm{f}}\right) \tag{2-71}$$

9. 数值模型改进

本书对 SPH 模型中传统的动力学边界粒子法进行了改进，将传统动力学边界粒子法扩展应用于处理多相流与浮体相互作用问题上。在保留动力学边界粒子法的便捷性前提下，改善固壁边界附近流体压力场的稳定性，有效防止了粒子穿透、过排斥等非物理现象。具体做法是：每一时间步遍历所有 DBPs，根据 DBPs 支持域内流体粒子（包含油相粒子和水相粒子）的物理场参数（质量、压强、密度以及应力张量）做加权均化处理（图 2-76）。数学表达式如下

$$\tilde{\Phi}_i = \chi \Phi_{\mathrm{w}} + \left(1 - \chi\right)\Phi_{\mathrm{o}} \tag{2-72}$$

式中，χ 为液相权重系数。特别地，当 $\chi=0$ 时，表示当前 DBPs 紧支域内仅有油相粒子，当 $\chi=1$ 时，表示当前 DBPs 紧支域内仅有水相粒子；Φ_{w} 和 Φ_{o} 为 DBPs 支持域内水相粒子以及油相粒子的平均物理量（质量、压强、密度及应力张量）。

对固壁边界粒子物理量进行修正后，固壁边界附近流体压力场的稳定性得到显著改善。当应用于浮式结构水动力学问题时，为了模拟波浪作用下浮式结构的运动，还需计算结构所受波浪力。本书计算结构所受波浪力应用作用力与反作用力原理。具体介绍如下：浮体结构占据流场空间，动态边界粒子参与流体控制方程的求解并获得与流体粒子类似的密度、压力、质量属性，对流体施加排斥力来阻止流体穿透结构固壁。固壁边界粒子 i 对流体粒子 j 的中心排斥力可以通过式（2-73）计算：

$$f_{ji} = m_j \frac{\mathrm{d}v_j}{\mathrm{d}t} = m_j\left[-\tilde{m}_i\left(\frac{\tilde{p}_i}{\tilde{\rho}_i^2} + \frac{p_j}{\rho_j^2}\right)\nabla_j W_{ji} + \tilde{m}_i\left(\frac{4v_0 r_{ij}\nabla_j W_{ji}}{\overline{\rho}_{ij}|r_{ij}|^2}\right)v_{ij} + \tilde{m}_i\left(\frac{\tilde{\tau}_i}{\tilde{\rho}_i^2} + \frac{\tau_j}{\rho_j^2}\right)\nabla_j W_{ji} + g_j\right] \tag{2-73}$$

式中，$\tilde{m}_i$、$\tilde{p}_i$、$\tilde{\rho}_i$、$\tilde{\tau}_i$ 分别为校正后的动态边界粒子质量、压强、密度及切应力张量。

根据作用力与反作用力原理，流体粒子 j 对固壁粒子 i 的反作用力为

$$f_{ij} = -f_{ji} = -m_j\left[-\tilde{m}_i\left(\frac{\tilde{p}_i}{\tilde{\rho}_i^2} + \frac{p_j}{\rho_j^2}\right)\nabla_j W_{ji} + \tilde{m}_i\left(\frac{4v_0 r_{ij}\nabla_j W_{ji}}{\overline{\rho}_{ij}|r_{ij}|^2}\right)v_{ij} + \tilde{m}_i\left(\frac{\tilde{\tau}_i}{\tilde{\rho}_i^2} + \frac{\tau_j}{\rho_j^2}\right)\nabla_j W_{ji} + g_j\right] \tag{2-74}$$

由于 $\nabla_j W_{ji} = -\nabla_i W_{ij}$，则

$$f_{ij} = -m_j \left[\tilde{m}_i \left(\frac{\tilde{p}_i}{\tilde{\rho}_i^2} + \frac{p_j}{\rho_j^2} \right) \nabla_i W_{ij} - \tilde{m}_i \left(\frac{4\nu_0 r_{ij} \nabla_i W_{ij}}{\overline{\rho}_{ij} |r_{ij}|^2} \right) v_{ij} - \tilde{m}_i \left(\frac{\tilde{\tau}_i}{\tilde{\rho}_i^2} + \frac{\tau_j}{\rho_j^2} \right) \nabla_i W_{ij} + g_j \right] \quad (2\text{-}75)$$

对固壁粒子 i 紧支域内 N 个流体粒子做求和有

$$f_i = \sum_{j=1}^{N} f_{ij} = \sum_{j=1}^{N} -m_j \left[\tilde{m}_i \left(\frac{\tilde{p}_i}{\tilde{\rho}_i^2} + \frac{p_j}{\rho_j^2} \right) \nabla_i W_{ij} - \tilde{m}_i \left(\frac{4\nu_0 r_{ij} \nabla_i W_{ij}}{\overline{\rho}_{ij} |r_{ij}|^2} \right) v_{ij} - \tilde{m}_i \left(\frac{\tilde{\tau}_i}{\tilde{\rho}_i^2} + \frac{\tau_j}{\rho_j^2} \right) \nabla_i W_{ij} + g_j \right]$$

$$(2\text{-}76)$$

进一步地，有

$$f_i = \sum_{j=1}^{N} f_{ij} = \tilde{m}_i \sum_{j=1}^{N} \left[-m_j \left(\frac{\tilde{p}_i}{\tilde{\rho}_i^2} + \frac{p_j}{\rho_j^2} \right) \nabla_i W_{ij} + m_j \left(\frac{4\nu_0 r_{ij} \nabla_i W_{ij}}{\overline{\rho}_{ij} |r_{ij}|^2} \right) v_{ij} + m_j \left(\frac{\tilde{\tau}_i}{\tilde{\rho}_i^2} + \frac{\tau_j}{\rho_j^2} \right) \nabla_i W_{ij} + g_j \right]$$

$$(2\text{-}77)$$

累加浮体所有固壁粒子受到的流体力，得到浮体所受到的总流体力以及流体倾覆力矩：

$$F_w = \sum_{i \subset \text{DBPs}} f_i \quad (2\text{-}78)$$

$$T_w = \sum_{i \subset \text{DBPs}} (r_i - R_0) \times f_i \quad (2\text{-}79)$$

式中，R_0 和 r_i 分别为浮体的质心的位置矢量，以及固壁边界上的 DBPs 的位置矢量。

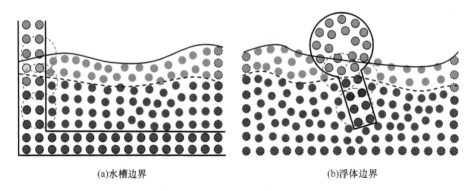

(a)水槽边界　　　　　　　　　　(b)浮体边界

图 2-76　多相动态边界粒子处理

10. 刚性浮体运动方程

根据刚体动力学理论，浮式结构运动可以分解成质心平移和其绕质心的转动，浮式结构运动方程写作：

$$M \frac{\mathrm{d}V}{\mathrm{d}t} = \sum_{i \subset \text{DBPs}} f_i + Mg \quad (2\text{-}80)$$

$$I \frac{\mathrm{d}\Omega}{\mathrm{d}t} = \sum_{i \subset \text{DBPs}} (r_i - R_0) \times f_i \quad (2\text{-}81)$$

式中，M、I、V 和 Ω 分别为浮式结构的质量、截面惯性矩、线速度以及角速度；f_i 和 g 分别为浮式结构所受外荷载及重力加速度。其中浮式结构所受外荷载 f_i 通常由流体压力 f_{fi} 以及锚链拉力 f_{mi} 组成（图 2-76）。浮式结构锚链系统假设浮体受到轻质弹性绳制约，忽略水流与弹性绳之间的相互作用，锚链拉力 f_{mi} 可以表达成：

$$f_{mi} = \begin{cases} k_t(l_i - l_0) & l_i > l_0 \\ 0 & l_i \leqslant l_0 \end{cases} \tag{2-82}$$

式中，k_t 为锚拉绳的弹性系数，需要根据物理模型实验来定；l_i 和 l_0 分别为弹性绳的瞬时长度和初始长度。

式（2-80）和式（2-81）得到的是浮式结构的整体运动速度，位于固壁边界上的 DBPs 的运动速度如下：

$$\frac{\mathrm{d}r_i}{\mathrm{d}t} = V + \Omega \times (r_i - R_0) \tag{2-83}$$

本书采用流体-浮式结构弱耦合模型，外荷载 f_i 是求解浮式结构运动的 Neumann 边界条件，而浮式结构的运动位置和速度是求解流体运动的 Dirichlet 边界。每一个计算时间步内，流体运动模块和浮式结构运动模块是独立交错进行的，在流固交界面上，流体力和固壁边界速度仅相互传递一次。具体做法如下：在一个计算步内，先由流体控制方程计算流体的物理量信息，接着结合粒子间动量方程和牛顿第三定律，计算结构每个固壁粒子受到的外荷载 f_i，并累加得到浮式结构受到的外荷载，得到结构运动方程的 Neumann 边界条件。通过结构运动方程计算得到浮式结构的运动速度，计算浮式结构固壁粒子的运动速度和位置。最后，固壁粒子的速度和位置将作为流体域的 Dirichlet 边界条件，参与下一步的计算（图 2-77）。

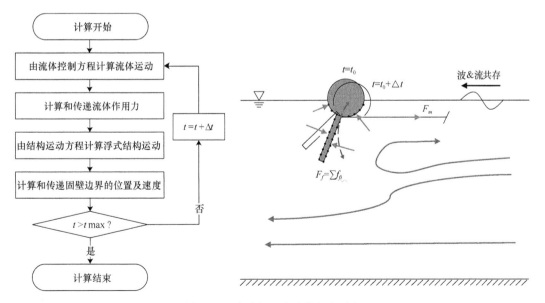

图 2-77　流体与浮式结构耦合过程

11. 柔性浮体运动方程

在上小节的刚性浮体运动方程的基础上,本书研究的柔性浮体采用 RMFC 单体组合结构(Riggs and Ertekin,1993;Riggs et al.,2000)。浮式单体组合结构,它的运动响应是由每个浮体单元各自的运动响应合成得到,各浮体单位认为是刚性运动,浮体单元与单元之间铰接部分用可变形铰接连接器组成。铰接连接器的牵连作用以铰接力的形式作用在浮体单元上。本书采用的铰接系统参考 Riggs 等(1998),假设铰接连接器为"零长"弹簧,且不考虑浮体单元之间的转动约束。可以看出,相邻浮体单元受到等值反向的锚拉力。

$$f_{hi} = k_h r_{ij} \tag{2-84}$$

式中,k_h 为铰接连接器的弹性系数,需要根据具体问题来确定;r_{ij} 为相邻浮体单元铰接节点之间相对位移(图 2-78)。

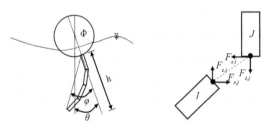

图 2-78　柔性浮式结构示意图

12. 数值波流水槽的建立与验证

图 2-79 给出了基于光滑粒子法的数值波流水槽初始状态图。水槽由侧边壁、推板式造波系统以及底部仿物理循环水流系统组成。水槽内部填充流体粒子,流体粒子初始间距与固壁粒子布设间距相等。为使计算开始后数值模型能够较快地进入稳定状态,在初始时刻给所有粒子按其距静水面的距离分配理论静水压强,同时按下式给粒子赋予相应的初始密度值(Monaghan,1994):

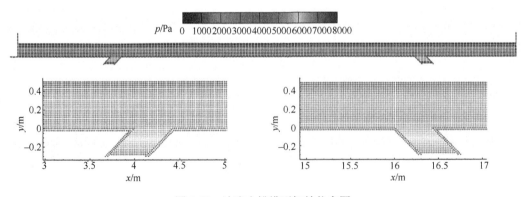

图 2-79　波流水槽模型初始状态图

$$\rho = \rho_0 \left(1 + \frac{g\gamma(d-z)}{c_0^2} \right)^{1/\gamma} \tag{2-85}$$

式中，d 为静水深；z 为粒子的垂向高度，直角坐标系 o-xz 的定义如下：坐标原点位于浮子质心，x 正方向水平向左，z 正方向垂直向上。

为了减弱波浪反射以及二次反射对模拟结果的影响，数值水槽采用主动吸收式造波板，并在水槽末端设置海绵消波层。主动吸收式造波系统主体思想是：通过计算板前待消除反射波的波高值（目标波高与实际波高的差），调节造波板的运动速度来吸收结构物上的反射波浪。造波板的运动速度按下式计算：

$$v_{wm} = \frac{\partial X_{wm}}{\partial t} = \frac{\omega}{Q}\left[2\eta - \eta_{wm}\right] \tag{2-86}$$

式中，X_{wm} 为造波板的位移历时；$\eta = H\sin(\omega t)/2$ 为目标波浪函数，H 为目标波高，ω 为波浪角频率；η_{wm} 为造波板运动平衡位置处的波面高度，在 SPH 数值波浪水槽中由造波板前波面高度替代；Q 为水力传递函数（Hirakuchi et al.，1990），计算公式如下：

$$Q = \frac{H}{S_0} = \frac{4\sinh^2(kd)}{2kd + \sinh(2kd)} \tag{2-87}$$

式中，S_0 为造波板的冲程；d 为当地水深；$k = 2\pi/L$ 为波数，是以下色散关系的解：

$$\omega^2 = -kg\tan(kd) \tag{2-88}$$

水槽末端海绵层消波技术的原理是：强制衰减海绵层内的水面波动幅度或者水质点运动速度。本书采用在流体动量方程中添加阻尼项来减小水质点的运动速度（Ren et al.，2015）。在式（2-88）的基础上，海绵层内的流体动量方程写作：

$$\frac{\mathrm{d}v}{\mathrm{d}t} = -\frac{1}{\rho}\nabla p + \Theta - \mu_s v_i + g \tag{2-89}$$

式中，s 为衰减函数，可以采用线性、指数型、根号型等多种形式（韩朋，2008）。本书采用线性形式的衰减系数：

$$\mu_s = \alpha_s \frac{|x - x_s|}{l_s}, \quad x_s < x < x_s + l_s \tag{2-90}$$

式中，s 为阻尼层系数，取为 4；x_s 为阻尼层的起始位置坐标；l_s 为阻尼层长度，数值实验结果表明阻尼层长度越长消波越充分，一般取为波长的 1.5 倍时已具有较好的消浪效果。

为了在拉格朗日框架下建立数值波流水槽，需要在水槽首尾两端距离水槽侧边壁一定距离处设置导流通道（图 2-79）。导流通道中的流体粒子速度强制满足根据质量守恒换算出的水流流速，并在入流端口、出流端口设置周期性边界条件。一旦流体粒子越过出流端口，便立即从入流端口流入以形成稳定的单向水流。

为了检验数值波流水槽的准确性，参考 Klopman（1994）物理实验模型建立如图 2-79 所示的数值波流水槽。数值水槽长 20 m，高 0.8 m，水深为 0.5 m。水槽底部造流管道高 0.3 m，管道内径取 0.3 m，入口管道与出流管道沿线与 x 轴正方向分别呈 45° 及 135°。波高取 0.12 m，波周期取 1.4 s，根据微幅波色散关系，波长为 2.56 m。在 $x = 0.5$ m 处设置推板式造波边界，在水槽末端设置阻尼层，阻尼层长度为 4.0 m，约为波长的 1.5 倍。水流循环系统流量设置为 80 l/s。模型初始粒子间距为 0.02 m，共由 25200 个流体粒子以及 2264 个固壁粒子组成。本书所建立的数值模型采用 OpenMP 并行算法进行优化，所有数值模拟均采用宝德 PR4840R 型工作站（英特尔志强处理器，型号：E5-4620v2；主频：2.6GHz；内存：256GB）。以本算例为例，模拟时间 200 s 耗时约 27 h。

图 2-80 是数值波流水槽中部 $x = 10$ m 处断面平均流速垂向分布图。可以看到：无论纯水流工况还是波流同向工况，计算所得到的水槽断面平均流速垂向分布均与 Klopman 物理实验模型资料吻合较好，尤其是自由表面处水流流速平均值。这说明所建立的波流水槽可以模拟得到合理的波流场，为在数值波流水槽中开展围油栏水动力响应以及拦油机理研究提供保障。

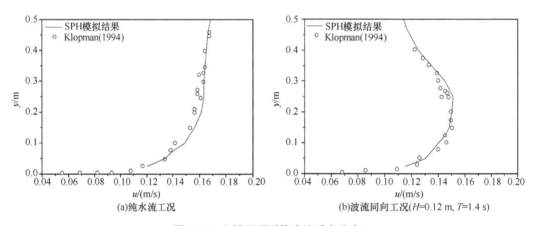

图 2-80　水槽断面平均流速垂向分布

13. 多相流模型以及改进边界条件验证

为了之前提出的多相流模型以及改进的油-水-固相接触边界条件是否准确，本节参考 Gong（2016）开展的 WCSPH 气液两相流数值模型验证方法，开展楔形体入水物理实验。如图 2-81 所示，楔形体入水实验在长×宽×高尺寸为 0.4 m × 0.2 m × 0.25 m 的玻璃水缸中完成，其中油层厚度为 0.05 m，水层厚度为 0.1 m。实验用油为菜籽油，菜籽油的密度和黏性随着温度的升高而降低，环境温度为 17～20 ℃，所对应的运动黏滞系数为 65～75 mm²/s，密度为 520～845 kg/m³。三棱柱型楔形体由有机玻璃制成，内部填砂，总重为 0.2 kg。楔形体横断面形状为直角等腰三角形，直角边长 0.03 m。楔形体总长度为 0.19 m，略窄于玻璃水缸宽度，以免自由下落时与水缸侧边壁接触。为了吸收楔形体入水时的压力波，玻璃水缸侧边以及底部贴上厚度为 2 cm 的多孔泡沫。楔形体在水槽的正中间入水，初始下落高度距离水缸油气界面上方 0.01 m。

数值模型的尺度与物理模型保持一致，模型初始粒子间距为 0.001 m，共由 2460 个固壁粒子、43491 个水相粒子及 22344 个油相粒子组成。模拟计算总时常为 0.6 s，所耗 CPU 时常为 3 h。油相粒子的分子黏滞系数和参考密度分别取为 70 mm²/s 和 848 kg/m³，水相粒子的分子黏滞系数和参考密度分别为 1 mm²/s 和 1000 kg/m³。

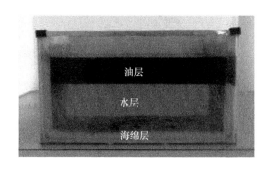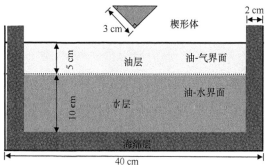

图 2-81　楔形体入水实验图

数值水槽侧壁以及底部设置海绵层，海绵层宽度为 2 cm。海绵层内流体粒子的密度参考式（2-91）更新：

$$\rho^{n+1} = \rho^n + \lambda \frac{D\rho^n}{Dt} \Delta t \qquad (2\text{-}91)$$

式中，吸收系数 λ 表示为

$$\lambda = 1 - a^{-0.9b\xi} \qquad (2\text{-}92)$$

式中，系数 a，b 分别为 9 和 50；ξ 为流体粒子在海绵层中的相对位置，可以表示为 $\xi = |y_p - y_w|/l_s$，其中 y_p 为流体粒子坐标值，y_w 为海绵层边界坐标值，l_s 为海绵层的宽度。

在数值模拟过程中，仅考虑楔形体垂直下落一个自由度，楔形体不会发生翻转和左右平移。因此，理论上作用在楔形体上的水压力在水平方向上的投影以及倾覆力矩应该保持为零。然而，如果 SPH 模型未采用本书提出的动态边界粒子过滤器，可能会出现图 2-82 中的粒子穿透固液交界面、楔形体周围的水压力异常波动等现象，此时楔形体上的水压力在水平方向上的投影以及翻转力矩均不为零。水压力在水平方向上的投影可以达到 100 kg·m/s^2，最大倾覆力矩为 1.5 kg·m^2/s^2（图 2-83），这显然是非物理的、失真的。经过动态边界粒子过滤器光滑后，可以看出非物理的水压波动得到有效抑制，固相-液相界面粒子异常排斥、穿透现象得以解决。

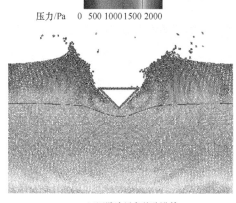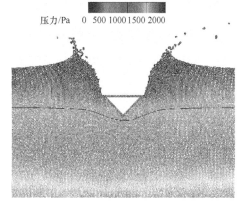

(a)固壁边界条件改进前　　　　　　　　　　　(b)固壁边界条件改进后

图 2-82　楔形体周围压力场和粒子分布情况

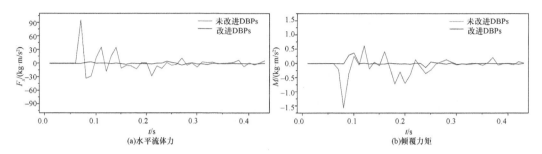

(a)水平流体力　　　　　　　　　　　　　　　(b)倾覆力矩

图 2-83　固壁边界条件改进前后楔形体受力情况

图 2-84 可以看出，数值模拟所得到的楔形体位置和溅出水花形态与物理模型所得结果保持一致。楔形体首先插入气相-油相交界面，溅起激烈的水花，油相-水相交界面在压力波的作用下微微向下隆起。随后，楔形体穿透油层直至完全浸没在水层。这一过程中组成楔形体的动态边界粒子的物理量（质量、压强、密度及应力张量）均随着周围水相、油相粒子分布变化而变化。

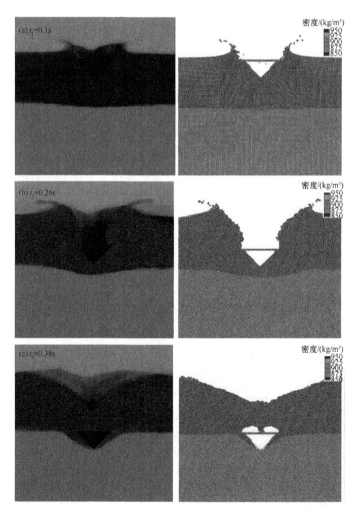

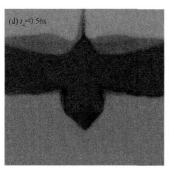
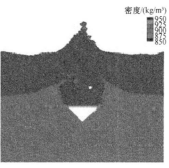

图 2-84 楔形体入水实验过程与 SPH 模拟结果比较

图 2-85 给出了楔形体下落位移与速度历时的模拟结果与实验结果的比较。可以发现：由多相流数值模型得到的模拟结果与物理实验结果基本相符。当 $t < 0.085$ s 时，楔形体加速下落。随后，其受到油层中的流体阻力，逐渐减速于 $t \approx 0.24$ s 时保持恒定。此时，楔形体尖端恰好接触到油相-水相交界面。随后，楔形体在水层中保持恒速下落直至接触水缸底端。

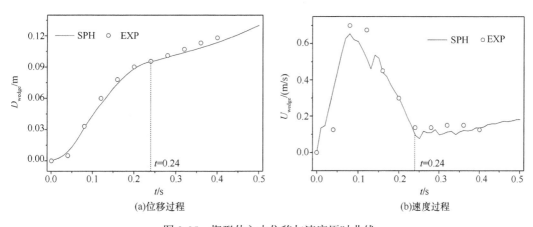

(a)位移过程   (b)速度过程

图 2-85 楔形体入水位移与速度历时曲线

2.3.2 模型围油栏的建立与验证

1. 柔性模型围油栏简化

可以将柔性围油栏裙摆简化为单体串联组合结构，但串联组合结构中的铰接连接器的弹性系数需要根据具体问题来确定。因此，本节通过试算法确定合理的铰接连接器的弹性系数。综合考虑计算结果可靠性和计算资源有限性，建立长为 10.0 m，高为 1.0 m，水深为 0.8 m 的数值波流水槽（图 2-86）。

围油栏数值模型与物理模型参数保持一致，浮子直径为 0.1 m，裙摆长度为 0.1 m，裙摆宽度为 0.005 m。柔性围油栏裙摆由 4 节裙摆单元组成，每节单元长度为 0.025 m。围油栏配重质量为 1.2 kg/m，公称直径为 0.0012 m 的钢筋棒。考虑到模拟钢棒会显著增加数值模拟的计算量，现假设水波对钢棒的作用忽略不计，数值围油栏并未实体刻画配重，而仅仅考虑配重质量、惯性矩对围油栏结构的影响，并将其折算到与配重直接捆绑的单元中。具体参数见表2-13。

表 2-13　模型围油栏参数

类型	组件		质量 M/kg	惯性矩 I/(kg·m²)	质心相对位置 Z/m
刚性	整体		1.988	5.340×10⁻³	−1.228×10⁻¹
柔性		浮子	0.200	0.250×10⁻³	0
	裙摆	单元#1	0.149	7.740×10⁻⁶	−6.245×10⁻²
		单元#2	0.149	7.740×10⁻⁶	−8.742×10⁻²
		单元#3	0.149	7.740×10⁻⁶	−1.124×10⁻¹
		单元#4	1.349	8.620×10⁻⁵	−1.546×10⁻¹

注：Z 代表相对浮子质心的垂向距离，以竖直向上为正。

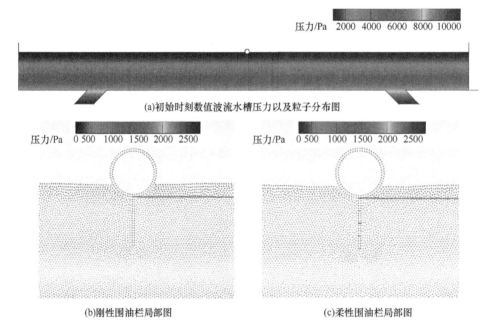

(a)初始时刻数值波流水槽压力以及粒子分布图

(b)刚性围油栏局部图　　　　　　　　　　(c)柔性围油栏局部图

图 2-86　数值波流水槽以及围油栏模型图

　　模型初始粒子间距与柔性围油栏裙摆宽度保持一致，取为 0.005 m。对于刚性围油栏算例，计算域内共有 5298 个固壁粒子以及 323223 个水相粒子。其中，刚性围油栏由 161 个固壁粒子组成（图 2-86）。对于柔性性围油栏算例，计算域内共有 5314 个固壁粒子以及 323223 个水相粒子。其中，柔性围油栏的浮子由 121 个固壁粒子组成，每节裙摆单元由 14 个固壁粒子组成（图 2-86）。模拟时长 20 s，CPU 耗时 65 h。

2. 锚拉系统弹性系数计算

　　与物理实验一致，波流作用下围油栏的运动受到锚拉系统的限制。由式（2-92）可知，数值缆绳本质上是一轻质弹簧。因此，需要探究缆绳弹性系数对围油栏运动的影响，由此确定合理的缆绳弹簧系数为后续系列计算作准备。本节考虑的缆绳弹性系数如表 2-14 所示。

表 2-14　不同弹性系数的锚拉系统　　　　　　　（单位：10^3 kg/s²）

No.	K_1	K_2	K_3	K_4	K_5	K_6	K_7
k_t	0.01	0.1	1	5	10	50	100

注：k_t 代表弹性系数。

图 2-87 给出了缆绳弹性系数对其长度变化量 ΔL 的影响，可以看出：当缆绳弹性系数较小时，如 $k_t = 0.01 \times 10^3$ kg/s²，缆绳伸长量总是为正。这意味着缆绳总处于紧绷状态，且围油栏运动一直受到缆绳的制约。当缆绳弹性系数较大时，如 $k_t > 0.1 \times 10^3$ kg/s²，缆绳在一个波周期中绝大部分时间伸长量为正值，而仅在很短时间范围内伸长量总是为负值。这与物理实验过程中所发现的"缆绳周期性的处于绷紧状态"保持一致。当缆绳弹性系数很大时，如 $k_t = 100 \times 10^3$ kg/s²，模拟过程会出现缆绳非物理性震荡，如 $t/T \approx 1.75$。

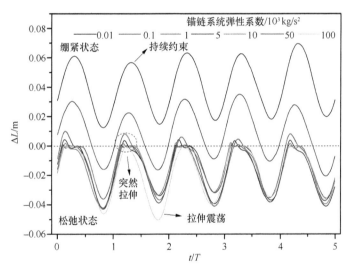

图 2-87　缆绳弹性系数对其长度变化量 ΔL 的影响

图 2-88 给出了缆绳弹性系数对围油栏垂荡响应 H_e 以及纵摇响应 S_w 的影响。由于作用在围油栏上的锚链力主要是水平向的，所以锚链力对围油栏纵荡响应的影响会大于对垂荡响应的影响。对于围油栏纵荡响应，可以发现：当缆绳弹性系数较小时，如 $k_t = 0.01 \times 10^3$ kg/s²，围油栏的纵荡响应受到缆绳弹性系数的显著影响。缆绳弹性系数越大，围油栏越倾向于在离岸侧运动。当缆绳弹性系数很大时，如 $k_t = 100 \times 10^3$ kg/s²，缆绳非物理性震荡会造成围油栏非物理性纵荡。由于当缆绳弹性系数处于 $k_t = 1 \times 10^3 \sim 50 \times 10^3$ kg/s² 时，围油栏的纵荡响应一致，因此选取 $k_t = 5 \times 10^3$ kg/s² 作为缆绳弹性系数。

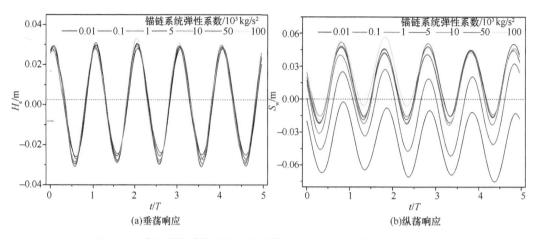

图 2-88　缆绳弹性系数对围油栏垂荡响应 H_e 以及纵荡响应 S_w 的影响

3. 柔性铰接连接器计算

本书采用单体组合结构来模拟围油栏裙摆，各裙摆单元采用"零长"弹簧型铰接连接器连接，连接时只约束裙摆单元的间距而不约束裙摆单元之间的转动。为了确定合适的柔性铰接连接器弹性系数，现取 8 组不同弹性系数的铰接连接器模型（表 2-15），研究铰接连接器弹性系数对柔性围油栏运动的影响。

表 2-15　不同弹性系数的铰接连接器模型　　　　（单位：kg/s²）

No.	K_1	K_2	K_3	K_4	K_5	K_6	K_7	K_8
k_x	1×10^3	5×10^3	1×10^4	5×10^4	1×10^5	5×10^5	1×10^6	5×10^6
k_z	1×10^3	5×10^3	1×10^4	5×10^4	1×10^5	5×10^5	1×10^6	5×10^6

注：k_x、k_z 分别代表水平向、垂向弹性刚度系数。

图 2-89 和图 2-90 分别给出了铰接连接器水平向、垂向弹性刚度系数对铰接连接器所受水平以及垂向拉力的影响。可以看出：铰接连接器弹性刚度系数越大，铰接连接器 #1 上的拉力历时曲线上的数值噪声越小。然而，铰接连接器弹性刚度系数并不是越大越好。当铰接连接器弹性刚度系数过大时，可能会造成裙摆单元重叠、浮体周围的液体异常排斥，以及非物理性压力波动等现象（图 2-91）。一方面，非物理数值震荡会严重影响数值精度，甚至会导致模型发散、计算崩溃。另一方面，如果铰接连接器弹性刚度系数过小，可能会导致围油栏各裙摆单元间距过大，同样会造成计算域内的数值压力波动。

理想的铰接连接器弹性刚度系数应该既可以减少铰接拉力的数值噪声，又不会出现"过铰接"以及裙摆单元分离等现象。经过试算比对发现：$k_x = k_z = 1 \times 10^6 \ \text{kg/s}^2$ 是合适的弹性系数。因此，本书取 $k_x = k_z = 1 \times 10^6 \ \text{kg/s}^2$ 为各铰接连接器的弹性刚度系数值。

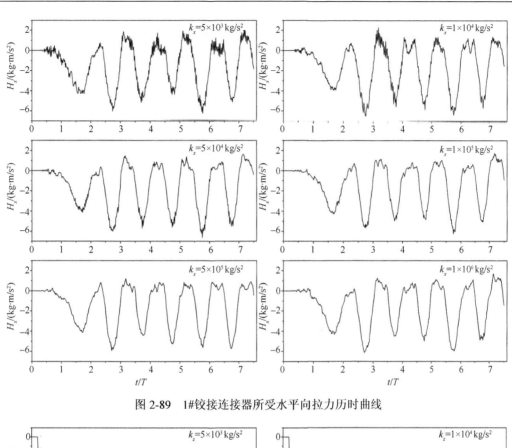

图 2-89　1#铰接连接器所受水平向拉力历时曲线

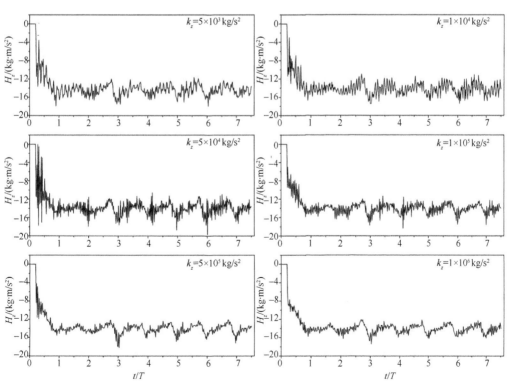

图 2-90　1#铰接连接器所受垂向拉力历时曲线

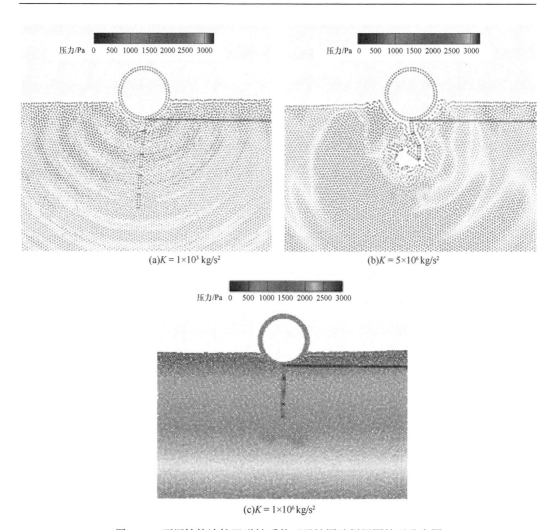

图 2-91　不同铰接连接器弹性系数下柔性围油栏周围粒子分布图

2.3.3　围油栏运动效应数值模拟分析

1. 围油栏附近波浪场分析

　　为了研究刚性以及柔性围油栏对波浪传播的影响，现在围油栏迎浪侧以及背浪侧布置数值波浪传感器。其中迎浪侧布置两根传感器，背浪侧布置一根传感器。传感器位置符合 Goda 和 Suzuki（1977）论文中给出的分布要求，以便进一步对波浪作入反射分离，具体位置与物理实验保持一致。

　　图 2-92 给出了波流作用下刚性围油栏以及柔性围油栏附近波高模拟值与实验值。可以看出：WCSPH 多相流模型可以较好模拟出围油栏周围的波浪场。围油栏迎浪侧 WG2 传感器采集到的次级波以及背浪侧 WG3 传感器采集到的波高较迎浪侧明显偏小，均表示部分入射波浪受到围油栏的影响，发生了波浪反射现象。

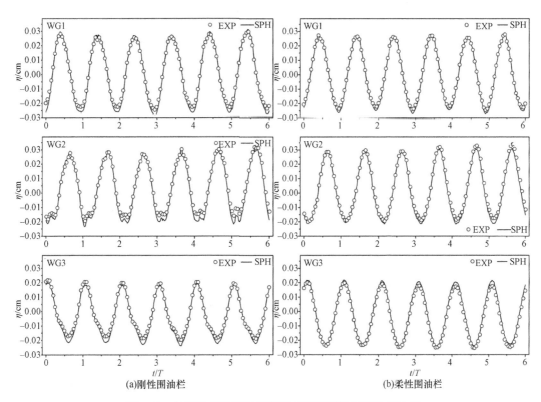

图 2-92 波流作用下围油栏附近波高模拟值与实验值比较

($H = 0.06$ m，$T = 1.2$ s 以及 $U_c = 0.10$ m/s)

为进一步了解围油栏裙摆柔度对波浪反射的影响，对迎浪侧 WG1-2 传感器中的波高数据作入反射分离处理。定义反射系数 K_r，透射系数 K_t 以及能量耗散系数 K_d 分别为 H_r/H_i，H_t/H_i，$1 - (H_r/H_i)^2 - (H_t/H_i)^2$，分离结果如表 2-16 所示。可以看出：刚性围油栏以及柔性围油栏的反射、透射及耗散系数与物理实验数据吻合。柔性围油栏的反射系数要略大于刚性围油栏，透射系数要明显大于刚性围油栏。可以理解为：波浪更容易传播并穿过易倾倒、易摆动的柔性围油栏裙摆。并且由于围油栏裙摆周期性的变形摆动，同样造成了反射波增大。此外，从表 2-16 可以看出：刚性围油栏的耗散系数要明显大于柔性围油栏的耗散系数。这与刚性围油栏浮子-裙摆铰接点不能转动以及裙摆不能变形有关。相比柔性围油栏，更多波浪能受到刚性围油栏的阻挡而耗散。

表 2-16 不同类型的围油栏的反射、透射以及耗散系数

类型	反射系数 K_r		透射系数 K_t		耗散系数 K_d	
	模拟值	实验值	模拟值	实验值	模拟值	实验值
刚性	0.328	0.336	0.706	0.729	0.393	0.356
柔性	0.34	0.360	0.792	0.785	0.252	0.254

2. 围油栏运动响应分析

图 2-93 以及图 2-94 分别给出了模拟所得的波流作用下刚性以及柔性围油栏的瞬时

运动姿态以及周围水体形态与物理实验结果的比较。可以看出：当波峰逐渐向围油栏靠近时（$t = t_0$ 到 $t = t_0 + 0.3T$），由于围油栏浮子-裙摆铰接点受到缆绳的约束，围油栏整体呈顺时针转动；当波峰穿过围油栏，波谷逐渐传递向围油栏时（$t = t_0 + 0.3T$ 到 $t = t_0 + 0.65T$），围油栏在恢复力的作用下整体呈逆时针转动；当波谷穿过围油栏，下一个波峰逐渐传递围油栏时（$t = t_0 + 0.65T$ 到 $t = t_0 + T$），围油栏整体在惯性的作用下，仍保持减速逆时针转动直至停止。对比刚性围油栏与柔性围油栏运动响应，可以看出：当波峰到达围油栏处时，刚性围油栏浮子前沿有明显的壅水，而柔性围油栏浮子前沿则没有。此外，由于柔性围油栏浮子与裙摆仅通过铰接连接，转动不受约束，其在波浪力作用下运动相对分离且浮子与裙摆均向着背浪侧倾斜。柔性围油栏裙摆运动响应与刚性围油栏裙摆运动响应类似，但柔性围油栏浮子运动响应较复杂，需做进一步分析。

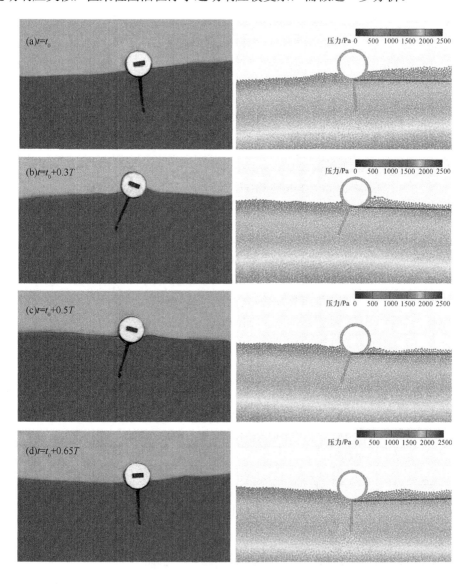

图 2-93　波流作用下刚性围油栏运动姿态以及周围水体形态与实验照片比较
（$H = 0.06$ m，$T = 1.2$ s 以及 $U_c = 0.10$ m/s）

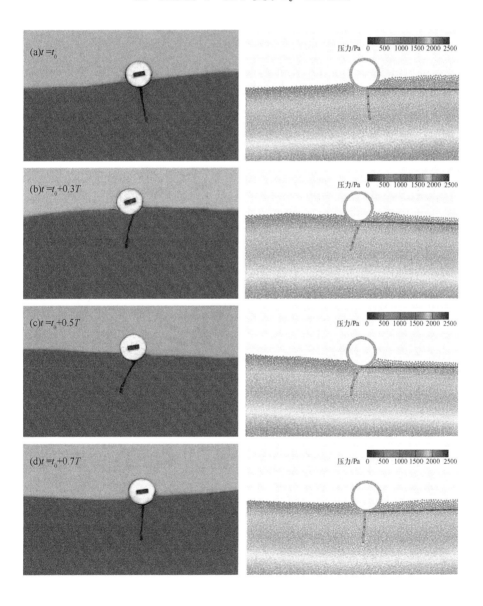

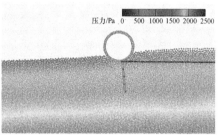

图 2-94　波流作用下柔性围油栏运动姿态以及周围水体形态与实验照片比较
（$H = 0.06\,\text{m}$，$T = 1.2\,\text{s}$ 以及 $U_c = 0.10\,\text{m/s}$）

与物理实验一致，通过捕捉浮子特征点 P1 和 P2 以及裙摆特征点 P3 和 P4，确定围油栏的垂荡、纵荡以及纵摇响应。图 2-95 给出了波流作用下刚性围油栏以及柔性围油栏运动响应模拟值和实验值比较。为了分析方便，图 2-95 中用虚线标记了单个波浪周期内九个典型时刻，分别是：$t_1 = t_0$，$t_2 = t_0 + 0.3T$，$t_3 = t_0 + 0.5T$，$t_4 = t_0 + 0.65T$，$t_4' = t_0 + 0.7T$，$t_5 = t_0 + T$，$t_6 = t_0 + 0.15T$，$t_7 = t_0 + 0.35T$ 以及 $t_8 = t_0 + 0.85T$。其中 t_4' 仅出现在柔性围油栏运动算例中。图 2-95 中时刻 t_1，t_2，t_3，t_4（t_4'），t_5 分别对应于图 2-93 以及图 2-94 中的（a）～（e）时刻。

总的来说，围油栏运动响应模拟值和实验值基本吻合。刚性围油栏与柔性围油栏垂荡响应差别不大，而纵荡以及纵摇响应差距很大。柔性围油栏裙摆的纵荡响应幅值要小于刚性围油栏裙摆的纵荡响应幅值，这可以归结于围油栏裙摆倾斜导致裙摆迎浪受力面

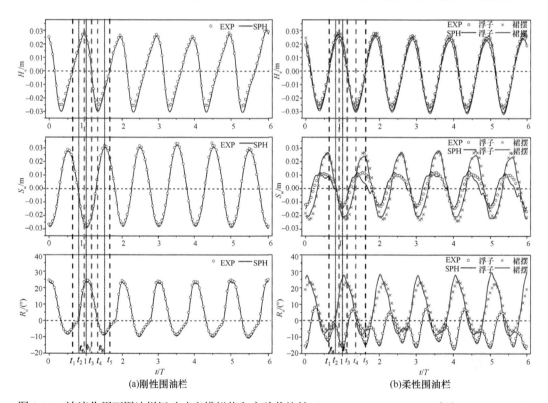

图 2-95　波流作用下围油栏运动响应模拟值和实验值比较（$H = 0.06\,\text{m}$，$T = 1.2\,\text{s}$ 以及 $U_c = 0.10\,\text{m/s}$）

积变小。且由于柔性围油栏浮子与裙摆铰接连接，浮子的纵荡响应同样受到约束。因此，柔性围油栏的浮子的纵荡响应幅值也小于刚性围油栏的浮子的纵荡响应幅值。

对于刚性围油栏，可以看出：其垂荡响应历时曲线基本呈正弦函数形态。在 t_2 时刻，垂荡响应幅值达到峰值。此后，随着波峰穿过围油栏，围油栏继续朝着向岸侧移动并保持顺时针转动直到 t_7 时刻。在 t_7 时刻，纵荡以及纵摇响应同时达到幅值。此后，围油栏开始朝着离岸侧移动并保持逆时针转动直到 t_8 时刻，纵荡以及纵摇响应再次达到幅值。此外，可以发现：围油栏在 t_4 以及 t_6 时刻并未回到初始运动位置，这可以归结于水流的拖移作用。

对于柔性围油栏，可以看出：柔性围油栏的浮子以及裙摆的垂荡响应在一个运动周期内保持同相位，并且运动幅值几乎一致。柔性围油栏浮子与裙摆的纵荡响应存在约 $T/8$ 相位差。在 t_4 以及 t_6 时刻，柔性围油栏浮子与裙摆的纵荡以及纵摇响应幅值保持一致。自 t_4 时刻后，柔性围油栏的浮子与裙摆有着相反的运动趋势，浮体的纵摇响应幅值降低而裙摆的纵摇响应幅值增大。自 t_6 时刻后，浮子与裙摆朝着离岸侧移动并在 t_7 时刻同时达到谷值。由于柔性围油栏裙摆可变形，裙摆的纵摇幅值大于浮子的纵摇幅值。此外，柔性围油栏浮子的纵摇响应在一个运动周期内有两对峰值和谷值。t_7 时刻对应的浮子纵摇响应幅值要大于 t_1 时刻对应的浮子纵摇响应幅值。在时刻 t_6 与时刻 t_4' 之间，柔性围油栏浮子与裙摆保持异相位，而在时刻 t_4' 保持同相位。

图 2-96 和图 2-97 给出了作用在刚性以及柔性围油栏上锚拉力以及波浪力情况。可以看出：作用在围油栏上的锚链力是间断的、脉冲形式的，而作用在围油栏上的波浪力

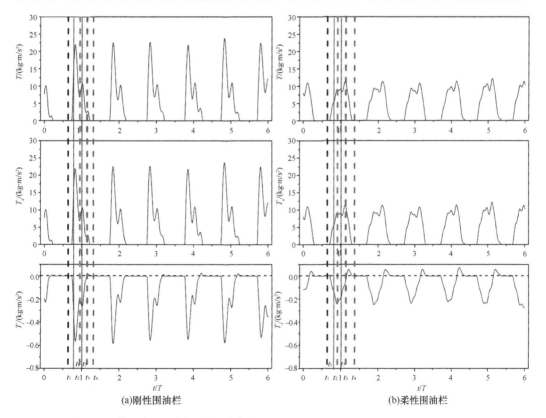

(a)刚性围油栏　　　　　　　　　　　　　(b)柔性围油栏

图 2-96　作用在围油栏上的锚链力（$H = 0.06$ m，$T = 1.2$ s 以及 $U_c = 0.10$ m/s）

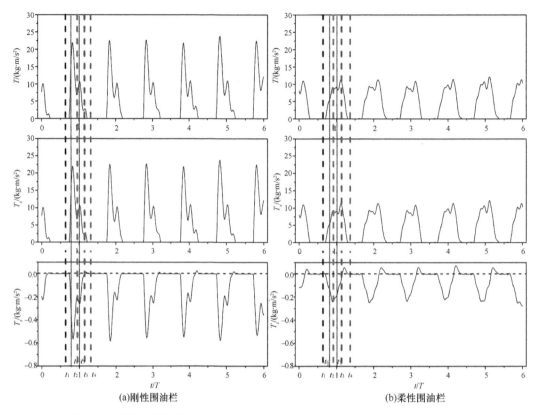

图 2-97　作用在围油栏上的波浪力（$H = 0.06$ m，$T = 1.2$ s 以及 $U_c = 0.10$ m/s）

则是连续的。总的来说，作用在围油栏上的锚拉力以及波浪力的水平分量比其垂向分量大一个量级。作用在刚性围油栏上的锚拉力以及波浪力比作用在柔性围油栏上的锚拉力以及波浪力约大一倍。作用在刚性围油栏上的锚拉力以及波浪力历时曲线呈现出双峰剖面，而柔性围油栏受力历时曲线则是单峰剖面，且峰值相对平坦。其中：刚性围油栏受力历时曲线剖面中的第一个峰值对应于围油栏达到相对垂直姿态的时刻，第二个峰值对应于围油栏运动达到向岸侧最远端的时刻。刚性围油栏受力历时曲线剖面中的谷值对应于围油栏垂荡、纵荡以及纵摇响应同时达到极值的时刻。此时，作用在围油栏裙摆上的水压力由于围油栏的转动而显著降低。

2.3.4　围油栏拦油机理数值模拟分析

本节将已验证的 WCSPH 多相流模型应用到溢油失效机理研究中，不同的是，拦油实验需要考虑油水相互作用，工业齿轮油 CKC680 参与计算。溢油布置在围油栏前端，油层厚度为 0.02 m，油层长度为 1 m。模型初始粒子间距为 0.005 m。对于刚性围油栏算例共有 5298 个固壁粒子，321851 个水相粒子以及 1372 个油相粒子；对于柔性围油栏算例共有 5314 个固壁粒子，321851 个水相粒子以及 1372 个油相粒子。模拟计算总时常为 25 s，所耗 CPU 时常为 92 h。油相粒子的分子黏滞系数和参考密度取为 1625 mm²/s

和 890 kg/m^3，水相粒子的分子黏滞系数和参考密度为 1 mm^2/s 和 1000 kg/m^3。

本节将探讨水流、波浪以及围油栏裙摆刚度对围油栏拦油过程的影响。数值实验过程如下：

（1）在围油栏前端上游方向自由表面布置薄油层；

（2）开启数值水泵造流，水流流速为 0.01 m/s，当围油栏前油层剖面形态稳定时，增加水流流速，流速间隔为 0.01 m/s；

（3）如果模拟过程考虑波浪的影响，则在水流流速稳定的情况下由造波板生成指定参数的波浪，造波个数一般为 6 个；

（4）重复步骤（2）～（3）直到栏前溢油出现流失失效。

注意，整个数值模拟过程记录围油栏前后溢油油层剖面。

1. 水流对围油栏拦油过程影响

图 2-98 给出了不同水流流速下围油栏栏前油层剖面形态发展过程，可以看出：油层剖面模拟结果与物理实验结果基本吻合。随着水流流速增大，栏前溢油油层不断变短变厚。当围油栏前的油层厚度超过其有效吃水深度时，会出现滞油从围油栏裙摆底端流失、逃逸等现象。当水流流速很低时，溢油油层均匀布置在栏前，仅有少量油层在栏前堆积。数值模拟的栏前油层厚度略大于实验结果（图 2-98（a）、（b））。油层厚度差别可能是由于粒子分辨率不足以及紊动模型缺陷造成，需要进一步研究。随着水流流速的增大，栏前溢油油层持续变短变厚直至在栏前形成三角形水流涡旋区（图 2-98（c））。这一模拟结果与 Cross 和 Hoult（1971）以及 Chebbi（2009）假设的连续油层剖面明显不同。进一步增大水流流速，会导致栏前三角形水流涡旋区尺寸缩小直至消失（图 2-98（d）、（e））。此时，栏前溢油开始逃逸失效。逃逸后的油滴一部分进入栏后的遮蔽区并在此停留很长一段时间，另一部分则随水流携带流向水槽下游（图 2-98（f））。

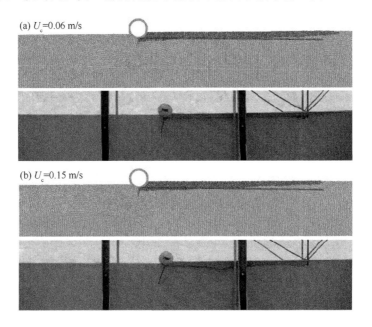
(a) U_c=0.06 m/s

(b) U_c=0.15 m/s

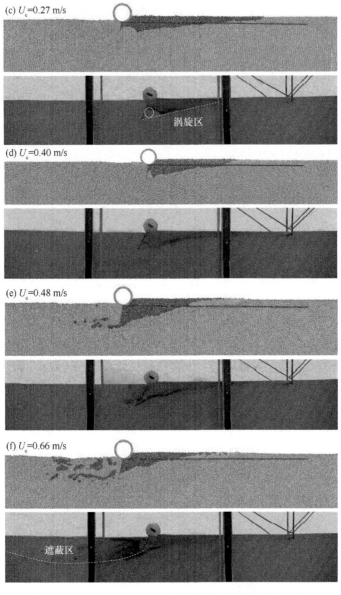

图 2-98　不同水流流速下围油栏栏前油层剖面发展过程

　　值得注意的是，纯流作用下模拟所得围油栏纵摇响应幅值要小于相应的物理实验结果。且这一现象在大水流流速环境下变得更为明显。这是由于：一方面，由于油层密度低，施加在围油栏结构上水压力荷载相对较小。另一方面，在水槽边壁效应的影响下，水槽横断面溢油油层厚度不均一，图 2-98 中的物理实验油层剖面会给读者带来误导。因为，图 2-98 中的物理实验油层剖面对应于图 2-99 中的纵剖面 A，而图 2-98 中的数值模拟油层剖面对应于图 2-99 中的纵剖面 B。可以看出：纵剖面 A 中有更多的水体参与围油栏运动响应。且水流流速越大，这一现象变得更显著。因此，在相同栏前溢油厚度的情况下，物理实验中围油栏纵摇响应幅值要大于数值模拟所得围油栏纵摇响应幅值。

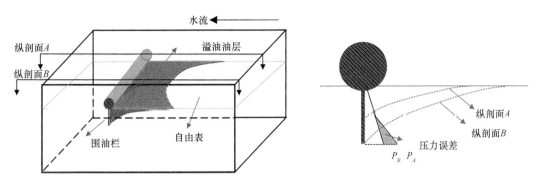

图 2-99　水槽边壁效应对围油栏姿态的影响

图 2-100 给出了不同水流流速下围油栏附近流速场以及涡量场。流体粒子的涡量计算参考 Morris 和 Monaghan（1997），表达式如下：

$$(\nabla \times v)_i = \sum_j \frac{m_j}{\rho_i} v_{ij} \times \nabla_i W_{ij} \qquad (2\text{-}93)$$

其中，粒子顺时针旋转时，涡量值为正。

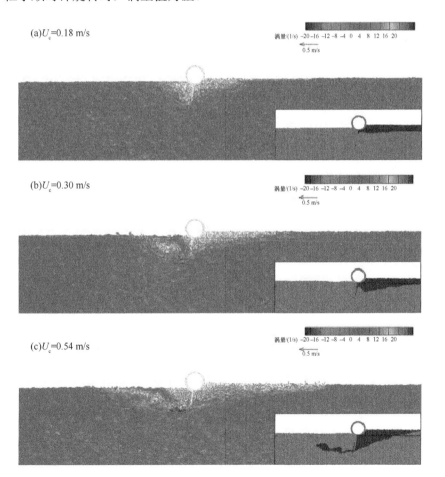

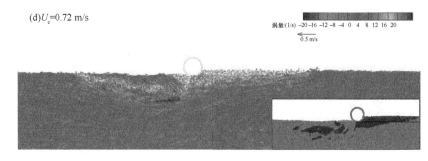

图 2-100　纯流作用下围油栏附近流场以及涡量场

可以看出：在纯水流作用下，围油栏裙摆附近水流流速较低。强涡旋区首先出现于围油栏裙摆末梢（图 2-100（a））。随着水流流速的增大，强涡旋区朝着围油栏下游扩展，尺寸逐渐扩大，沿水槽纵轴线尺度最大可以达到有效吃水深度的 7～8 倍（图 2-100（d））。此外，当水流流速较大时，如 U_c = 0.54 m/s，强涡旋区也会出现在油相-水相粒子交界面处。

2. 波浪对围油栏拦油过程影响

图 2-101 给出了波浪作用下围油栏栏前油层剖面发展过程，可以看出：波浪环境下的栏前油层厚度相比纯水流环境下的油层厚度较为均一。油层的整体厚度与波峰保持同相位，当波峰传播逐渐靠近栏前油层时，油层厚度不断变大，长度不断变小；当波谷传播逐渐靠近栏前油层时，油层厚度不断变小，长度不断变大。

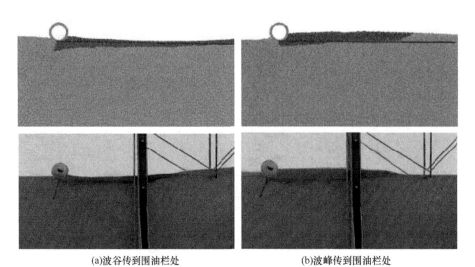

(a)波谷传到围油栏处　　　　　　　　　(b)波峰传到围油栏处

图 2-101　波浪作用下围油栏栏前油层剖面发展过程

图 2-102 给出了波浪作用下围油栏附近流场以及涡量场，可以看出强涡量区主要集中在：①油水界面处；②围油栏裙摆末梢处；③栏后遮蔽区附近。与纯流环境不同的是：在一个波周期内，围油栏后的尾涡尺度发生周期性的变化。当波峰到达围油栏附近时，尾涡尺度为 1～2 倍有效吃水深度；当波谷到达围油栏附近时，尾涡尺度为 2～3 倍有效

吃水深度。波浪环境下的尾涡尺度远小于纯水流环境下的尾涡尺度，这意味着波浪环境下围油栏的栏后储油能力降低。

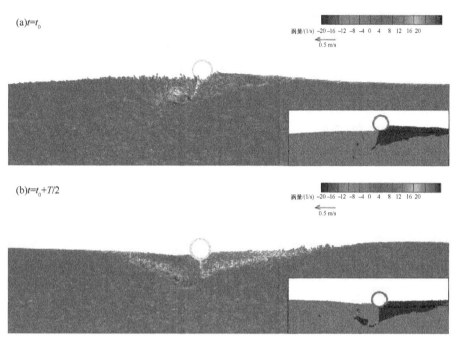

图 2-102　波浪作用下围油栏附近流场以及涡量场（$U = 0.4$ m/s）

3. 围油栏柔性对其拦油过程影响

图 2-103 给出了波流作用下不同裙摆刚度的围油栏的拦油过程。可以看出：由于围油栏有效吃水深度小于栏前油层厚度，部分溢油绕过围油栏底端发生流失失效（图 2-103（a）～（c））。在时刻 $t_4 = t_0 + 3T/4$，刚性围油栏已经可以挡住油层进一步泄漏，而柔性围油栏由于其裙摆向背浪侧倾斜，有效吃水深度比刚性围油栏小，溢油泄漏并未停止。经计算，在本算例条件下使用刚性围油栏比使用柔性围油栏多围控的溢油约占总油量的 5 %。

2.3.5　围油栏结构优化

1. 围油栏裙摆压载质量分布优化方法

目前处理溢油多采用围油栏配合收油机进行围控和收集溢油。围油栏的使用作为处理溢油的一种有效方法，对围油栏研究是必要而有意义的，而对围油栏拦油性能的测试更是关键部分。

在围油栏性能测定实验过程中，对围油栏的使用环境的模拟以及拦油量的检定是一个相当关键的环节，对于定量分析不同类型围油栏拦油性能具有重要意义。

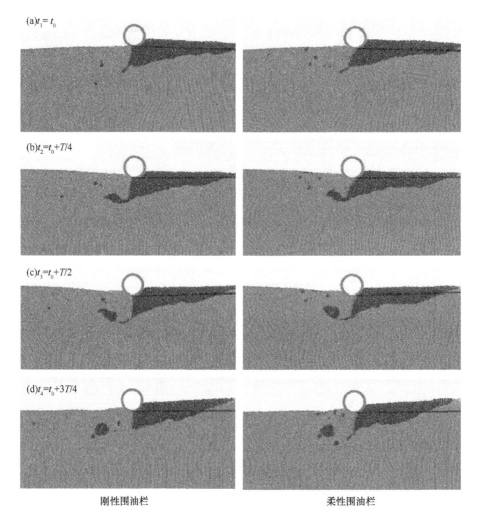

图 2-103　波流作用下围油栏拦油过程

现有技术中，在进行实验过程中发现可以通过科学分配围油栏压载质量的变化，从而保持围油栏裙摆稳定有效的拦油姿态，进而提高围油栏拦油性能。目前并没有具体进行准确设定围油栏裙体压载质量分布的实验方法和产品。为此本书发明提供了一种优化围油栏裙摆压载质量分布的实验方法。

包括如下步骤：

（1）选定模拟用油，制作压载质量分布不同的多个围油栏；

（2）选择一种围油栏使用环境，根据行业标准选择围油栏尺寸、围油栏的浮重比以及对应波浪条件；

（3）依据标准规范确定波浪要素，如流速、波高，设置实验装置的实验参数，模拟真实的围油栏使用环境；

（4）从步骤（1）中选择一个压载质量分布的围油栏进行实验，在维持以上参数的情况下，将水流速度设定从 10 % 依次逐渐增大，直到得到此围油栏对应的溢油初始失效速度。

在模拟现实波流条件下，可以根据不同的波流条件，采取不同的围油栏裙摆压载质量的分布类型，减少盲目的只根据浮重比加载裙摆的压载质量，增强科学引导。

其中围油栏的结构如图 2-104 所示，所述围油栏包括上方的浮子 51，浮子 51 下方连接的裙摆 52 和裙摆 52 底部安装的配重 54，所述裙摆上设置压载质量 53。

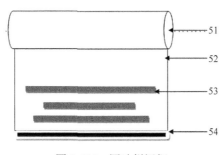

图 2-104　围油栏裙摆

使用步骤如下：

（1）选定模拟用油和围油栏使用水域环境，制作压载质量分布不同的多种围油栏；

（2）选择一种围油栏使用环境，根据行业标准选择围油栏尺寸、围油栏的浮重比以及对应水动力条件；

（3）依据标准规范确定波浪要素，如流速、波高，设置实验装置的实验参数，模拟真实的围油栏使用环境；

（4）从步骤（1）中选择一种压载质量分布的围油栏进行实验，在维持步骤（3）中参数设定情况下，单独将水流速度设定从最大流量的 10 %依次逐渐增大，直到得到此围油栏对应的溢油初始失效速度；

（5）选择步骤（1）中制作的其他种类围油栏，重复步骤（4），得到所有围油栏对应的初始失效速度，并进行对比得到最大初始失效速度，则最大初始失效速度所对应的围油栏的压载质量分布是步骤（2）中选择的应用环境下的最优压载质量分布；

（6）选择不同的围油栏使用环境，重复步骤（2）至步骤（4），得到其他应用环境下的最优压载质量分布。

进一步的，所述步骤（1）中制作的多个围油栏是以裙摆的重心为中心，采用正三角形的质形的质量分布方式改变裙摆的质量分布，得出的多个质量分布值不同的围油栏。

相对于现有技术，该优化方法具有以下优势：

（1）该优化方法在模拟现实波流条件下，可以根据不同的波流条件，采取不同的围油栏裙摆压载质量的分布类型，减少盲目的只根据浮重比加载裙摆的压载质量，增强科学引导；

（2）该方法简单，容易实现。

结合图 2-105 说明本发明的使用过程。

（1）选定模拟用油，本实施例选择重油（密度为 0.95 g/cm³）为研究对象，制作压载质量分布不同的多个围油栏。因为围油栏的裙摆在水中受力时，水下流场和压力的变化对裙摆形变的影响，进而制作的多个围油栏是以裙摆重心为中心，采用正三角形的质量分布方式改变裙摆的质量分布，得出多个质量分布值不同的围油栏。

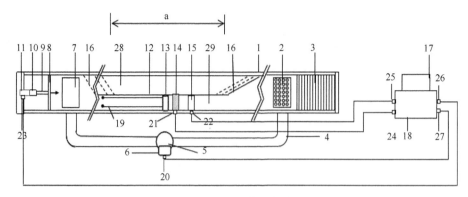

图 2-105　试验示意图

（2）选择一种围油栏使用环境，根据行业标准选择围油栏尺寸、围油栏的浮重比以及对应波浪条件，如选择非开阔水域围油栏。根据现有的行业标准，围油栏的使用环境一般分为 4 种，分别为平静水域、平静激流水域、非开阔水域和开阔水域，每种使用环境有一个适合的浮重比参数，分别为 3∶1、4∶1、4∶1、8∶1。

（3）依据标准规范确定波浪要素，如流速、波高，设置实验装置的实验参数，模拟真实的围油栏使用环境，本实施例是依据 JTJ 234—2001《波浪模型试验规程》和 JTT465—2009《围油栏》规定的不同水域的波况确定波浪要素。

（4）从步骤（1）中选择一种压载质量分布的围油栏进行实验，在维持以上参数情况下，将水流速度设定从最大流量的 10 % 依次逐渐增大，直到得到此围油栏对应的溢油初始失效速度；

（5）选择步骤（1）中制作的其他种类围油栏，重复步骤（4），得到所有围油栏对应的初始失效速度，并进行对比得到最大初始失效速度，则最大初始失效速度所对应的围油栏的压载质量分布是步骤（2）中选择的应用环境下的最优压载质量分布。

（6）选择不同的围油栏使用环境，重复步骤（2）至步骤（5），得到其他应用环境下的最优压载质量分布。

该方法是以裙摆的重心为中心，采用正三角形的质量分布方式改变裙摆的质量分布，得出合适的质量分布值。

该方法采用的实验装置如图 2-105 所示，包括水槽 1 和其内外安装的实验仪器，所述实验仪器包括数据采集控制系统和与其连接的流速实时监测系统、波高实时监测系统、造波系统、造流系统，以及围油栏拖曳系统。

水槽 1 作为测试实验所用液体的容器，为一长方体容器，材质为钢化玻璃或不锈钢等；在水槽 1 的底部设置有造流系统的造流水泵入水口 2 和造流水泵出水口 7，并在造流水泵出水口 7 处安装有导流板。

从水槽 1 的前端（即靠近造流水泵出水口 7 位置为前端）按照合适的分割比例（根据所需要放大的流量比例的倒数），通过间隔板 12 将水槽 1 从中部沿纵轴平行线分割为两个独立子区域，所述间隔板 12 与水槽 1 的长边平行，所述间隔板 12 一侧的左右端采用渐扩张导流板 16 接触水槽 1 内壁进行封堵；所述间隔板 15 采用钢化玻璃或者复合板材等；所述间隔板 12 的长度，即两个独立子区域之间的间隔段长度为 6～10 个波长，根据实验对象不同，需要的波形也不同，需要先由实际实验要求进行预计长度，灵活性大。

间隔板 12 所在水槽段为实验段，间隔板 12 与其一侧两端的渐扩张导流板 16 围成的封闭区域为间隔封闭区 28，而间隔板 12 的另一侧为观察区 29；所述间隔板 12 的左边的渐扩张导流板 16 采用片状消波格栅按照合适坡比渐变连通水槽 1 左端的非实验段一侧子区域水槽，以保证水流可以沿片状消波格栅间隙流动，片状消波格栅的材料长度根据非实验段波浪能否有效消除而调整，且不能影响实验段实验观察。

数据采集控制系统包括连接在一起的计算机 17 和计算机控制接口总成 18，所述的计算机控制接口总成 18 设有四个计算机控制接口，并分别与波高实时监测系统的波高传感器接口 21、流速实时监测系统的流速传感器接口 22、造波系统的驱动控制器接口 23 和造流系统的水泵控制器接口 20 相连接。所述计算机 17 通过分别对流速与波浪的信号信息连续采集、处理和存储，以及利用 LabVIEW 控制软件完成对造流、造波系统的控制。

流速实时监测系统包括流速传感器 14，所述流速传感器 14 安装在水槽 1 内部间隔板 12 的前面中部，通过导线与计算机 17 的计算机控制接口 I 24 连接，实现流速信号信息的连续采集、处理和存储。

波高实时监测系统包括波高传感器 15，所述波高传感器 15 安装在水槽 1 内部间隔板 12 的前面中部，通过导线与计算机 17 的计算机控制接口 II 25 连接，实现波高信号信息的连续采集、处理和存储。

围油栏拖曳系统用于对围油栏的牵引和相对固定，围油栏拖曳包括围油栏 13 和拖曳装置 19，所述围油栏拖曳装置 19 安装在水槽 1 内部间隔板 12 和水槽 1 的中部，通过固定架固定且不影响水流和围油栏的随波性，实现围油栏相对固定进行拖曳试验，便于实验观察和记录。

造波系统用于围油栏水动力测定实验中模拟波浪，包括推波板 8、丝杠 9、交流伺服电机 10 和驱动控制器 11，所述交流伺服电机 10 通过导线与驱动控制器 11 连接，驱动控制器接口 23 通过导线与计算机 17 的计算机控制接口 III 26 连接，所述交流伺服电机 10 的输出轴通过丝杠 9 连接推波板 8，牵引推波板 8 在水槽 1 的左端进行前后运动，计算机 17 通过 LabVIEW 软件控制交流伺服电机 10 工作，可以产生波高为 0.01～0.2 m，周期为 0.8～2.2 s 的波浪。

造流系统用于围油栏水动力测定实验中模拟水流，主要由水泵 5、水泵控制器 6 和水循环管道 4 组成，所述水循环管道 4 设置在水槽 1 外面，水循环管道 4 的两端分别连通造流水泵入水口 2 和造流水泵出水口 7，所述水泵 5 安装在水循环管道 4 上，所述水泵 5 通过导线与水泵控制器 6 连接，水泵控制器 6 的接口通过导线与计算机 17 的计算机控制接口 IV 27 连接，计算机 17 通过 LabVIEW 软件控制水泵 5 可以产生定流速的水流。

水槽 1 采用整体造流的方法，以满足流场模拟的需要。造流系统采取内循环方式，大功率水泵 5 通过水循环管道 4 连接造流水泵入水口 2 吸取水槽 1 中的水，经水泵 5 加压后从安装在水槽 1 另一端下部连接造流水泵出水口 7 的喷嘴中喷出高压水流，喷射出的水流以及带动周围的水流比较均匀，从而在水槽内部形成了均匀稳定的水流。流速的调节由水泵控制器 6 控制并调整水泵 5 的转速来实现。整体造流系统的优点是模拟的水流场比较均匀稳定。

2. 围油栏上方防溢油飞溅的拦油翼

通过前面数值结果可以知道，围油栏的结构在某些程度上决定了围油效果。在围油过程中油品太黏稠时，会导致油品从围油栏上方流过围油栏，降低围油效果。为此这里发明了一种围油栏上方防溢油飞溅的拦油翼，包括拦油翼板本体，其一端设有用于连接浮子的接口。所述拦油翼板本体包括拦油板和安装座，所述安装座的截面为倒 U 形，U形的两端设有连接浮子的接口，U 形的中部外侧固定拦油板的一端。所述拦油翼板本体上设有若干通风小孔。本实验发明有以下优势：①拦油翼板和围油栏通过卡槽式接口连接，具有安装、拆解和清理方便快捷的特点，能有效拦截在风浪作用下飞溅的溢油；②拦油翼板上钻取小孔以增强风的通过性，降低倾倒的可能；拦油翼板的高度根据不同海况进行定制。

围油栏上方防溢油飞溅的拦油翼，如图 2-106 所示，包括拦油翼板本体，其一端设有用于连接浮子 1 的接口。

所述拦油翼板本体包括拦油板 3 和安装座 4，所述安装座 4 的截面为倒 U 形，U 形的两端设有连接浮子 1 的接口，U 形的中部外侧固定拦油板 3 的一端。

所述拦油板 3 上设有若干通风小孔 5，以增强风的通过性，降低倾倒的可能。

本实用新型所述接口为用于连接浮子的卡槽式接口。

所述拦油翼板本体采用一种轻质、较高强度的材质制作。

所述围油栏本体包括浮子 1 和其下方的裙摆 2，所述浮子 1 的上方可拆卸连接上述拦油翼，能有效拦截在风浪作用下飞溅的溢油。

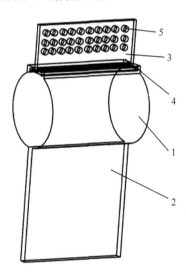

图 2-106　围油栏上方防溢油飞溅的拦油翼

1. 浮子；2. 裙摆；3. 拦油板；4. 安装座；5. 通风小孔

3. 均质裙摆围油栏合适浮重比优化方法

目前处理溢油多采用围油栏配合收油机进行围控和收集溢油。围油栏的使用作为处理溢油的一种有效方法，对围油栏研究是必要而有意义的，而对围油栏拦油性能的测试更是关键部分。

在围油栏性能测定实验过程中，对围油栏的使用环境的模拟以及拦油量的检定是一个相当关键的环节，对于定量分析不同类型围油栏拦油性能具有重要意义。

现有技术中，在进行实验过程中发现可以通过科学改变均质裙摆围油栏的配重，从而保持围油栏裙摆稳定有效的拦油姿态，进而提高围油栏拦油性能。目前并没有具体进行准确设定均质裙摆围油栏配重改变，得到合适浮重比 BW 的实验方法。为此发明了一种均质裙摆围油栏改变配重获取合适浮重比的实验方法，能在模拟不同环境因素下，检测并确定不同水域下均质裙摆围油栏（图 2-107）的合适浮重比。

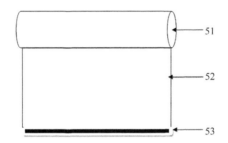

图 2-107　均质裙摆围油栏上方的浮子 51，浮子下方连接的均质的裙摆 52 和裙摆底部安装的配重 53

包括如下步骤：

（1）选定模拟用油和水域环境，制作由均质的裙摆配置不同质量的配重得到的多个不同浮重比的围油栏；

（2）选择一种围油栏使用环境，根据行业标准选择围油栏尺寸、围油栏的浮重比以及对应波浪条件；

（3）依据标准规范确定水动力要素，如流速、波高，设置实验装置的实验参数，模拟真实的围油栏使用环境；

（4）从步骤（1）中选择一个浮重比的围油栏进行实验，在维持以上参数的情况下，将水流速度设定从最大流量的 10 %依次逐渐增大，直到得到此围油栏对应的溢油初始失效速度；

（5）选择步骤（1）中制作的其他类型浮重比的围油栏，重复步骤（4），得到所有围油栏对应的初始失效速度，并进行对比得到最大初始失效速度，则最大初始失效速度所对应的围油栏的浮重比是步骤（2）中选择的应用环境下的最优浮重比；

（6）选择不同的围油栏使用环境，重复步骤（2）至步骤（5），得到其他应用环境下的最优浮重比。

相对于现有技术，该方法具有以下优势：①该方法在模拟现实波流条件下，可以根据不同的波流条件，采取不同的围油栏裙摆配重进行实验，减少盲目的只根据浮重比确定一个配重数值，增强科学引导；②该方法简单，容易实现。

下面将参考图 2-108 并结合实施例来详细说明本发明。

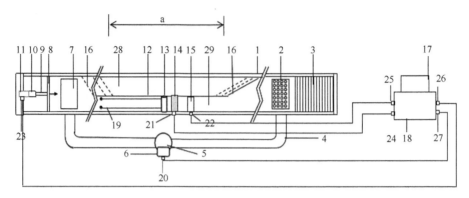

图 2-108　试验示意图

包括如下步骤：

（1）选定模拟用油和水域环境，本实施例选择重油（密度为 0.95 g/cm^3）为研究对象，制作由均质的裙摆配置不同质量的配重得到的多种不同浮重比的围油栏。

根据现有的行业标准，围油栏的使用环境一般分为 4 种，分别为平静水域、平静激流水域、非开阔水域和开阔水域，每种使用环境有一个适合的浮重比参数，分别为 3∶1、4∶1、4∶1、8∶1，所以，通过配置不同的配重，制作多组对应不同使用环境的多个浮重比的围油栏，如对应平静水域制作 A 组围油栏，浮重比包括 3∶1、2.5∶1、3.5∶1 等在 3∶1 左右临近的多个浮重比的围油栏；平静水域和平静激流水域对应制作 B 组围油栏，非开阔水域对应制作 C 组围油栏。

（2）选择一种围油栏使用环境，根据行业标准选择围油栏尺寸、围油栏的浮重比以及对应波浪条件，如选择非开阔水域围油栏。

（3）依据标准规范确定水动力要素，如流速、波高，设置实验装置的实验参数，模拟真实的围油栏使用环境，本实施例是依据 JTJ 234—2001《波浪模型试验规程》和 JTT465—2009《围油栏》规定的不同水域的波况确定波浪要素。

（4）从步骤（1）中选择一种浮重比的围油栏进行实验，在维持以上参数的情况下，将水流速度设定从最大流量的 10 % 依次逐渐增大，直到得到此围油栏对应的溢油初始失效速度。

（5）选择步骤（1）中制作的其他类型浮重比的围油栏，重复步骤（4），得到所有围油栏对应的初始失效速度，并进行对比得到最大初始失效速度，则最大初始失效速度所对应的围油栏的浮重比是步骤（2）中选择的应用环境下的最优浮重比，如非开阔水域下的最优浮重比为 5∶1。为减少实验时间，此步骤选择步骤（1）中制作的其他与此围油栏使用环境对应行业标准选择的浮重比左右临近的浮重比的围油栏，即选择步骤（1）中制作的与此应用环境对应的 A 至 C 中的一组围油栏，重复步骤（4）。

（6）选择不同的围油栏使用环境，重复步骤（2）至步骤（5），得到其他应用环境下的最优浮重比。

本发明所用实验装置如图 2-108 所示，包括水槽 1 和其内外安装的实验仪器，所述实验仪器包括数据采集控制系统和与其连接的流速实时监测系统、波高实时监测系统、造波系统、造流系统，以及围油栏拖曳系统。

所述水槽 1 作为测试实验所用液体的容器，为一长方体容器，材质为钢化玻璃或不锈钢等；在水槽 1 的底部设置有造流系统的造流水泵入水口 2 和造流水泵出水口 7，并在造流水泵出水口 7 处安装有导流板。

从水槽 1 的前端（即靠近造流水泵出水口 7 位置为前端）按照合适的分割比例（根据所需要放大的流量比例的倒数），通过间隔板 12 将水槽 1 从中部沿纵轴平行线分割为两个独立子区域，所述间隔板 12 与水槽 1 的长边平行，所述间隔板 12 一侧的左右端采用渐扩张导流板 16 接触水槽 1 内壁进行封堵；所述间隔板 15 采用钢化玻璃或者复合板材等；所述间隔板 12 的长度，即两个独立子区域之间的间隔段长度为 6～10 个波长，根据实验对象不同，需要的波形也不同，需要先由实际实验要求进行预计长度，灵活性大。

所述间隔板 12 所在水槽段为实验段，间隔板 12 与其一侧两端的渐扩张导流板 16 围成的封闭区域为间隔封闭区 28，而间隔板 12 的另一侧为观察区 29；所述间隔板 12 的左边的渐扩张导流板 16 采用片状消波格栅按照合适坡比渐变连通水槽 1 左端的非实验段一侧子区域水槽，以保证水流可以沿片状消波格栅间隙流动，片状消波格栅的材料长度根据非实验段波浪能否有效消除而调整，且不能影响实验段实验观察。

所述数据采集控制系统包括连接在一起的计算机 17 和计算机控制接口总成 18，所述的计算机控制接口总成 18 设有四个计算机控制接口，并分别与波高实时监测系统的波高传感器接口 21、流速实时监测系统的流速传感器接口 22、造波系统的驱动控制器接口 23 和造流系统的水泵控制器接口 20 相连接。所述计算机 17 通过分别对流速与波浪的信号信息连续采集、处理和存储，以及利用 LabVIEW 控制软件完成对造流、造波系统的控制。

所述流速实时监测系统包括流速传感器 14，所述流速传感器 14 安装在水槽 1 内部间隔板 12 的前面中部，通过导线与计算机 17 的计算机控制接口 I 24 连接，实现流速信号信息的连续采集、处理和存储。

所述波高实时监测系统包括波高传感器 15，所述波高传感器 15 安装在水槽 1 内部间隔板 12 的前面中部，通过导线与计算机 17 的计算机控制接口 II 25 连接，实现波高信号信息的连续采集、处理和存储。

所述围油栏拖曳系统用于对围油栏的牵引和相对固定，围油栏拖曳包括围油栏 13 和拖曳装置 19，所述围油栏拖曳装置 19 安装在水槽 1 内部间隔板 12 和水槽 1 的中部，通过固定架固定且不影响水流和围油栏的随波性，实现围油栏相对固定得进行拖曳试验，便于实验观察和记录。

所述造波系统用于围油栏水动力测定实验中模拟波浪，包括推波板 8、丝杠 9、交流伺服电机 10 和驱动控制器 11，所述交流伺服电机 10 通过导线与驱动控制器 11 连接，驱动控制器接口 23 通过导线与计算机 17 的计算机控制接口 III 26 连接，所述交流伺服电机 10 的输出轴通过丝杠 9 连接推波板 8，牵引推波板 8 在水槽 1 的左端进行前后运动，计算机 17 通过 LabVIEW 软件控制交流伺服电机 10 工作,可以产生波高为 0.01~0.2 m,周期为 0.8~2.2 s 的波浪。

所述造流系统用于围油栏水动力测定实验中模拟水流,主要由水泵 5、水泵控制器 6 和水循环管道 4 组成,所述水循环管道 4 设置在水槽 1 外面,水循环管道 4 的两端分别连通造流水泵入水口 2 和造流水泵出水口 7,所述水泵 5 安装在水循环管道 4 上,所述水泵 5 通过导线与水泵控制器 6 连接,水泵控制器 6 的接口通过导线与计算机 17 的计算机控制接口Ⅳ27 连接,计算机 17 通过 LabVIEW 软件控制水泵 5 可以产生定流速的水流。

水槽 1 采用整体造流的方法,以满足流场模拟的需要。造流系统采取内循环方式,大功率水泵 5 通过水循环管道 4 连接造流水泵入水口 2 吸取水槽 1 中的水,经水泵 5 加压后从安装在水槽 1 另一端下部连接造流水泵出水口 7 的喷嘴中喷出高压水流,喷射出的水流以及带动周围的水流比较均匀,从而在水槽内部形成了均匀稳定的水流。流速的调节由水泵控制器 6 控制并调整水泵 5 的转速来实现。整体造流系统的优点是模拟的水流场比较均匀稳定。

2.3.6　小　　结

提出改进的 WCSPH 多相流模型,并在此基础上结合无反射造波技术和阻尼消波技术,建立用于模拟围油栏运动响应以及栏前溢油失效过程的波流数值水槽,并对多相流模型以及所建立的数值波流水槽的可靠性加以验证。在此基础上,通过引入轻质弹簧模型,进一步建立起可模拟波浪与系缆浮式结构相互作用的数学模型,并对锚拉系统弹簧刚度系数进行校正。同时,在总结已有浮式单体组合结构的基础上,建立单体串联铰接形式的柔性围油栏装置,并对铰接连接器弹性刚度系数进行校正。数值实验证明:经校正后的柔性围油栏装置及浮式结构系缆系统具有良好的稳定性,可用于波流作用下围油栏运动响应及拦油过程的模拟。采用经过验证的数学模型,系统地研究了刚性及柔性围油栏的运动响应、系泊缆绳受力和水动力特性;系统地研究了栏前溢油在波流环境下的剖面形态发展规律。主要研究结论如下:

(1)波浪与围油栏相互作用数值模拟结果表明:所建立的数学模型能够较好地重现非线性波浪与围油栏的相互作用过程,计算所得结构运动响应以及结构周围水面形态均具有较高精度。刚性围油栏和柔性围油栏的垂荡响应过程相似,但纵荡及纵摇响应过程明显不同。

(2)栏前溢油失效过程数值模拟结果表明:所建立的数学模型能够较好地重现溢油泄漏失效过程。在纯水流环境下,栏前油层随着水流流速的增大不断变短变厚,最终形成倒三角形剖面形态;在波浪环境下,栏前油层长度方向上厚度保持均一,当波峰传播逐渐靠近栏前油层时,其厚度不断变大;当波谷传播逐渐靠近栏前油层时,其厚度不断变小。油层厚度在波峰及波谷相位时分别达到极大、极小值。与物理实验保持一致的是,逃逸的油滴在栏后遮蔽区会停留很长时间,同样可以看做成围油栏的储油空间。纯流环境下栏后遮蔽区随着水流流速的增大而增大,最大可以达到有效吃水深度的 7~8 倍,而在波浪环境下尾涡尺度会显著减小至有效吃水深度的 1～2 倍。同时，数值实验结果表明，相同波流条件下，柔性围油栏的拦油能力不如同等结构参数的刚性围油栏。

（3）基于上述研究成果，提出了三种围油栏的设计优化方法，提高围油栏的拦油效果。

问题和建议：数值仿真模型应当从二维向三维模型拓展。此外，柔性围油栏裙摆的刻画应该可以考虑更为逼真的有限元模型，将围油栏的结构材料属性考虑到数值模拟过程中，从而建立起更为真实的可用于模拟围油栏与水波相互作用的数值水槽。在此基础上，还应当开发非牛顿多相流模型，能模拟具有真实黏性及非牛顿流体特征（如宾汉体）的溢油。同时，应当提升数值模型的计算效率。一方面，建议开发局部粒子加密技术，仅对围油栏及溢油区的粒子进行加密；另一方面，需要开发更高效的并行计算方法，如 CPU-GPU 耦合计算框架，或 GPU 计算框架。

2.4　小　　结

在广泛调研的基础上，针对港湾气候、水流及海况等因素，选择在实际中应用较好的围油栏包布材料、围油栏接头、围油栏的配重等结构参数，参考美国材料测试协会的标准（ASTM）研究围油栏材料的拉伸性、亲油性、防水性、抗侵蚀性及浮沉特性等参数，建立了围油栏材料的性能评价指标体系。根据港湾的水文气候条件和以往港湾溢油事故调查评估，结合美国围油栏设计思路，选择围油栏的浮体、裙体、张力带、配重和接头等各组件的材质、结构和布设方式。引进美国围油栏拦油的数值模拟方法，研究油栏的浮体、裙体、配重等各组件的材质、尺寸、结构和布设方式等变化时围栏外水体的表面、水下石油含量的变化，模拟了不同结构参数的围油栏在波浪和水流作用下的失效规律，优化了港湾溢油的围油栏各部件的几何尺寸，提出了合理的布设方式。

借鉴美国围油栏在大比尺波浪水槽物理实验模拟的技术和方法，利用我国的大比尺波浪水槽原型物理实验模拟系统，模拟了不同港湾溢油条件下围油栏的随波性、滞油性、抗风抗浪性等拦油能力实验，对上述优化设计的围油栏的溢油逃逸、溢油泄漏、溢油飞溅、围油栏不稳定性等进行实验研究，分析了造成拦油失效的条件，总结不同结构参数的围油栏在波浪和水流作用下的失效规律，优化了港湾溢油的围油栏各部件的几何尺寸及其布设方式。根据上述模拟实验研究结果，进一步完善了在实际应用过程中围油栏的各组件的配置及立体化结构，改善对溢油的拦截效果，防止溢油的外溢或者沉积到港湾底部。

在上述研究成果的基础上，根据港湾的环境条件因素、溢油品种和溢油量，结合数值模拟和大比尺波浪水槽物理模型试验结果，建立了适合我国港湾特点的围油栏拦油效果评估体系及性能测试方法。

参 考 文 献

封星. 2011. 围油栏拦油数值实验平台及拦油失效研究. 大连: 大连海事大学博士学位论文.

韩朋. 2008. 基于 VOF 方法的不规则波阻尼消波研究. 大连: 大连理工大学硕士学位论文.

刘诚, 沈永明, 梁燕. 2011. 围油栏前压力垂直结构对油水界面稳定性的影响. 中国科学: 物理学力学天文学, (2): 170-177.

宁成浩. 2002. 拦油栅失效的数值模拟研究. 北京: 北京化工大学硕士学位论文.

孙添虎. 2011. 网-栅结构围油栏拦油特性数值模拟. 大连: 大连海事大学硕士学位论文.

孙晓艳, 王军. 2007. SPH 方法的理论及应用. 水利水电技术, 38(3): 44-46.

王建伟. 2012. 不同结构围油栏拦油特性数值研究. 大连: 大连海事大学硕士学位论文.

魏芳. 2007. 围油栏在多种海况下拦油效果及形状优化的数值模拟. 大连: 大连海事大学硕士学位论文.

于桂峰, 吴宛青, 封星. 2010. 基于 Fluent 典型结构围油栏适用条件数值实验. 大连海事大学学报, 36(2): 117-120.

张江泉, 郑崇伟, 李荣川, 等. 2013. 黄渤海风、浪、流等海洋水文要素特征分析. 科技资讯, (31): 112-115.

Agrawal R, Hale L. 1974. A new criterion for predicting headwave instability of an oil slick retained by a barrier. In Offshore Technology Conference, 461-466.

Amini A, Bollaert E, Boillat J L, et al. 2008. Dynamics of low-viscosity oils retained by rigid and flexible barriers. Ocean Engineering, 35(14): 1479-1491.

Amini A, Mahzari M, Bollaert E, et al. 2005. Fluid-structure interaction analysis applied to oil containment booms. In International Oil Spill Conference, 585-588.

Amini A, Schleiss A. 2007. Contractile floating barriers for confinement and recuperation of oil slicks. Switzerland: Laboratoire de Constructions Hydrauliques, Ecole Polytechnique Fédérale de Lausanne (EPFL-LCH).

Amini A, Schleiss A J. 2009. Numerical modeling of oil-water multiphase flow contained by an oil spill barrier. Engineering Applications of Computational Fluid Mechanics, 3(2): 207-219.

Bai X D, Xu T J, Zhao Y P, et al. 2016. Fatigue assessment for the floating collar of a fish cage using the deterministic method in waves. Aquacultural Engineering, 74: 131-142.

Bardestani M, Faltinsen O M. 2013. A two-dimensional approximation of a floating fish farm in waves and current with the effect of snap loads. In ASME 32nd International Conference on Ocean, Offshore and Arctic Engineering, V009T12A020.

Benjamin T B. 1968. Gravity currents and related phenomena. Journal of Fluid Mechanics, 31(02): 209-248.

Bonet J, Rodríguez Paz M X. 2005. Hamiltonian formulation of the variable-h SPH equations. Journal of Computational Physics, 209(2): 541-558.

Brown H, Goodman R, An C F, et al. 1996. Boom failure mechanisms: Comparison of channel experiments with computer modelling results. Spill Science & Technology Bulletin, 3(4): 217-220.

Castro A, Iglesias G, Carballo R, et al. 2010. Floating boom performance under waves and currents. Journal of Hazardous Materials, 174(1): 226-235.

Chebbi R. 2009. Profile of oil spill confined with floating boom. Chemical Engineering Science, 64(3): 467-473.

Crespo A J C, Oacute M, Dalrymple M G A. 2008. Modeling dam break behavior over a wet bed by a SPH technique. Journal of Waterway Port Coastal & Ocean Engineering, 134(6): 313-320.

Cross R H, Hoult D P. 1971. Collection of oil slicks. Journal of the Waterways, Harbors and Coastal Engineering Division, 97(2): 313-322.

Dalrymple R, Rogers B. 2006. Numerical modeling of water waves with the SPH method. Coastal Engineering, 53(2): 141-147.

Delvigne G A. 1989. Barrier failure by critical accumulation of viscous oil. In International Oil Spill Conference, 143-148.

Delvigne G A. 1991. On scale modeling of oil droplet formation from spilled oil. In International Oil Spill Conference, 501-506.

Domínguez J M, Crespo A J C, Valdez-Balderas D, et al. 2013. New multi-GPU implementation for smoothed particle hydrodynamics on heterogeneous clusters. Computer Physics Communications, 184(8): 1848-1860.

Ertekin R C, Sundararaghavan H. 1995. The calculation of the instability criterion for a uniform viscous flow past an oil boom. Journal of Offshore Mechanics & Arctic Engineering, 117(1): 24-29.

Fang F, Johnston A J. 2001. Oil containment by boom in waves and wind. I: Numerical model. Journal of Waterway Port Coastal & Ocean Engineering, 127(4): 222-227.

Ferrari A. 2010. SPH simulation of free surface flow over a sharp-crested weir. Advances in Water Resources, 33(3): 270-276.

Gao R, Ren B, Wang G, et al. 2012. Numerical modelling of regular wave slamming on subface of open-piled structures with the corrected SPH method. Applied Ocean Research, 34(1): 173-186.

Gingold R A, Monaghan J J. 1977. Smoothed particle hydrodynamics: Theory and application to non-spherical stars. Monthly Notices of the Royal Astronomical Society, 181(3): 375-389.

Giustolisi O, Savic D, Doglioni A. 2015. Data reconstruction and forecasting by evolutionary polynomial regression. Singapore: World Scientific, 1245-1252.

Goda Y, Suzuki Y. 1977. Estimation of incident and reflected waves in random wave experiments. Coastal Engineering, 828-845.

Goodman R, Brown H, An C F, et al. 1996. Dynamic modelling of oil boom failure using computational fluid dynamics. Spill Science & Technology Bulletin, 3(4): 213-216.

Gong K, Shao S, Liu H, et al. 2016. Two-phase SPH simulation of fluid–structure interactions. Journal of Fluids and Structures, 65: 155-179.

Gotoh H, Shibahara T, Sakai T. 2001. Sub-particle-scale turbulence model for the MPS method Lagrangian flow model for hydraulic engineering. Advanced Methods for Computational Fluid Dynamics, 9: 339-347.

Grant J, Prakash M, Eren Semercigil S, et al. 2015. Sloshing and energy dissipation in an egg: SPH simulations and experiments. Journal of Fluids and Structures, 54: 74-87.

He F, Huang Z, Law A W K. 2012. Hydrodynamic performance of a rectangular floating breakwater with and without pneumatic chambers: An experimental study. Ocean Engineering, 51: 16-27.

He F, Huang Z, Law A W K. 2013. An experimental study of a floating breakwater with asymmetric pneumatic chambers for wave energy extraction. Applied Energy, 106: 222-231.

Hedayati R, Sadighi M, Mohammadi-Aghdam M. 2014. On the difference of pressure readings from the numerical, experimental and theoretical results in different bird strike studies. Aerospace Science and Technology, 32(1): 260-266.

Hernquist L, Katz N. 1989. TREESPH-A unification of SPH with the hierarchical tree method. Astrophysical Journal Supplement, 70(2): 419-446.

Hirakuchi H, Kajima R, Kawaguchi T. 1990. Application of a piston-type absorbing wavemaker to irregular wave experiments. Coastal Engineering in Japan, 33(1): 11-24.

Johnston A J, Fitzmaurice M R, Watt R G. 1993. Oil spill containment: Viscous oils. In International Oil Spill Conference, 89-94.

Khayyer A, Gotoh H, Shao S D. 2008. Corrected incompressible SPH method for accurate water-surface tracking in breaking waves. Coastal Engineering, 55(3): 236-250.

Kim M, Muralidharan S, Kee S, et al. 1998. Seakeeping performance of a containment boom section in random waves and currents. Ocean Engineering, 25(2): 143-172.

Klopman G. 1994. Vertical structure of the flow due to waves and currents, part 2: Laser-Doppler flow measurements for waves following or opposing a current. Netherlands: Delft Hydraulics.

Kordyban E. 1990. The behavior of the oil-water interface at a planar boom. Journal of Energy Resources Technology, 112(2): 90-95.

Lau Y L, Moir J R. 1979. Booms used for oil slick control. Journal of the Environmental Engineering Division, 105(2): 369-382.

Lee C M, Kang K H. 1995. Development of optimum oil fences in currents and waves. AFR-94-FGH, Korea: Advanced Fluids Engineering Research Center.

Lee C M, Kang K H. 1997. Prediction of oil boom performance in currents and waves. Spill Science & Technology Bulletin, 4(4): 257-266.

Lee C M, Kang K H, Cho N S. 1998. Prediction of oil droplet motion and containment of spilt oil with tandem oil fences. In 4th KSME/JSME Thermal and Fluid Engineering Conference, 465-468.

Leibovich S. 1976. Oil slick instability and the entrainment failure of oil containment booms. Journal of Fluids Engineering, 98(1): 98-105.

Liu M B, Liu G R. 2010. Smoothed particle hydrodynamics (SPH): An overview and recent developments. Archives of Computational Methods in Engineering, 17(1): 25-76.

Liu G R, Liu M B. 2003. Smoothed particle hydrodynamics: A meshfree particle method. Singapore: World Scientific.

Lo E Y, Shao S. 2002. Simulation of near-shore solitary wave mechanics by an incompressible SPH method. Applied Ocean Research, 24(5): 275-286.

Lucy L B. 1977. A numerical approach to the testing of the fission hypothesis. Astronomical Journal, 82: 1013-1024.

Marrone S, Antuono M, Colagrossi A, et al. 2011. δ -SPH model for simulating violent impact flows. Computer Methods in Applied Mechanics & Engineering, 200(13～16): 1526-1542.

Milgram J H. 1971. Forces and motions of a flexible floating barrier. Journal of Hydronautics, 5(2): 41-51.

Milgram J H. 1973. Physical requirements for oil pollution control barriers. In International Oil Spill Conference, 375-381.

Monaghan J. 1989. On the problem of penetration in particle methods. Journal of Computational Physics, 82(1): 1-15.

Monaghan J J. 1992. Smoothed particle hydrodynamics. Annual Review of Astronomy and Astrophysics, 30: 543-574.

Monaghan J J. 1994. Simulating Free Surface Flows with SPH. Journal of Computational Physics, 110(2): 399-406.

Monaghan J J. 2005. Smoothed particle hydrodynamics. Reports on Progress in Physics, 68(8): 1703-1759.

Monaghan J, Kocharyan A. 1995. SPH simulation of multi-phase flow. Computer Physics Communications, 87(1-2): 225-235.

Monaghan J, Kos A. 1999. Solitary waves on a Cretan beach. Journal of Waterway Port Coastal & Ocean Engineering, 125(3): 145-155.

Monaghan J J, Kos A, Issa N. 2003. Fluid motion generated by impact. Journal of Waterway Port Coastal & Ocean Engineering, 129(6): 250-259.

Monaghan J J, Lattanzio J C. 1985. A refined particle method for astrophysical problems. Astronomy and Astrophysics, 149: 135-143.

Morris J P, Fox P J, Zhu Y. 1997. Modeling low Reynolds number incompressible flows using SPH. Journal of Computational Physics, 136(1): 214-226.

Morris J, Monaghan J. 1997. A switch to reduce SPH viscosity. Journal of Computational Physics, 136(1): 41-50.

Pelfrene J, Kameswara S, Vepa S, et al. 2011. Study of the SPH Method for Simulation of Regular and Breaking Waves. Belgium: Universiteit Gent.

Ren B, He M, Dong P, et al. 2015. Nonlinear simulations of wave-induced motions of a freely floating body using WCSPH method. Applied Ocean Research, 501-512.

Riggs H, Ertekin R. 1993. Approximate methods for dynamic response of multi-module floating structures. Marine Structures, 6(2-3): 117-141.

Riggs H, Ertekin R, Mills T. 1998. Impact of connector stiffness on the response of a multi-module mobile offshore base. In 8th International Offshore and Polar Engineering Conference, 200-207.

Riggs H, Ertekin R, Mills T. 2000. A comparative study of RMFC and FEA models for the wave-induced response of a MOB. Marine Structures, 13(4): 217-232.

Rogallo R S, Moin P. 1984. Numerical simulation of turbulent flows. Annual Review of Fluid Mechanics, 16(1): 99-137.

Sung H, Cho I, Choi H. 1995. The motion characteristics of a 2-D flexible oil boom in regular waves. In International Conference on Technologies for Marine Environment Preservation, 339-344.

Ulrich C, Leonardi M, Rung T. 2013. Multi-physics SPH simulation of complex marine-engineering hydrodynamic problems. Ocean Engineering, 64: 109-121.

Van Dyck R L, Bruno M S. 1995. Effect of waves on containment boom response. In International Oil Spill Conference, 880-881.

Ventikos N P, Vergetis E, Psaraftis H N, et al. 2004. A high-level synthesis of oil spill response equipment and countermeasures. Journal of Hazardous Materials, 107(1-2): 51-58.

Verlet L. 1967a. Computer experiments on classical fluids. I. Thermodynamical properties of Lennard-Jones molecules. Health Physics, 22(1): 79-85.

Verlet L. 1967b. Computer experiments on classical fluids. II. Equilibrium correlation functions. Physical Review, 165(1): 201-214.

Violeau D, Buvat C, Abed-Meraïm K, et al. 2007. Numerical modelling of boom and oil spill with SPH. Coastal Engineering, 54(12): 895-913.

Von Neumann J, Oskar M. 1944. Theory of Games and Economic Behavior, Princeton Univ. Princeton N J Press.

Wendland H. 1995. Piecewise polynomial, positive definite and compactly supported radial functions of minimal degree. Advances in Computational Mathematics, 4(1): 389-396.

Wicks III M. 1969. Fluid dynamics of floating oil containment by mechanical barriers in the presence of water currents. In International Oil Spill Conference, 1: 55-106.

Wilkinson D L. 1972a. Discussion of collection of oil slicks. Journal of the Waterways, Harbors and Coastal Engineering Division, ASCE, 98: 122-125.

Wilkinson D L.1972b. The dynamics of contained oil slicks. Journal of the Hydraulics Division, ASCE, 98: 1013-1030.

Wilkinson D L. 1973. Limitations to length of contained oil slicks. Journal of the Hydraulics Division, ASCE, 99(5): 701-712.

Wilson M P. 1977. Assessment of treated versus untreated oil spills. America: College of Engineering, University of Road Island.

Wong K F V, Barin E. 2003. Oil spill containment by a flexible boom system. Spill Science & Technology Bulletin, 8(5~6): 509-520.

Wong K F V, Barin E, Lane J. 2002. Field experiments at the Ohmsett facility for a newly designed boom system. Spill Science & Technology Bulletin, 7(5~6): 223-228.

Wong K F V, Stewart H O. 2003. Oil spill boom design for waves. Spill Science & Technology Bulletin, 8(5~6): 543-548.

Xing F, Wanqing W, Wenfeng W. 2011. Numerical simulation technology of oil containment by boom. Procedia Environmental Sciences, 840-847.

Yang X, Liu M. 2013. Numerical modeling of oil spill containment by boom using SPH. Science China Physics, Mechanics and Astronomy, 56(2): 315-321.

Zalosh R G. 1975. A numerical model of droplet entrainment from a contained oil slick. America: Mount Auburn Research Associates.

Zhang Z, An C, Barron R, et al. 1999. Numerical study on (porous) net-boom systems-front net inclined angle effect. In Twenty-second Arctic and Marine Oil Spill Program Technical Seminar, 903-919.

Zhao Y P, Bai X D, Dong G H, et al. 2016. Deformation and stress distribution of floating collar of net cage in steady current. Ships and Offshore Structures, 1-13.

第3章　环保高效吸油材料研发

3.1　国内外吸油材料现状

3.1.1　溢油清理常用方法

目前常用的溢油清理的方法主要包括原位燃烧法、机械提取法、生物降解法、化学方法和吸附剂法等，每一种方法都各有其优缺点。

1. 原位燃烧法

原位燃烧法主要是通过爆破物或者液体燃料快速、有效地清除海面上的溢油（濮文虹等，2005）。原位燃烧法的使用需要一定的条件，即一定的波高、厚度和幅宽等，对于大多数的国家还需要政府的批准方可实行。此方法的使用会产生大量的有毒气体，如 CO、SO_2 和多环芳烃等，产生二次污染；此方法的使用还会造成二次复燃，影响生态环境及周边的居民区（Al-Majed et al.，2012）。例如，1967 年，英国托雷海峡号油轮发生12 万 t 原油泄露，主要采用的溢油清理方法就是原位燃烧法。

2. 机械提取法

机械提取法主要指采用机械工具（如撇油器、吊杆等）进行溢油的提取。这种方法能够高效清除溢油，但是存在的缺点也是不容忽视的，如机械提取法只适合在平静海面上溢油的提取，海面风浪较大等条件下易造成结构失效；此外，机械提取法耗费大量的人工和时间，成本昂贵（禹精瑞，2011）。例如，1996 年，海皇号油轮漏油，主要使用了机械除油。

3. 生物降解法

生物降解法即在溢油清理中将天然微生物等生物制剂人造物质引入来加速自然过程的生物降解的方法，它有利于保护海岸线、湿地和沼泽地区（Pham and Dickerson，2014）。这种方法属于环境友好型，但存在一定的局限性：针对大面积的漏油区域，清理效率较慢；易受到非生物环境因素的限制，如温度、氧气浓度等。例如，1978 年法国布列塔尼海岸的阿莫科·卡迪斯油轮发生 10 万多加仑（1 gal（UK）=4.54609 L）原油泄漏，主要采用了生物降解法进行溢油清理，此外也使用了机械及人工手动除油。1989年，阿拉斯加州威廉王子海峡的埃克森美孚 Valdez 油轮发生漏油，主要采用了生物降解法和吸附剂吸附。

4. 化学方法

化学法中常采用的物质是分散剂。分散剂是由不同的表面活性剂组成的，通过降低油和水之间的表面张力来达到清除溢油的目的（吴吉琨等，1998），适用于溢油面积较大的海域及黏度较低溢油的吸附（蔡成翔等，2012）。但是分散剂成本较高且试剂有毒，在清除溢油的同时也造成了大量海洋生物的死亡。例如，2010 年，BP 墨西哥湾发生漏油事件，主要使用了分散剂来清理溢油，此外还用到了原位燃烧法。

5. 吸附剂法

吸附法即通过吸附材料将油膜吸附到材料表面及内部，将液态油转化成临时的可操控和便于收集的半液态或固态，是较为经济的方法（Wahi et al.，2013）。吸附法吸油属于物理方法的一种，不会对环境产生二次污染，吸油倍率高且大多数可以重复使用。吸附法常用的材料主要包括合成纤维材料、天然纤维材料和矿物质材料（李莲芳和阳艳玲，2013）。其中，天然纤维材料吸附剂属于环境友好型且可生物降解的材料，但是存在吸油的同时也会吸收部分水的问题，从而造成吸油倍率优势不明显。之后将天然材料乙酰化制成的吸附剂不再符合环境友好型产品。例如，1970 年，Arrow 号油轮在加拿大新斯科舍 Chedabucto 湾的 Cerberus 处发生搁浅，主要采用吸附材料进行溢油清理，如泥炭藓、稻草和羊毛等，此外，撇油器也成功得到应用。

上述 5 种方法，既有优势，又存在一些不足之处。吸附法是一种比较环保的方法，符合国家提倡的绿色无污染发展道路，是未来的发展方向。

3.1.2　吸油材料发展

与多数功能材料相似，吸油材料的发展也经历了一个由简单到复杂，性能逐渐增强并不断精细化的过程。吸油材料的发展大体经过了由传统向高性能，再向高效环保型演化。最初，人们从天然材料出发，利用一些天然材料多孔、高比表面积的优势，考察其对于石油烃类物质的吸附效果，如利用黏土等物质来吸油，但因其吸附量较差，且漂浮性能不好等使其应用受到限制。之后进一步以适当方式对其进行改性，提高材料吸附去除石油烃的能力，完善其性能。例如，人们受到吸水树脂的启发而研制出高吸油树脂，其吸油倍率高、油水选择性好但制备昂贵，处理困难易造成二次污染。

无机材料的使用历史较长，包括黏土、沸石、膨润土、硅藻土和石墨等。这类材料一般呈颗粒状并具有疏松多孔的结构，是最为常见的吸附材料，它们去除污染物的速度快，一般改性目标为增强其亲油性，克服选择性不强等缺点（Zhu et al.，2011）。曹宏和覃柳昕（2004）通过对经过酸浸和水洗的矿产石墨进行高温膨胀改性得到膨胀石墨吸油材料，该材料较大的膨胀容积是其具有较高吸附量和吸附速率的主要原因。以柴油为目标石油烃物质，其饱和吸附量在室温下可达 37 g/g，并且在 1 min 内，吸附量即可达到以小时计量的 99 %。Shavandi 等（2012）以天然沸石为目标材料，尝试吸附去除棕榈油厂废水中留有的残渣油，发现处理效果会受到材料用量、体系 pH、搅拌速率和作用时间等因素的影响。

天然有机材料也是一类常用的吸附材料，应用于吸附去除石油烃，其可循环利用性强，易于生物降解（郭静仪等，2005）。Choi 和 Cloud（1992）对乳草、羊毛、木棉、棉花等多种天然吸油材料进行了性能考察。其中乳草纤维可在室温下较为有效地去除原油，吸附量约为 40 g/g。林海等（2012）探讨不同油品对 4 种天然生物质材料吸油性能的影响，实验在最佳条件下可获得 6 倍的吸油倍率。除利用现有天然有机材料外，设计制备改性有机吸油材料则是一个重要的研究方向。改性有机吸油材料既具有经济性好、来源广泛的优点，又能通过改性获得性能提升，相关研究成果丰富。

合成高吸油材料是一类新型功能材料，具有吸油量大、保油能力强、油水选择性好等优点。其最早出现于 20 世纪 60 年代后期（徐龙宇等，2013）。传统的合成高吸油材料一般指的是吸油树脂类材料。吸油树脂能够发挥作用，依靠的是其所具有的三维网状交联结构。构成吸油树脂的单体通常含亲油性基团，在交联剂的作用下聚合生成树脂分子。石油烃分子进入到树脂的网络结构中时，通过范德华力被吸附，使得高分子链段伸展。适宜的交联强度可保证树脂溶胀而不溶解，从而达到吸附去除石油烃的目的。因此，通过改变交联度及交联密度，可以改变树脂三维交联网状结构的伸展能力，影响其吸油能力（Shan et al.，2010）。吸油树脂的交联方式主要包括 3 种，分别为化学交联、物理交联和离子键化学交联。化学交联法是生成吸油树脂的最常用方法，这是由于化学交联得到的大分子结构最为稳定。宏观表现为吸油树脂性能稳定、保油能力强。但交联结构过于稳定，也会束缚分子链，影响其伸展，限制吸油树脂的吸附量和可再生能力。Jang 和 Kim（2015）与路健美等（2002）均在研究中关注采用不同种类交联剂时，吸油树脂性能发生变化的情况。结果显示，以二丙烯酸-1，4-丁二醇酯作为交联剂时，合成树脂具有较好的吸附存留石油烃的能力。物理交联依靠的是大分子间作用力，主要是范德华力和氢键，来形成交联结构。其作用力要明显弱于共价键，因此大分子链段易于伸展，交联结构弹性好，宏观表现为较快的吸油速率。但单独依靠物理交联合成树脂难度较高，一般是与化学交联相结合，改善吸油树脂性能。单国荣等（2003）以苯乙烯和丙烯酸丁酯为聚合单体，在进行化学交联的同时，引入聚丁二烯柔性大分子链，达到部分物理交联的效果。对所制备的高吸油树脂进行物理交联的热力学性质和松弛性质研究，进而建立了物理交联模型。通过与单独使用化学交联合成的树脂相比较，发现引入物理交联后，合成树脂具有更高的吸油量和吸油速率。分析原因主要是因为物理交联作用下，合成树脂的三维网络结构发生变化，分子网络的弹性模量增加。研究证明制备吸油树脂时，在化学交联基础上引入部分的物理交联，将有利于提高合成树脂性能。离子键化学交联是通过金属离子键将大分子链链接在一起形成网状结构，其结合力也弱于共价键。Ponthieu 等（1993）利用氨催化，在醇溶液中合成高吸油性材料时就采用了类似的交联原理。合成树脂性能优异，对原油的吸收量能达到自身质量的 237 倍。

3.1.3　吸油材料分类及研究现状

随着上述材料的研究和发展，吸油材料也逐渐分为无机吸油材料、有机改性吸油材料以及有机合成吸油材料三类。

1. 无机吸油材料

无机吸油材料作为一个大的门类，从很早开始就被人们认识利用和加以研究，其中包括许多具体的材料种类。除了上文中已经介绍过的天然无机吸油材料之外，一些其他种类的无机材料对石油烃的吸附去除也应受到关注。Fan 等（2010）制备的大孔径碳纳米管，其吸附去除溢油能力超过了膨胀石墨材料，二者最大吸附量分别为 69 g/g 和 41 g/g。Zhu 等（2013）制备了碳纳米管吸油材料，并将其性能与聚丙烯纤维织物和毛毡这样的传统吸附材料相比较。结果显示碳纳米管吸油量可达 92.30 g/g，其石油烃吸附能力是对照材料的十几倍。Klymenko 等（2013）用聚苯乙烯微球和硝酸铁为基体制备了一种 Fe/C 三维大孔纳米复合材料，具有很高的疏水性，对油品和有机溶剂有很好的吸附效果，并可循环利用。Fernando 等（2010）以醇酸树脂和磁赤铁矿为原料，制备了一种纳米磁性复合材料。该材料用于吸附去除水中溢油，吸附量可达自身质量的 8 倍。粉煤灰作为一种常见的工业副产物，利用其进行改性得到吸油材料，既解决了大量工业废弃物有待处理的问题，又给石油烃去除提供了新的途径。姚乐（2009）以聚二甲基二烯丙基氯化铵为改性剂，得到改性粉煤灰后，尝试对含油废水进行处理。结果表明，在 pH 为 10，改性粉煤灰投加质量浓度为 100 g/L 的条件下，经过 90 min 后，96 %的石油烃被吸附去除，效果最佳。Sakthivel 等（2013）对粉煤灰进行化学改性。粉煤灰经碱处理后再进一步处理，表面被加载上疏水性官能团，由此得到的吸附材料的吸油能力提升至改性前的 5 倍。

2. 有机改性吸油材料

除了利用天然有机材料吸附石油烃，前文中已提到对其进行改性来实现性能提升是一个非常有希望的研究方向。改性过程主要是处理天然有机分子中占有较高比例的羟基等亲水基团，提升疏水性，从而加强材料的吸油能力。Sun X F 和 Sun J X（2002）以天然稻草为原料，使其中的纤维素与乙酸酐反应成酯，得到改性吸油材料。这种纤维素酯类材料可自然降解，对环境影响小，同时性能良好，可吸收自身质量 20～30 倍的原油、机油或食用油，便于石油烃的回收再利用。Hussein 等（2008）研究发现，200～600 ℃内的热处理改性能够增加甘蔗渣的疏水性。控制炭化温度为 300 ℃，得到的改性材料具有较强的吸油能力，对汽油、柴油的最大吸附量分别为 23 g/g、25 g/g。Sathasivam 和 Haris（2010）分别用油酸、硬脂酸、蓖麻油和棕榈油对橡胶树干纤维进行改性，得到吸油材料后用于溢油回收。比较处理效果，发现用油酸改性后得到的改性纤维材料吸油能力最强，改性过程需硫酸催化。改性纤维对机油的吸油保油性能都很好，使得该材料可被循环使用。Deschamps 等（2003）利用纤维素和脂肪酸在微波辐射下的酰化反应，对棉纤维进行亲油改性，改性后的棉纤维可重复吸油，最大吸附量为 20 g/g。

在高温下热解处理植物纤维，可以提高其吸油性能。唐兴平等（2007）以毛竹为原料进行热解处理，提高了其亲油疏水性能，且其吸油量可以达到吸水量的 74 倍。何浩（2011）以玉米的秸秆、油菜秸秆、花生壳为三种原料，在 550 ℃的条件进行高温碳化，制备吸油材料。碳化后的花生壳吸油倍率在 1 g/g 左右，油菜秸秆碳化后的吸油倍率高于花生壳，接近 5 g/g，玉米秸秆碳化之后，其对油的吸附倍率最高接近 10 g/g。陈再明等（2013）以水稻秸秆为原材料，裂解温度从 300 ℃升至 400 ℃，比表面积突然增大，微孔结构被打开，这将有利于提高对有机物的吸附。江茂生等（2007，2009）以红麻作为其实验研究的原料，对其进行热解处理，用来获得吸油材料，在 450 ℃的条件下进行热解实验，得到的产物对汽油的吸附量相对最大，可达到 11.60 g/g；在 300 ℃的条件下对其进行热解实验，得到的产物亲油选择性相比之下最佳，吸油速率相较最快。在高温热解下的植物纤维的吸油性能会有所提高，但是由于高温热解的产物得率比较低，因此，容易浪费原料，所以不能大规模地进行生产。

通过对天然材料的表面进行改性的方法，也能够用来制备吸油材料。曹宏和覃柳昕（2004）利用了 H_2SO_4 与 HNO_3 对石墨进行了表面改性实验来制备改性材料。Banerjee 等（2006）以锯末为原料，利用油酸、硬脂酸及蓖麻和芥菜又等对其进行表面改性，其中油酸改性后的锯末对原油的吸附性能最好。Liu 等（2014）以棉花为原材料，利用纳米级的 SiO_2 对其表面进行改性，得到的产物有极高的疏水性能，其对油类和有机物的吸附倍率可达到 50 g/g，且改性后其吸附的油类或者是有机物通过离心的途径即可收集，经过多次的循环使用之后，其仍然可保持相对较高的吸附倍率。Doczekalska 等（2007）以硬木材粉末为原料，利用琥珀酸酐对其表面进行改性。

曹新志等（2008）利用玉米淀粉作为改性实验的原料，在温度为 55 ℃，pH 为 5.0，时间长是 18 h 的条件下，利用 α-淀粉酶、糖化酶（1∶3），酶用量 1.5 %，对玉米淀粉进行改性实验，改性之后的玉米淀粉对溢油吸附倍率相对较高。韩梅等（2001）以淀粉、大米为原料，利用生物发酵技术对其进行降解，再通过表面改性，可得到三维网状结构的吸油材料，具有较好的亲油疏水性能。蓝舟琳（2013）以玉米秸秆为原料，利用绿色木霉及绿色木霉和黑曲霉混合对其进行生物改性，在固液比（1∶4）、温度（25 ℃）、时间（6 天）的改性条件下进行改性，改性后的绿色木霉吸油量最大（13.84 g/g）。改性后的玉米秸秆与未进行改性的玉米秸秆相比吸油量提高了 1.103 倍。在菌液投加比（1∶1）、固液比（1∶5）、温度（25 ℃），时间（6 天）的改性条件下进行改性，绿色木霉和黑曲霉的改性后的吸油效果最佳（15.57 g/g）。改性后的玉米秸秆与未改性的玉米秸秆相比，对油类的吸附量提高了 1.366 倍。Garcia-Ubasart 等（2012）利用漆酶、没食子酸十二酯对纤维素纤维进行改性，改性后疏水性能明显增强。

接枝共聚的改性方法是通过在大分子链上与其化学键接上适当的支链。Xu 等（2009）、Xu N K 和 Xiao C F（2010）、Xu N K 和 Xiao C F（2011）通过利用甲基丙烯酸酯类作为接枝的单体，利用悬浮聚合的方法与冻胶纺丝的技术来制取甲基丙烯酸酯类物质，这种吸油纤维的吸油率以及保油率相比之下较高。哈丽丹·买买提库尔班江·肉孜（2010）等利用纤维素，甲基丙烯酸丁酯（BMA）作为其接枝的单体，N，N-亚甲基双丙烯酰胺作为其改性实验中的交联剂，采用悬浮振荡的接枝聚合方法，通过实验合成了棉浆粕-BMA 接枝聚合吸油材料，改性后的吸油材料对大豆油、二甲苯、苯乙烯、环己烷、汽油、二氯甲烷的吸附倍率为 15.73 g/g、12.91 g/g、13.44 g/g、14.31 g/g、13.76 g/g、17.65 g/g。王锦涛等（2012）利用过氧化苯甲酰作为改性实验的引发剂，在过氧化苯甲酰浓度为 1.77 mol/L、单体浓度为 0.16 mol/L、反应温度为 80 ℃和反应时间为 2 h 的条件下进行改性，改性后的材料有最大的吸附倍率。改性后的材料对氯仿与甲苯的吸附倍率可分别高达 65.4 g/g 和 43.2 g/g。吴红枚等（2010）以苯乙烯、甲基丙烯酸酯作为实验的聚合单体，实验使用的分散剂是羟乙基纤维素，使用的引发剂是过氧化苯甲酰，使用的交联剂是二乙烯基苯，成孔剂是甲苯，合成苯乙烯-甲基丙烯酸酯系高性能吸油树脂。虽然高吸油性树脂拥有非常出色的吸油性能与保油能力，但是，其自身也存在降解性差的问题，从而形成二次污染。

Wang 等（2013）以木棉纤维为原料，利用 PBMA 和 SiO_2 对其进行改性，改性后对汽油、豆油、原油的吸附倍率可分别高达 64.5 g/g、87.1 g/g、68.3 g/g、分别比改性前提高了 99.7 %、65.0 %、41.1 %。Ibrahim 等（2009）以农业废弃物大麦秆为原料，利用 NaOH 及阳离子表面活性剂对其进行改性，改性后的秸秆对乳化油的吸附倍率较好。马希晨等（2003）利用纤维素、癸二酸作为实验的原料，在催化剂对甲苯磺酸，溶剂甲苯中，对其进行酯化反应，得到高吸油性能的吸油树脂，其对汽油的吸油倍率为 15 g/g。Sun 等（2003）以甘蔗渣为原料，利用 N-溴代丁二酰亚胺（NBS）作为催化剂，经过实验改性之后的甘蔗渣疏水性能明显增强，并且对机油的吸附倍率为 18.8 g/g。

3. 有机合成吸油材料

研究较为深入的有机合成吸油材料主要包括吸油树脂与合成吸油纤维两大类。根据聚合单体的不同，吸油树脂又可进一步细分为聚丙烯酸酯类、聚氨酯类和聚烯烃类 3 类。聚丙烯酸酯类吸油树脂的相关研究较多，工艺相对成熟。蒋必彪等（1996）以丙烯酸-2-乙基己酯和甲基丙烯酸丁酯为单体，采用悬浮聚合法制备粒状吸油树脂。制得的吸油树脂外观呈蓬松状，内部具有小孔，利于对石油烃的吸附。该吸油树脂对煤油和苯的最大吸附量分别为自身质量的 10.2 倍和 18.8 倍。路建美等（1995）也采用悬浮聚合法，以甲基丙烯酸十二酯与丙烯酸-2-乙基己酯为单体，合成了共聚型高吸油性树脂。该吸油树脂呈珠状，对煤油、苯和泵油的吸附量可达到 11.8 g/g、14.7 g/g、6.5 g/g。Gao 等（2012）以甲基丙烯酸甲酯和丙烯酸丁酯为单体，N，N-亚甲基双丙烯酰胺为交联剂，通过辉光放电，在硫酸钠电解质溶液中产生等离子体，进而引发共聚反应，制得的吸油树脂吸油量可达到 38.1 g/g。

聚氨酯类树脂是另一类常见的合成吸油材料，其常见结构特征呈泡沫体，从而便于吸附去除石油烃及其他有机污染物。魏微等（2010）合成了一种具有较强石油烃吸附能力的聚氨酯软质泡沫材料。该材料以聚醚多元醇和甲苯二异氰酸酯为原料，采用一步法发泡工艺，泡沫孔结构较好。工艺优化后，得到的泡沫材料对柴油的吸附量为 14 g/g。Shimizu 等（2015）以多元醇和聚合二苯基甲烷二异氰酸酯为原料制备聚氨酯。现场发泡得到的泡沫材料，其石油烃吸附能力强弱与现场气流、材料密度和孔结构等因素有关。Zhu 等（2011）在铜催化下，制备出海绵状的聚氨酯疏水材料，用于溢油吸附，吸附量可达到 13 g/g。并且吸附的油品可通过机械力挤压分离，分离除油后的聚氨酯材料可被重复利用去除石油烃，材料性能保持稳定。Zhou 等（2013）也用商业聚氨酯制备了可重复利用的疏水性吸油材料。材料呈海绵状，吸油后可通过挤压恢复吸油能力，其饱和吸附量超过 20 g/g。

聚烯烃类树脂分子内不含极性基团，因此非极性强，更利于与石油烃分子相结合。特别是以长链烯烃为单体聚得到的吸油树脂，其性能优异，但受限于长链烯烃来源较少，扩大产量和降低成本方面还存在问题。Kasgoz 和 Heydarova（2011）以苯乙烯为单体合成交联聚合物，分析了交联剂种类、成孔剂、填充剂等因素对产物吸油能力的影响，并且分别测试其对甲苯、三氯甲烷、燃油的吸附性能。结果显示，在优选工艺条件下得到的聚合物具有优异的吸油性能，用于清除水上的石油衍生品，效果明显。Yuan 和 Chung（2012）设计制备了一种聚烯烃三元共聚物，采用正辛烯、苯乙烯和二乙烯基苯作为共聚单元进行交联，得到具有较强疏水亲油性的共聚物，其对油品的吸附量为自身质量的45 倍。

合成吸油纤维作为一种新型吸油材料，其研究发展与相关制造技术的不断进步密不可分。熔喷非织造工艺适用于低密度吸油纤维的制备。研究发现，石油烃的处理效果与自身性质有关，同时也会受所使用聚丙烯纤维材料特征，包括直径、孔密度等因素的影响。徐乃库等（2009）用双螺杆冻胶纺丝技术，以甲基丙烯酸羟乙酯与甲基丙烯酸丁酯的共聚树脂为原料，设计制备出高比表面积的吸附型功能纤维，研究其对有机溶剂的吸附去除能力。分别以甲苯和三氯乙烯为目标溶剂，使用该功能纤维可实现溶剂的快速去除，最大吸附量可达到 10 g/g 和 21 g/g，并且相应的回收处理操作较为方便。

近年来，基于三聚氰胺和聚氨酯海绵基底的改性材料研究越来越多，海绵体比表面积大，孔隙多，可以充分地吸收油品，增加吸附体积和吸附质量。借用新型的改性方法制备出的吸油材料功能优异。Mi 等（2017）通过自组装静电纺丝，用分层组装技术将钴纳米粒子沉淀涂覆于硅胶海绵表面，制成具有磁性及可操控性的多孔超疏水吸油材料。新型整体式硅胶海绵可以满足溢油处理要求，具有优异的超疏水性、石油选择性、较低的堆积密度、较高的表面积、强大的吸附容量，以及高热阻和高柔韧性。Lu 等（2017）利用冷冻干燥法制备了乙基纤维素磁性海绵。主要将海绵用十六烷基三甲氧基硅烷处理并且与四氧化三铁纳米颗粒充分混合来实现疏水性和磁性。低密度、高孔隙率的超疏水性磁性海绵在几种溶液中表现出稳定的超疏水性。对于油和有机溶剂，海绵具有高分离效率和良好的吸油倍率。Lei 等（2017）通过原子转移自由基聚合在海绵骨架表面接枝聚 4-乙烯基吡啶得到 pH 响应性三聚氰胺海绵。当材料与不同 pH 水滴接触时，产品在超亲水性和高度疏水性之间显示优异的可转换润湿性。改性海绵可以在 pH=7.0 时吸收含油污水中的油分，而在 pH=1.0 的水下可快速释放被吸收的油类，不会留下任何残留物。Xia 等（2018）使用一锅法将超疏水还原氧化石墨烯涂覆在聚氨酯海绵表面。由于添加了乙醇使石墨烯水溶液的表面张力充分降低，提高了聚氨酯海绵的润湿性。所制备的材料具有超疏水表面，海绵表现出高于其原始质量 37 倍的高吸油能力。Liu 等（2017）使用一步法通过将海绵浸泡在含有 Fe_3O_4 磁性纳米颗粒和低表面能化合物 Actyflon-G502 的溶液中同时进行超声处理制备出磁性海绵。样品可以通过磁铁驱动污水区选择性吸收水中的油分，其对不同类型的油和有机溶剂的吸油能力高达自身质量的25～87 倍。Li 等（2018）通过四乙氧基硅烷和十七氟癸基三甲氧基硅烷对 Fe_3O_4 纳米粒子进行改性，得到低表面能的磁性纳米粒子，再通过简单的浸涂方法制备了 PU 海绵和棉织物的超疏水表面。其中 Fe_3O_4/PU 海绵对花生油、泵油和硅油具有较高的吸收能力，具有工艺简单、磁场遥控、能耗低等优点。Zhang 等（2017）使用石墨烯与氧化石墨烯通过硫醇化反应负载到海绵上，所制备海绵的疏水程度在很大程度上取决于石墨烯的负载量，测试得到当石墨烯负载量分别为 5.0 %和 7.5 %时海绵对不同有机溶剂和油类具有较高的吸附选择性，且经过 10 次吸附循环后吸附量没有下降。Almasian 等（2017）先用多巴胺将电纺聚丙烯腈纳米纤维在碱性条件下功能化，之后将 Tergitol 作为非离子表面活性剂接枝到官能化纳米纤维表面，合成了表面活性剂接枝聚多巴胺-聚丙烯腈纳米纤维。多巴胺和表面活性剂通过共价键连接到纳米纤维表面，分析表明官能化和接枝过程后，纳米纤维表面变得粗糙。合成材料对重机油和柴油的吸收能力分别为 148.58 g/g 和 62.53 g/g。被吸收的油通过真空过滤容易除去，纳米纤维可以重复使用多个循环，同时保持高吸收能力。He 等（2018）以三维自组装骨架为增强体，甲基三乙氧基硅烷衍生硅胶为气凝胶，通过真空渗透和冷冻干燥制备了纤维素气凝胶/二氧化硅气凝胶。样品呈现分层的蜂窝状结构并具有超弹性和可压缩性，能够承受高达 80 %的压缩应变并在应力释放后恢复其原始形状。二氧化硅气凝胶填料表面上的甲基引起的超亲油性赋予了样品卓越的吸油能力。Liao 等（2018）提出了一种简便的浸渍固化方法，利用三甲氧基硅烷改性的氧化石墨烯（mGO）和乙烯基封端的聚二甲基硅氧烷（V-PDMS）在聚酯织物上制备超疏水性杂化涂层以进行油水分离。由于以 mGO 为交联点的交联 PDMS 网络的形成，该织物表现出良好的热稳定性和耐化学性。此外，超疏水性织物的油水分离效率也高达 99.8 %，即使在 15 次分离循环后仍保持在 98.4 %。Wang 等（2016）采用模板指导合成法以棉纤维为模板制备了生物型 MgAl 双层氧化物（LDO），然后在功能偶联剂作用下，通过悬浮聚合法合成了吸油 LDO/丙烯酸酯树脂复合材料，综合评价了复合材料的吸油性能和热稳定性。

3.1.4 小 结

综上所述，通过吸附富集作用，吸油材料可用于分离去除及回收水中的石油烃类污染物。经过长时间发展和完善，其性能得到了有效的强化，应用范围拓展迅速。近几十年来，新品种吸油材料不断产生，各类材料均有其优势和不足。理想的吸油材料应具有经济性好、对环境影响小、可重复利用、利于回收资源等优点。结合已有的研究成果，较有希望的研究方向包括以下两个方面：一是通过合成途径，设计和改进制备工艺，强化吸油材料性能。但需注意合成材料难于降解，要考虑后处理的便利性，同时避免材料流失进入环境中带来不利影响。二是天然材料，特别是天然有机材料的改性和成型工艺，如农产品废弃物等可再生天然材料，具有来源广泛、价廉易得、可生物降解及环境相容性好等优点。对其进行改性和加工，增强材料的稳定性及可重复利用性，得到吸油材料，在促进环保的同时，又实现了资源的充分利用。

3.2　不同吸油材料制备及吸油效果测试

3.2.1　天然有机吸油材料

1. 天然有机吸油材料底物选择

天然植物纤维是地球上最丰富的可再生资源，以各种形式广泛存在于自然界中。据统计，自然界中每年能生产的纤维素其中有很大一部分未被利用，如常见的秸秆、甘蔗渣、木屑、锯末等农林废弃物。天然植物纤维具有原料来源广泛、价格低廉、可再生以及可生物降解等特点。天然纤维吸油材料所采用的天然纤维主要包括木棉纤维、柚子皮、壳聚糖、原棉纤维、羊毛及甘蔗渣等。

苎麻为荨麻科苎麻属多年生宿根性植物，苎麻属半灌木，在国际上有"中国草"的美称，它是重要的纺织纤维作物，也是我国独有的特色传统作物。近年来，我国棉花缺口的进一步加大和石油等化工资源的日益枯竭，以苎麻为代表的麻类天然纤维作物在我国纺织原料中的地位日益重要。我国是世界上苎麻种植面积最大的国家，高峰时达到万亩产量。苎麻产业是我国重要的传统民族产业，主要利用苎麻切皮加工成苎麻纤维后制作服装饰物，而将约万吨的苎麻茎秆丢弃于田间。虽然我国的苎麻产量较高，但是人们对苎麻茎秆的应用研究较少，其分布于我国浙江、江西、安徽、湖南、四川等地。苎麻纤维的纤维素含量较高，在苎麻纤维素分子链中，分子的每个葡萄糖基环上都有 3 个活泼羟基，纤维素分子链内和分子链之间主要依靠范德华力和氢键相互连接，而氢键的破裂及其重新产生对苎麻纤维的吸附性能都具有一定的影响（图 3-1、表 3-1）。

图 3-1　悬铃叶苎麻和悬铃叶苎麻麻秆材料

表 3-1　悬铃叶苎麻主要成分

成分	含量/%
脂蜡质	1.28
水溶物	5.90
果胶	4.77
半纤维素	14.69
木质素	1.46
纤维素	71.89

苎麻是荨麻科苎麻属的多年生宿根性草本植物，和其他植物纤维相比吸附性能非常好。苎麻茎秆是多孔性的空腔结构，具有天然的吸附性能，同时其主要化学成分为纤维素、木质素和半纤维素，都具有大量的羟基，为其改性提供了反应基团。可将苎麻茎秆进行处理进而制备成吸油材料，去除溢油以实现苎麻茎秆高效资源化利用，因此将苎麻纤维作为天然吸油材料的制备底物。

2. 改性方法选择

植物纤维的主要成分是纤维素、半纤维素及木质素，其中，纤维素是整个生物质的骨架部分，约占 40 %，与半纤维素和木质素形成相互交杂的复杂结构。从植物纤维的内部分子结构分析可以看出，一方面含有丰富的羟基，是强的亲水基团，严重影响其吸油性能和保油能力，必须通过酯化或者醚化等将大量亲水羟基置换为疏水性的酯基或者醚基，进行疏水改性处理；另一方面，由于木质素、半纤维素对纤维素的保护作用，且纤维素的超分子结构是以晶区与非晶区二相共存的状态，同时纤维素大分子上活泼羟基缔合成分子链内和分子链间的氢键，这直接影响到纤维素中羟基的化学反应性能。天然有机吸油材料的改性通常分为物理改性、化学改性和生物改性。对天然有机材料物理改性主要是通过机械或热处理的方式进行。化学改性主要包括酯化、表面改性、化学接枝等方法。通过化学处理或预先用物理方法进行预处理再采用化学改性的方法，使材料表面产生或接枝更多的亲油基团，减少或去除亲水集团，提高材料的油水选择性和吸油倍率。生物改性主要是利用生物酶、微生物、生物发酵等技术对生物质进行疏水亲油改性研究。

乙酰化反应是最普遍的用于木质素材料疏水处理的技术，其主要是疏水乙酰基团取代亲水羟基基团。通过乙酸对苎麻纤维进行化学改性和酯化反应，在苎麻的主要化学成分纤维素、半纤维素、木素上引入一定数量的乙酰基，可以扩大纤维的空间体积，减弱分子间的相互作用，改变苎麻的微观结构，从而获得改性吸油材料。并且乙酰化处理还可以提高苎麻纤维的尺寸稳定性，苎麻中的羟基数量减少会使苎麻的平衡含水率和纤维饱和点皆降低，尺寸稳定性改善。并且乙酰化之后的纤维的生物耐久性显著提高，且随乙酰化纤维增重率的增加，其耐腐性进一步提高，其原因是乙酰化苎麻的含水率很低，且细胞壁的微孔被堵塞，因此不易受腐朽真菌侵袭。

溶胶-凝胶法是用含高化学活性组分的化合物作前驱体，在液相下将这些原料均匀混合，并进行水解、缩合化学反应，在溶液中形成稳定的透明溶胶体系，溶胶经陈化胶粒间缓慢聚合，形成三维网络结构的凝胶，凝胶网络间充满了失去流动性的溶剂，形成凝胶。凝胶经过干燥、烧结固化制备出分子乃至纳米亚结构的材料。由于溶胶-凝胶法中所用的原料首先被分散到溶剂中而形成低黏度的溶液，因此，就可以在很短的时间内获得分子水平的均匀性，在形成凝胶时，反应物之间很可能是在分子水平上被均匀地混合。溶胶-凝胶法在反应过程中有以下优点：由于经过溶液反应步骤，很容易均匀定量地掺入一些微量元素，实现分子水平上的均匀掺杂；与固相反应相比，化学反应将容易进行，而且仅需要较低的合成温度，一般认为溶胶-凝胶体系中组分的扩散在纳米范围内，而固相反应时组分扩散是在微米范围内，因此反应容易进行，温度较低。利用溶胶-

凝胶技术可以在植物纤维表面形成透明、黏附性强的金属或非金属氧化物薄膜。经化学或物理改性后的纳米溶胶可以很大程度的提高植物的疏水性能，制备出疏水纤维。在疏水过程中加入一定量的有机溶剂作为助溶剂，以促进有机前驱体与水的相容性，使得水解、缩聚反应在均相中进行。其中纳米 SiO_2 粒子因其独特的表面特性而易与聚合物发生物理或化学结合，常用于纤维表面粗糙度的构建。纯粹的纳米 SiO_2 粒子表面存在着大量的羟基，呈极性，分子间作用力很强，应用过程中很难均匀分散在有机聚合物中，颗粒的纳米效应很难发挥出来，因此，需要对纳米 SiO_2 粒子表面进行改性处理，以改善粒子大小、形貌及单分散性等，特别是改善其疏水性能，常用的改性剂有长链烷基酸、硅烷偶联剂或高聚物等。因此，先利用溶胶-凝胶法在材料表面制备纳米粗糙结构，再利用低表面能物质处理可以作为天然材料疏水改性的合理方法。综上所述应选择利用乙酰化及溶胶-凝胶法对苎麻纤维进行疏水改性。

3. 苎麻基吸油材料制备

1）乙酸改性苎麻制备

天然植物纤维中的纤维素表面含有丰富的羟基亲水基团，严重影响其亲油疏水性能和保油能力，需要对天然植物进行疏水改性。国内外许多学者对这些天然植物纤维吸油材料进行改性研究以提高其表面亲油性能，主要有两种方法：一是高温热处理；二是进行酯化、醚化、接枝共聚等。热处理改性的目的是利用高温热解使纤维中的羟基与羟基间缩合脱水，使天然植物纤维中的纤维素和半纤维结构向芳香族化发展，纤维自身的疏水性逐渐增加。经过热处理后，纤维吸油的机理更接近于合成的高吸油树脂，即纤维间形成三维交联网，纤维内有许多微孔产生毛细管作用，并且表面附着有许多热分解而生成的亲油性基团。天然植物纤维内部的纤维素、半纤维素上都带有大量羟基（—OH），在酸性溶液中，它们可被亲核基团或亲核化合物（如羧酸、羧酸酐等）所取代，转化成酯基官能团（—OOR），生成相应的酰化纤维。因此，植物纤维经羧酸或酸酐改性后，亲水的羟基被酰基取代，可以提高天然植物纤维的疏水性，同时使用酸酐处理简单、安全且价格低廉。目前天然植物纤维酯化改性多用乙酸酐作为酯化剂。天然有机材料酯化改性技术发展较快，可以用秸秆等天然植物纤维为原料进行改性，改性后材料增重率、取代度较高，吸油性能明显改善。

将苎麻先手工去皮，后切成 5～10 cm 的小段，用植物粉碎机进行粉碎，粉碎时间为 2～5 min，过筛得到粒径为 20～80 目的苎麻材料，用实验室的自来水和去超纯水各清洗 3 次，在通风处自然晾干，之后在 60 ℃烘箱内烘干，得到未改性苎麻纤维，最后干燥保存。称取 10 g 未改性苎麻纤维，放入 500 mL 的玻璃烧杯中，先加入 160 mL 的丙酮，再加入 40 mL 正己烷，用玻璃棒充分搅拌，之后静置 5 h。将浸泡过的苎麻纤维取出，放入 60 ℃烘箱内烘干，得到预处理苎麻纤维，之后干燥保存。称取 1 g 干燥保存的预处理苎麻纤维，放入 500 mL 的圆底三口烧瓶，之后，加入 50 mL 乙酸。在一定温度条件下油浴加热，恒温回流数小时，磁子转速为 60 rpm（1 rpm=1 r/min）。停止加热以后，将苎麻纤维取出，分别用乙醇、丙酮洗涤 3 次取出后的苎麻纤维，以洗去反应之后的副产物及残留的乙酸。放入 60 ℃烘箱内烘干，得到改性后苎麻纤维，之后干燥保存。

利用苎麻纤维为原料，测定未改性苎麻纤维的吸附能力。由于苎麻纤维改性后效果好坏的衡量标准是吸油倍率。所以通过单因素实验探究不同的改性温度和改性时间及苎麻纤维与乙酸的配比（固液比 g/mL）对改性后的苎麻纤维的吸油效果的影响，可以得到各个因素对其的影响趋势，通过条件优化来确定制备次优材料的相对最优条件。先测得未改性苎麻纤维对原油、豆油、花生油的吸油量。其吸附量如表 3-2 所示。

表 3-2　未改性苎麻纤维对原油、豆油、花生油的吸附数据　　　（单位：g/g）

	原油	豆油	花生油
1	6.7327	8.5447	8.689
2	6.8901	8.3132	8.8531
3	6.7011	8.8542	8.567
平均值	6.7746	8.5707	8.703

在 105 ℃、固液比为 1∶50 的条件下，反应时间分别为 2 h、3 h、4 h、5 h 和 6 h，其改性后的吸油效果如图 3-2 所示，可以看出，随着反应时间的增加，吸油量会随之而增加，当改性时间大于 5 h 时，随着改性时间的增加，改性后苎麻纤维对原油、豆油、花生油的吸附量几乎不再有变化，且改性前后对原油的吸附量从 6.7746 g/g 增加到12.9687 g/g；豆油的吸附量从 8.5707 g/g 增加到 14.2297 g/g，花生油的吸附量从 8.703 g/g增加到 15.1622 g/g。这是因为，当苎麻纤维的结构被破坏到一定程度，结晶度降低到一定程度后，乙酸和纤维素中羟基的反应达到相对充分的状态，改性效果达到最好。但是无水乙酸不光能破坏结晶度，同样也能在一定程度上溶解部分纤维素，随着改性时间的增长，少量纤维素被溶解，导致改性材料的改性效果下降。对于不同反应条件，其反应速率和反应能力也不相同。

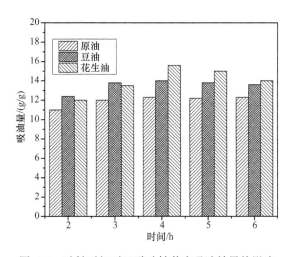

图 3-2　改性时间对乙酸改性苎麻吸油效果的影响

在改性时间为 4 h、固液比为 1∶50 的条件下，改性温度分别为 90 ℃、105 ℃、120 ℃、

135 ℃、150 ℃时，吸油量随改性温度呈现增大后减小的趋势，如图 3-3 所示。在温度从 90 ℃上升到 120 ℃的时候，随着改性时间的增加吸油量不断增加，温度为 135 ℃及更高时，随着温度的不断增加，其吸油量随着改性时间的增加呈减少的发展趋势。在一定温度之内，随着温度的提高，可以促进乙酸与苎麻纤维的反应，当反应为 5 h 时其反应达到饱和，随着时间的增加，改性后吸油量不再增加；但是当温度为 135 ℃甚至更高时，苎麻纤维中纤维素溶胀程度和反应活性降低，可能会导致纤维素中部分空隙由于温度过高而在一定程度上遭到了破坏，减少了苎麻纤维中的储油空间，所以随着反应时间的增加，其改性后的吸油效果反而越差。

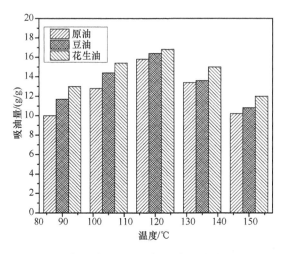

图 3-3　改性温度对乙酸改性苎麻吸油效果的影响

在改性温度 105 ℃、改性时间为 4 h 的条件下，苎麻纤维与乙酸的固液比为 1∶10（g/mL），1∶50，1∶90 的条件下对苎麻纤维进行改性，对改性后的苎麻纤维进行油吸附实验，结果如图 3-4 所示，由图可知当反应时苎麻纤维与乙酸的比为 1∶10 时，改性后苎麻纤维对原油、豆油、花生油的吸附量分别为 8.9130 g/g、9.0256 g/g 和 9.0478 g/g；当固液比增大到 1∶50 的时候，其吸油量分别为 12.2341 g/g、13.1574 g/g、13.1328 g/g。当投料比增大到 1∶90 的时候，改性后苎麻纤维的吸附量分别为 12.2631 g/g、13.2106 g/g、13.1908 g/g。当固液比为 1∶10 投料时，苎麻纤维无法与乙酸充分接触发生反应，以至于只有部分苎麻纤维发生了反应。当固液比增加到 1∶50 的时候，苎麻纤维可以与乙酸反应较为充分。当投料比为 1∶90，改性后吸油材料的吸油性能与 1∶50 相比没有发生较大的提高，这主要是由于当投料比为 1∶90 的时候，苎麻纤维充分发生了反应，乙酸有所剩余。所以继续增加乙酸的投量并不会增大改性后的吸附效果，并且同时造成了资源浪费，增加成本。所以固液比的较佳投放量为 1∶50。

在上述研究中，探究了单因素改性温度、改性时间、固液比对苎麻纤维改性后吸油性能的影响，为了探究各个因素的影响下最优的改性条件，需要使用正交试验来进行探究。我们根据各个单因素的影响得出正交试验因素（表 3-3）。

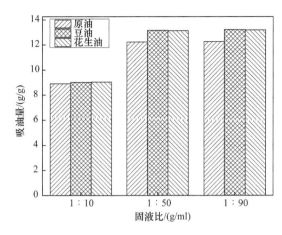

图 3-4　改性固液比对乙酸改性苎麻吸油效果的影响

表 3-3　乙酸改性苎麻正交试验因素表

因素	温度/ ℃	时间/h	固液比/(g/mL)
	115	4	1：40
	120	4.5	1：50
水平	125	5	1：60
	130	5.5	1：70

　　根据表中的正交实验因素，以及上述单因素实验的结果设计 L16（4³）正交优化表，如表 3-4 所示。将在每一种条件下苎麻纤维分别进行改性，改性之后需要对其进行油吸附实验，这里以原油为代表进行吸附实验测试，可以得到相应的吸油结果。

表 3-4　乙酸改性苎麻 L16（4³）正交优化表的实验结果与数据处理

NO.	温度	时间	固液比	原油
1	1	1	1	10.6914±0.0057
2	1	2	2	12.4552±0.0025
3	1	3	3	13.6321±0.0046
4	1	4	4	13.4925±0.0076
5	2	1	2	14.9274±0.0078
6	2	2	1	15.3079±0.0019
7	2	3	4	15.5013±0.0031
8	2	4	3	16.5216±0.0042
9	3	1	3	18.2018±0.0029
10	3	2	4	18.5873±0.0029
11	3	3	1	18.7824±0.0037
12	3	4	2	19.8761±0.0049
13	4	1	4	18.7239±0.0064
14	4	2	3	18.5619±0.0054
15	4	3	2	18.0978±0.0033
16	4	4	1	16.7213±0.0083
K1	50.2712	62.5499	61.503	
K2	62.2582	64.9023	65.3565	
K3	75.4376	66.0136	66.9174	
K4	72.1103	66.6115	66.3004	
R	6.5416	1.0154	1.3536	

　　从表 3-4 中，我们可以看出 No.12 所对应条件对苎麻纤维改性之后得到的苎麻纤维的吸附量是所有条件中最大的，对原油的吸附量为 19.8761 g/g，高于其他配比方案。与改性前苎麻纤维的吸油量相比分别提高了 2.93 倍。由此得出本实验方案中的最优参数即改性温度 125 ℃、改性时间 5.5 h、固液比为 1∶50。从表 3-4 中可以看出在乙酸改性苎麻的过程中，所考察的改性温度、改性时间、改性时的固液比对其改性后的影响程度有所不同，根据极差值 R 可以看出，改性温度对苎麻纤维的改性结果影响最大，其次是固液比，最后是改性时苎麻纤维与乙酸的改性时间。

　　通过利用场发射扫描电子显微镜（SEM）观察分析改性前后苎麻纤维材料表面形貌发生的变化；通过利用傅里叶变换红外光谱仪（fourier transform infrared spectrometer，FTIR spectrometer）对改性前后苎麻纤维的红外官能团的变化进行分析研究；通过 X-射线衍射仪（X-ray diffractomer，XRD）测定改性前后苎麻纤维的晶形分析；利用热重分析（thermogravimetric analysis，TG 或 TGA）测定改性前后苎麻纤维物质的质量随着温度的变化关系。

　　采用扫描电镜对未改性苎麻纤维和改性后苎麻纤维进行微观形貌观察，如图 3-5 所示。从图中（a）、（b）中可以看出，改性前比较光滑整齐，结构有层次感，排列比较紧密，孔隙数非常少。对比之下从图（c）、（d）可以看出，改性后苎麻纤维中的表面有较多的不规则的褶皱，并且变得非常粗糙，孔隙数大大增加且暴露了更加多的内部结构，同时也增大了苎麻纤维的比表面积，提高了其对油类的吸附能力。

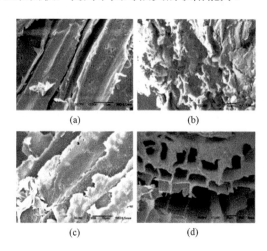

(a)　　　　　　　　　　(b)

(c)　　　　　　　　　　(d)

图 3-5　乙酸改性苎麻纤维改性前后扫描电镜图

　　乙酸改性前后苎麻纤维的红外图谱分析如图 3-6 所示。可以看出，未改性的苎麻纤维 3393 cm^{-1}、3232 cm^{-1} 处的伸缩峰为纤维素中分子和分子间的羟基（—OH），2921 cm^{-1} 处代表亚甲基（—CH$_2$）和甲基（—CH$_3$）的非对称和对称振动伸缩峰，1736 cm^{-1}、1663 cm^{-1}、1606 cm^{-1} 处代表纤维素中的羧基伸缩峰，与未改性的苎麻纤维相比，改性后苎麻纤维的 FTIR 图中，3393 cm^{-1}、3232 cm^{-1}、2921 cm^{-1}、1736 cm^{-1}、1663 cm^{-1}、1606 cm^{-1} 处的峰值有所减弱，说明亲水性的基团减少了，并且乙酸改性破坏了苎麻纤维原始表面结构，这与电镜扫描图片的结果一致。

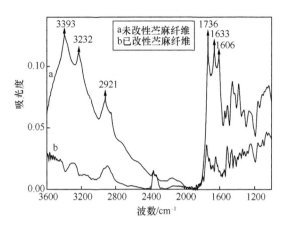

图 3-6 乙酸改性苎麻纤维红外图谱

纤维表面的晶型状态是纤维吸附特性紧密相关的参数之一,结晶区是纤维某些分子由于水平方向上存在的吸引力而排列相对比较整齐,并且在次区域中出现较少的孔隙或孔洞。如果该区域中纤维素分子排列比较混乱蓬松,比表面积较大,则为非结晶区。结晶区占非结晶区的比例为结晶度。大多数的液体物质能够通过疏松的无定型区域,而不能通过排列紧密的结晶区域,所以如果纤维物质的结晶区域占的比例越大,吸附液体物质就会变得越困难;相反,如果非结晶区域占的比例越大越容易吸附液体物质。所以可以通过判断结晶区的比例来分析其对液体的吸附能力。

改性前后苎麻纤维的 X 射线衍射图见图 3-7。由图可看出在 $2\theta = 26.508^\circ$ 和 $2\theta = 68.04^\circ$ 处,未改性苎麻纤维的衍射峰明显比改性后苎麻纤维的衍射峰尖锐,这就表明了改性后苎麻纤维的结晶区遭到了破坏,使得改性后苎麻纤维的结晶度低于改性前苎麻纤维的结晶度,所以苎麻纤维改性之后其非结晶区占的比例明显增加,从而有利于苎麻纤维对油类的吸附。

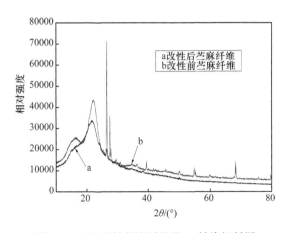

图 3-7 乙酸改性苎麻纤维的 X 射线衍射图

苎麻纤维的热解反应首先会干燥失水,使苎麻纤维中的水分挥发,由图 3-8 可以看出在 0~110 ℃,改性前苎麻纤维的水分占 7.05 % 左右,改性后苎麻纤维的水分占 5.34 %

左右，改性后苎麻纤维比改性前的苎麻纤维疏水性更好，这与红外图中羟基的减少相符合；改性前苎麻纤维的主热解反应温度为 352 ℃，改性后苎麻纤维的主热解反应温度为369 ℃，在纤维中，分子质量越小的片段主热解反应温度越低，分子质量越大主热解反应温度越高，由此看出改性后苎麻纤维与改性前苎麻纤维相比，小分子质量的片段有所减少，可能是乙酸与苎麻纤维发生反应，溶解了纤维的小分子侧链，这与电镜图中，改性前后期纤维素表面更加粗糙多孔相照应。当温度升到 600 ℃时，改性前苎麻纤维剩余 2 %，改性后苎麻纤维中剩余了 13.88 %，这表明改性后苎麻纤维的纤维素大分子占的比例更大，小分子的侧链在改性的过程中与乙酸发生了反应，这与上面主热解温度相对应。

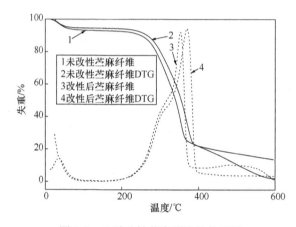

图 3-8　乙酸改性苎麻纤维的热重图

由扫描电镜图可知，改性后苎麻纤维中的表面有较多的不规则的褶皱，且非常粗糙，孔隙数增加，增大了苎麻纤维的比表面积，提高了其对油类的吸附能力；根据红外图谱可知，改性后苎麻纤维的羟基（—OH）、亚甲基（—CH$_2$）和甲基（—CH$_3$）羧基伸缩峰有所减弱。这表明改性后苎麻纤维的亲水性基团减少了，并且乙酸改性破坏了苎麻纤维原始表面结构；由 X 射线衍射图中可知，未改性苎麻纤维的衍射峰明显比改性后苎麻纤维的衍射峰尖锐，表明了改性后苎麻纤维的结晶区遭到了破坏，结晶度变小，从而有利于苎麻纤维对油类的吸附；从热重图中可知，改性后苎麻纤维含水率更小，变得更加疏水。主热解温度变大与最后剩余量的增加表明乙酸与苎麻纤维发生反应，溶解了苎麻纤维的小分子侧链。

2）溶胶-凝胶法改性苎麻制备

在天然吸油材料发展初期，通常是直接应用，其吸油主要源于纤维的表面蜡质材料和中空结构，但因同时吸水，导致吸油量低、漂浮性差；为了改进材料的吸油性能，主要通过酯化、接枝和偶联等表面功能化改性来提高疏水亲油性，吸油性能有一定提高，但仍有亲水性。因此在纤维表面进行疏水改性的同时，赋予表面高微观粗糙度，或通过冷冻干燥等成型技术构建多孔性结构，能使吸油性能显著提高。溶胶-凝胶法就是以高活性化合物作前驱体，在溶液中将所有物质进行混合，通过发生水解、缩合化学反应，形成稳定的透明溶胶体系，溶胶体系中的物质经过缓慢聚合，逐渐形成三维网络结构的凝胶。通过这种技术可以在材料表面构建微纳米粗糙结构，并且通过控制反应条件和混合物比例控制表面的粗糙度。这种方法操作起来比较简便快捷，因此在疏水改性过程中应用比较广泛。具体改性过程如图 3-9 所示。

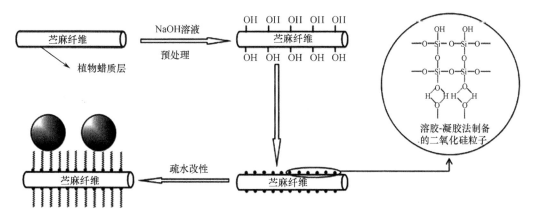

图 3-9　溶胶-凝胶法改性苎麻示意图

首先将悬铃叶苎麻麻秆手工去皮，用粉碎机粉碎 30±2 s，过不同目数的标准筛，得到粒径不同麻秆纤维材料。将得到的麻秆纤维材料放入 500 mL 烧杯中，加去离子水淹没，用超声波清洗器超声清洗 3 次，每次清洗 20 min，过滤，将水沥干待用。配制质量分数为 2 % 的 NaOH 溶液，将超声清洗后的苎麻麻秆纤维材料浸泡在配制好的 NaOH 溶液中，加热煮沸 10 min，用去离子水洗至中性，在 50 ℃ 条件下烘干至恒重，得到预处理苎麻纤维材料。

称取 2 g 预处理苎麻纤维材料，浸泡于 45 mL 无水乙醇、5 mL 去离子水、5 mL 正硅酸乙酯的混合液中，磁力搅拌 0.5 h，80 ℃，转速约为 400 rpm，搅拌过程中逐滴加入 3 ml 氨水，之后将溶液和材料进行超声处理 0.5 h，将悬铃叶苎麻纤维材料用铁丝网捞出，用无水乙醇清洗 3 次，放入 60 ℃烘箱干燥至恒重，得到表面处理苎麻纤维材料。

配制十八烷基三氯硅烷-无水乙醇改性液：将 0.25 mL 去离子水、2 mL OTS 和 100 mL无水乙醇混合均匀，磁力搅拌 4 h，60 ℃，400 rpm，逐滴加入 0.05 mL 冰乙酸，再将表面处理后的苎麻纤维材料浸泡于改性液中，60 ℃，静置 4 h，将麻秆纤维材料用铁丝网捞出，用无水乙醇清洗 3 次，放入 60 ℃烘箱干燥至恒重，得到超疏水苎麻纤维。

为考察粒径对改性苎麻纤维吸油量的影响，将悬铃叶苎麻麻秆材料进行去皮处理后，用植物粉碎机粉碎，过筛，分别得到粒径为 20～40 目、40～80 目、80～100 目的原生苎麻纤维材料，利用吸油倍率的测定方法，分别以原油、柴油、润滑油、豆油和花生油为吸附对象进行测定，实验温度条件为常温，结果如图 3-10 所示。原生苎麻纤维材料对油的吸附主要是依靠自身的范德华力和毛细作用实现的，当苎麻纤维材料被粉碎的程度越大，粒径越小，苎麻纤维内部的微观粗糙结构裸露的就越多，材料吸油时纤维与油品的有效接触面积增加，其对油品的吸附能力增加。但是在实验过程中发现，当苎麻纤维的粒径减小时，材料对原油和润滑油的吸附倍率逐渐减小，而对柴油、豆油和润滑油的吸附倍率逐渐增大。产生这种现象的主要原因是，原油和润滑油的黏度较大，不容易进入到纤维材料的官腔内部，在实验过程中可以观察到，粒径为80~100目的悬铃叶苎麻纤维材料投入烧杯中时，就被原油包裹，之后不能进行吸油，并且在吸油结束后捞出发现油层包裹的材料内部仍是干燥状态。相反地，柴油、豆油和花生油的黏度相对较小，可以轻易地通过苎麻纤维材料的多孔状结构进入官腔内部，从而对其的吸附倍率有所增加。随着苎麻纤维粒径的减小，尽管其对柴油、豆油和花生油的吸附倍率增加，但增加量不大，考虑到在材料的粉碎过程中，粒径为80~100目的粉末状材料的产出率不高，对机器的磨损也较大。所以，选择粒径为20~40目的悬铃叶苎麻纤维作为后续改性材料粒径。

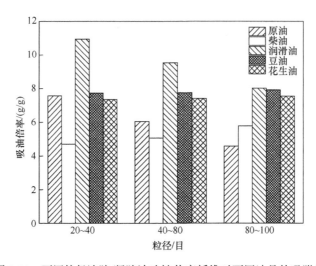

图3-10 不同粒径溶胶-凝胶法改性苎麻纤维对不同油品的吸附量

为了使材料提高其疏水亲油特性，对溶胶-凝胶法进行优化。选取20~40目中均匀的苎麻麻秆颗粒为原材料，超声清洗，碱处理，清洗至中性，烘干保存备用。采用超声处理与碱处理的方法对苎麻材料进行预处理，使材料疏松膨胀，比表面积增大，结晶度下降，无定形区结构增多，无定形区密度下降，提高材料的吸附性能。并且通过预处理使材料胶质含量降低，去除表面蜡质，使材料结晶区内部氢键打开，暴露出更多的羟基基团，提高下一步 SiO₂ 微纳米粗糙结构在材料表面的附着效果。结合预处理苎麻纤维 SEM 图及文献查阅，讨论超声时间、碱处理中的碱液浓度和浸泡时间对材料的处理效果，确定最佳实验条件。将苎麻纤维同混合液混合在一起，使 TEOS 在 Sol-Gel 过程与生成的 Si—O—Si 与苎麻纤维表面暴露的羟基通过共价键或氢键稳定连接到一起，形成无机 Si—O—Si 微纳米粗糙结构。影响溶胶-凝胶法制备材料表面微纳米粗糙结构的因素有很多，任何一个因素的改变都会影响到产物的结构、形态。反应主要分为水解过程和缩合过程，在现有反应体系中，通过研究水的加入量和催化剂氨水的加入量来探讨对实验结果的影响。通过对各项条件进行实验测定和理论分析比较，得到制备微纳米粗糙结构的溶胶-凝胶法最佳反应条件。通过分析 OTS 浓度和材料浸泡时间对苎麻改性效果的影响，并以改性材料的吸水倍率作为评价标准。

以 20~40 目粒径的原生苎麻麻秆纤维为改性材料，分别测得 20~40 目改性前苎麻纤维对水和柴油的吸附倍率，其吸附倍率如表 3-5 所示。原生苎麻麻秆颗粒由于其自身纤维素含量较高，具备良好的孔隙结构，表现出较好的吸油性能，但对水的吸附量高达 9.94 g/g，油水选择性差，对苎麻纤维进行疏水亲油改性研究，并以改性后材料的吸水倍率作为改性效果评价标准。

表 3-5　原生苎麻纤维对水、柴油的吸附倍率　　　　　　（单位：g/g）

	水	柴油
1	9.86	6.57
2	10.01	6.49
3	9.95	6.47
平均值	9.94	6.51

天然有机纤维主要由纤维素、半纤维素、木质素等构成，胶质含量高，活化性能低，因此在改性前进行活化处理，来去除胶质，降低结晶度，使其有更多的活化羟基参加反应，增大材料比表面积，增强吸附能力。预处理的方法一般有机械法、化学法等。在此采用超声波加碱处理改性的方法对苎麻纤维进行预处理。

将材料用去离子水浸泡，部分胶质成分可溶于水，超声处理，增强溶剂对材料的渗透性。超声时间对苎麻纤维表面结构产生一定的影响，图 3-11 为不同超声时间处理后材料的表面形态 SEM 图。原材料表面有颗粒物和表面蜡质层，经过超声处理后，很好地去除了表面附着的颗粒物，同时对其蜡质层结构有一定的破坏作用，利于后续的碱液处理，但是处理过度，不利于后续疏松多孔结构的形成。在超声处理 5 min 和 10 min 时，材料表面光滑洁净；在 30 min 时，材料表面部分纤维素结构破损或断裂，会改变纤维的基本结构。

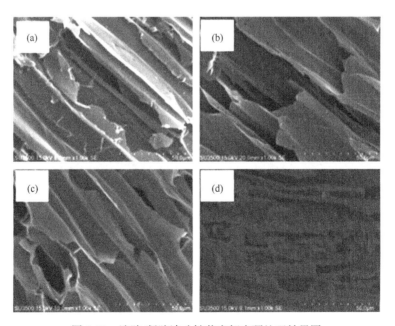

图 3-11　溶胶-凝胶法改性苎麻超声预处理效果图

利用碱液对苎麻纤维进行预处理的目的是去除胶质成分，如木质素等可溶于碱溶液，破坏纤维结晶状态，更多的活化羟基可以暴露在材料表面。同时通过碱处理，材料溶胀，毛细管吸附作用增强，增强吸附能力。实验研究发现，不同浓度的 NaOH 溶液和不同的浸泡时间会对材料产生不同程度的影响。由图 3-12 可知，不同的碱液浓度和碱浸时间对材料产生不同的形态变化和处理效果。采用 15% NaOH 溶液浸泡 3 h 处理时可以看出材料孔隙增大，采用 30% NaOH 溶液浸泡 5 h 处理时碱液浸泡时间过长，可以明显观察出细胞壁变薄。碱处理可以去除材料表面蜡质，增加表面粗糙度，孔隙膨胀，但只有当碱液浓度达到一定值后，纤维孔隙才会产生明显的膨胀作用，从而提高处理效果。但当碱液浓度过高或处理时间过长时，纤维的形变接近极限，会造成纤维结构的破损。并且形变过大，材料纤维壁变薄，致使毛细管压力不足以支撑吸附油品的质量，反而不利于材料的保油能力和重复利用能力。

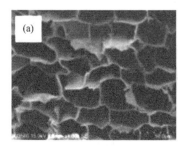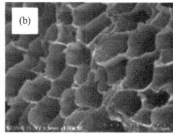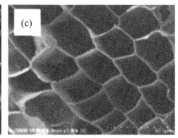

图 3-12　溶胶-凝胶法改性苎麻不同预处理条件下的 SEM 图

TEOS 与水两者不互溶，因此选择无水乙醇为共溶剂，为 TEOS 与水提供可反应的条件，溶剂的用量影响水解和缩聚的速度。无水乙醇的量多时，会造成凝胶化时间过长，实验选择 V(C$_2$H$_5$OH) : V(TEOS) 为 4:1，8:1，9:1，10:1 几个比例，在 V(H$_2$O) : V(TEOS) =2:1 条件下进行反应，其反应效果如图 3-13 所示，当 V(C$_2$H$_5$OH) : V(TEOS) 大于或等于 9:1 时，混溶体系变清澈，能满足反应体系的进行。

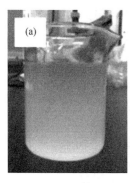

图 3-13　不同浓度的 TEOS 醇混溶液

加水量影响水解反应的进行，加水量过多时，水解过快，在缩聚过程中形成的胶粒一部分发生絮状沉积，反应体系浑浊，生成的粗糙结构不均匀，影响最后疏水效果。一般来讲如果按照反应学计量比进行，水的含量会导致反应的不完全进行。水作为反应物是必须的，所以确定合适的用水量非常重要。按体积比 V（C_2H_5OH）：V（TEOS）：V（H_2O）：V（$NH_3 \cdot H_2O$）=9：1：R：0.6（R=0.5，1，1.5，2，2，5）配备溶胶反应体系，在此反应体系中，当加水量 R 为 0.5 时，水解过慢，不能保证 TEOS 完全反应，水解速率变慢，当加水量 R 为 2.5 时，水解速率超过缩聚速率，出现悬浮物，反应体系变浑浊，故选择 R 为 1、1.5、2 时进行正交实验分析。

溶胶-凝胶法分为碱催化和酸催化，酸催化时加速水解进程，致使水解不完全，缩聚产物交联度低，呈链状生长；碱催化时，加速缩聚进程，缩聚产物交联度高，形成微纳米颗粒。选择氨水作为催化剂，氨水加入过快或加入量过多易造成粒子的堆聚，形成大粒子簇或凝胶化，不利于制备理想的微纳米粗糙结构，选用浓度为 5 % 的稀氨水。

按体积比 V（C_2H_5OH）：V（TEOS）：V（H_2O）：V（$NH_3 \cdot H_2O$）=9：1：2：R（R=0.3，0.6，1，1.5，2）配备溶胶反应体系，反应产物在苎麻纤维表面 SEM 如图 3-14 所示。反应产物随氨水的加入量增多，生成的 SiO_2 颗粒粒径越大，或在纤维表面发生团聚。生成的微纳米粗糙结构粒径越小越均匀，疏水效果越好，当 R 为 2 时，溶胶体系快速凝胶，反应终止。故选择 R 值为 0.3、0.6、1 进行正交实验分析。

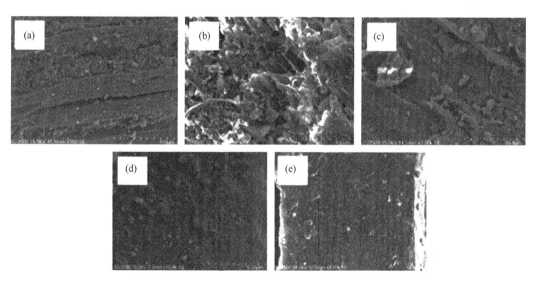

图 3-14　不同氨水用量的条件下产物 SEM 图

在预处理和表面微纳米粗糙结构制备的较优条件下，十八烷基三氯硅烷正己烷改性液浓度为 1 %，称取 2 g 已完成前两步处理的材料在改性液中分别浸泡 30 min、60 min、90 min、120 min、150 min，材料在完成全部改性后，对水的接触角如图 3-15 所示。由图中可以看出，30 min 时，材料与水的接触角为 119.8°，在 120 min 时接触角最大为 134°，疏水性能在 120 min 时达到最好，之后随时间的增加，接触角无明显变化。选择 90 min、120 min、150 min 为时间因素水平量来研究最佳条件。

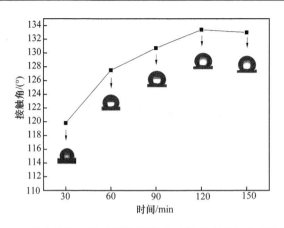

图 3-15　疏水改性时间对溶胶-凝胶法改性苎麻改性效果的影响

在预处理和表面微纳米粗糙结构制备的较优条件下，OTS-正己烷改性液浓度为 0.1%、0.5%、1%、1.5%、2.0%，称取 2 g 已完成前两步处理的材料在改性液中分别浸泡 120 min，材料在完成全部改性后，与水的接触角如图 3-16 所示。当浓度为 0.1%，硅烷浓度较低，不能与材料充分反应，随浓度的上升，接触角逐渐增大，疏水效果越好，当浓度为 2.0% 时，材料取出烘干后，肉眼可观察到在材料表面有白色粉末，应为硅烷浓度过量。选取 0.5%、1%、1.5% 为 OTS 浓度因素水平进行正交分析。

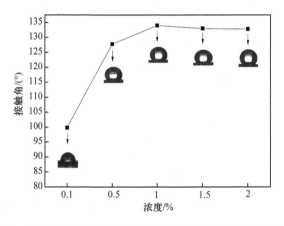

图 3-16　OTS 改性液浓度对溶胶-凝胶法改性苎麻改性效果的影响

上述分析仅针对单一因素的变化来进行，整体改性实验步骤较多，为了在各种不同条件下得到最优的吸附效果，结合上述单因素实验分析及相关文献综述，确定各影响因素在整体的改性过程中对改性效果产生一定影响的因素及各因素水平如表 3-6 所示，进行整体实验步骤正交分析，确定较佳改性条件。选择 L18（3^7）正交表（表 3-7），溶胶-凝胶法主要是对材料的疏水性进行研究，以最终改性完成材料的吸水倍率为改性效果评价指标。

表 3-6　溶胶-凝胶改性苎麻正交试验因素表

因素	超声处理时间/min	NaOH 溶液浓度/%	NaOH 浸泡时间/h	$V(C_2H_5OH):$ $V(TEOS):$ $V(H_2O)$	$V(C_2H_5OH):$ $V(TEOS):$ $V(NH_3·H_2O)$	疏水改性时间/min	改性液 OTS 浓度/%
水平	5	5	1	9:1:1	9:1:0.3	60	0.5
	15	15	3	9:1:1.5	9:1:0.6	120	1
	30	20	5	9:1:2	9:1:1	180	1.5

表 3-7　溶胶-凝胶改性苎麻 L18（3^7）正交优化表的实验结果与数据处理

No.	超声处理时间/min	NaOH 溶液浓度	NaOH 浸泡时间	$V(C_2H_5OH):$ $V(TEOS):$ $V(H_2O)$	$V(C_2H_5OH):$ $V(TEOS):$ $V(NH_3·H_2O)$	疏水改性时间	改性液 OTS 浓度	吸水倍率/(g/g)
1	1	1	1	1	1	1	1	1.8
2	1	2	2	2	2	2	2	0.67
3	1	3	3	3	3	3	3	1.37
4	2	1	1	2	2	3	3	0.87
5	2	2	2	3	3	1	1	1.15
6	2	3	3	1	1	2	2	1.89
7	3	1	2	1	3	2	3	2.02
8	3	2	3	2	1	3	1	1.85
9	4	3	1	3	2	1	2	0.35
10	1	1	3	3	2	2	1	0.22
11	1	2	1	1	3	3	2	2.28
12	1	3	2	2	1	1	3	2.03
13	2	1	2	3	1	3	2	1.5
14	2	2	3	1	2	1	3	1.03
15	2	3	1	2	3	2	1	1.62
16	3	1	3	2	3	1	2	2.37
17	3	2	1	3	1	2	3	1.23
18	3	3	2	1	2	3	1	0.54
均值 1	1.395	1.463	1.358	1.593	1.717	1.455	1.197	
均值 2	1.343	1.368	1.318	1.568	0.613	1.275	1.510	
均值 3	1.393	1.300	1.455	0.970	1.802	1.402	1.425	
极差	0.052	0.163	0.137	0.623	1.189	0.180	0.313	

通过极差 R 分析，在整体反应过程中，在制备表面粗糙结构时的氨水加入量对实验结果的影响最大，通过查阅资料分析，氨水的加入量过多或过快时，会使体系中颗粒聚集，造成生成物的颗粒不均匀，粗糙度直接影响最后的疏水效果，上述因素对实验结果的影响程度分别为 R（V（C_2H_5OH）：V（TEOS）：V（$NH_3·H_2O$））>R（V（C_2H_5OH）：V（TEOS）：V（H_2O））>R（V（C_2H_5OH）：V（TEOS）：V（H_2O））>R（OTS 浓度）>

R（疏水改性时间）$>R$（NaOH 溶液浓度）$>R$（NaOH 溶液浸泡时间）$>R$（超声处理时间）。均值分析可得出最佳的反应条件为 A2、B3、C2、D3、E2、F2、G1。

对改性前悬铃叶苎麻纤维材料进行红外光谱扫描，扫描范围为 $800 \sim 4000~\mathrm{cm^{-1}}$，得到相应的红外光谱如图 3-17 所示。改性前后的吸油材料在 $3375 \sim 3346~\mathrm{cm^{-1}}$ 均有一个较宽的吸收峰，此峰代表了纤维素中分子和分子间的羟基（—OH）伸缩振动峰，并且改性后的峰值相对减弱，说明羟基（—OH）减少，也就是亲水基团减少；改性后纤维材料在 $2921 \sim 2851~\mathrm{cm^{-1}}$ 处存在两个较强的吸收峰，这两处的吸收峰分别代表了甲基（—CH_3）和亚甲基（—CH_2）的非对称和对称振动伸缩峰；改性后纤维材料在 $1085~\mathrm{cm^{-1}}$ 处有一较强的吸收峰，代表了 Si—O—Si 的不对称伸缩振动峰，说明疏水改性后 SiO_2 纳米粒子成功的覆盖于悬铃叶苎麻纤维表面，这与 SEM 图像和能谱分析结果一致。

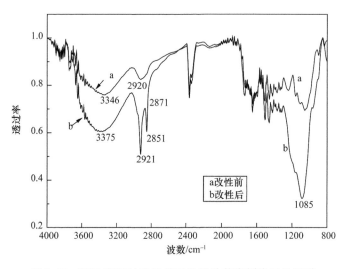

图 3-17　溶胶-凝胶法改性前后悬铃叶苎麻纤维红外图谱

利用扫描电镜（SEM）分别对改性前后悬铃叶苎麻纤维表面进行观察，并采集图像，如图 3-18 所示。其中（a）、（b）为改性前悬铃叶苎麻纤维电镜图像，（c）、（d）为改性后悬铃叶苎麻纤维电镜图像。从图中可以看出，改性前悬铃叶苎麻纤维表面光滑平整，改性后悬铃叶苎麻纤维表面附着有颗粒状物质，说明改性对纤维表面产生一定影响，疏水改性的 SiO_2 纳米粒子成功覆盖在悬铃叶苎麻纤维材料的表面，形成粗糙的表面结构。

在进行扫描电镜观察的同时对改性前后悬铃叶苎麻纤维材料进行能谱（EDS）测定，对其主要成分进行分析，如表 3-8、图 3-19、表 3-9、图 3-20 所示。从图表中可知，改性前苎麻纤维材料中的主要元素成分为 C、O，其含量分别占 64.37 % 和 35.63 %；改性后苎麻纤维材料中的主要元素成分为 C、O、Si，其含量分别占 46.91 %、22.14 % 和 30.95 %。进一步证明了改性后 SiO_2 纳米粒子成功地覆盖在了悬铃叶苎麻纤维材料的表面。

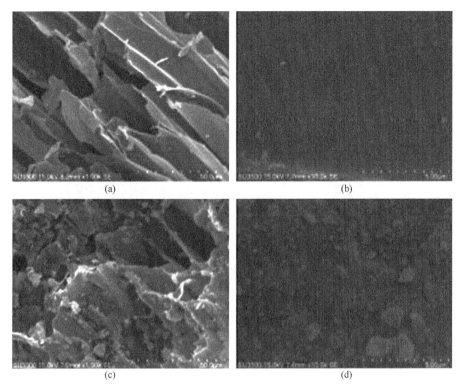

图 3-18　溶胶-凝胶法改性前后悬铃叶苎麻纤维电镜图像

表 3-8　溶胶-凝胶法改性前悬铃叶苎麻纤维的主要成分

元素	质量/ %	含量/ %
C	57.56	64.37
O	42.44	35.63
合计	100.00	

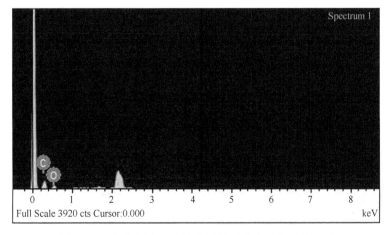

图 3-19　溶胶-凝胶法改性前悬铃叶苎麻纤维的能谱图

表 3-9　改性后悬铃叶苎麻纤维的主要成分

元素	质量/%	含量/%
C	31.53	46.91
O	19.82	22.14
Si	48.65	30.95
合计	100.00	

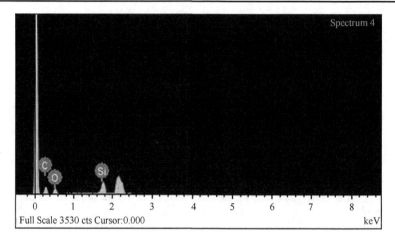

图 3-20　溶胶-凝胶法改性后悬铃叶苎麻纤维的能谱图

　　X-射线衍射主要是通过测定得到材料的结晶度来分析其对液体的吸附能力。X-射线衍射图谱主要反映了材料的晶型结构和结晶度的变化。纤维材料中结晶区占非结晶区的比例为结晶度。大多数液体在通过材料内部结构时，对于排列疏松的非结晶区能够轻松通过，而对于排列紧密的结晶区域则显得非常困难，所以根据纤维材料结晶区与非结晶区所占的比例，可以判断材料吸附液体的难易程度。对改性前后悬铃叶苎麻纤维材料进行 X-射线衍射扫描，扫描范围为 5°～80°。从衍射图 3-21 中可以看出，在 2θ 为 17° 和21.82° 处，改性前后的悬铃叶苎麻纤维材料都出现了纤维素的典型特征峰，改性前悬铃叶苎麻纤维的衍射峰比改性后更加尖锐，说明改性前的纤维材料的结晶度更高，也就是说改性后的悬铃叶苎麻纤维材料中非结晶区占的比例更大，苎麻纤维的非定型区更多，材料更加疏松多孔，从而使得其对油的吸附性有一定提高。

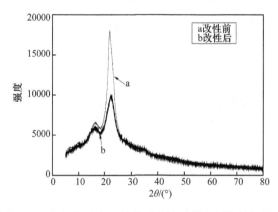

图 3-21　溶胶-凝胶法改性前后悬铃叶苎麻纤维的衍射图

悬铃叶苎麻纤维属于生物质原料的一种，与大多数植物纤维具有比较相似的特性，但他们之间的组成成分可能会存在一定的差异。植物纤维在发生热解的初始阶段一般是水分的挥发，然后是快速热解阶段，在这个过程中材料中的主要物质被分解，最后则是剩余物质的炭化阶段。本实验热解温度为 0～600 ℃，升温速率为 10 ℃/min，氮气氛围下进行测定。如图 3-22 所示，得到改性前后悬铃叶苎麻纤维的 TG 和 DTG 曲线。从图中可以看出，在纤维的失水阶段，即温度为 1～110 ℃内，改性前悬铃叶苎麻纤维中含有 6.74 %左右的水分，改性后含有 4.00 %左右的水分，说明改性后悬铃叶苎麻纤维的疏水性更显著。另外，从 DTG 曲线上可知，改性前悬铃叶苎麻纤维的最大热解温度约为 322 ℃，而改性后的最大热解温度约为 360 ℃，由于在热解过程中，分子质量越大的物质其反应的热解温度越高，所以，可以知道改性后的苎麻纤维中物质的分子量更大，也就是改性的 SiO_2 纳米颗粒，这与电镜中所观察到的现象相照应。并且从图中可知，改性前苎麻纤维的热解速率更快，说明改性前苎麻纤维中的小分子侧链所占比例更大；当温度接近 600 ℃时，材料的炭化阶段也接近尾声，从图中可知，此时改性前后材料的灰分物质剩余分别约为 23.60 %和 25.16 %，两者相当，说明改性后的悬铃叶苎麻纤维中小分子侧链溶解后，剩余大分子物质更多。

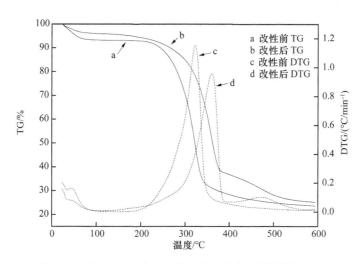

图 3-22 溶胶-凝胶法改性前后悬铃叶苎麻纤维的热重图

根据红外图谱可知，改性后悬铃叶苎麻纤维中的亲水基团，如羟基（—OH）、亚甲基（—CH_2）和甲基（—CH_3）的伸缩峰均有所减弱，并且出现了疏水基团 Si—O—Si，说明疏水改性后 SiO_2 纳米粒子成功地覆盖于悬铃叶苎麻纤维表面，达到了疏水改性的效果。由扫描电镜图可知，改性后悬铃叶苎麻纤维表面出现了颗粒状物质堆积，在纤维表面构建了粗糙结构，同样提高了其疏水亲油性能。由 X 射线衍射图中可知，改性后悬铃叶苎麻纤维的结晶度降低，非结晶区出现的比例增加，材料的多孔状结构更加明显，使得改性后的纤维材料对油的吸附性能有所增加。从热重图中可知，改性后苎麻纤维含水率更小，变得更加疏水。改性后主热解温度变大，热解速率变小，热解最后剩余量都表明在改性过程中，悬铃叶苎麻纤维中有小分子侧链溶解，大分子出现，进一步证明了其改性效果。

4. 苎麻基吸油材料性能测试

1）乙酸改性苎麻材料性能测试

分别称取 0.1 g 左右的未改性苎麻纤维和改性后苎麻纤维样品放入加有 100 mL（原油）的烧杯中，分别浸泡 0～30 min。常温下，未改性苎麻纤维和改性后苎麻纤维随时间的吸油动力学如图 3-23 所示。从图 3-23 可以看出，未改性苎麻纤维吸油量可以快速达到平衡，在 3 min 的时候对原油的吸附量即可达到 6.6332 g/g。改性前可快速到达最大吸附量，其主要依靠毛细管力和范德华力作用进行吸油的。虽然改性后苎麻纤维在 10 min 的时候才能达到吸附平衡，但 3 min 的时候其对原油吸附量已达到 9.3288 g/g，是未改性苎麻纤维最大吸油量的 1.47 倍，达到平衡时对原油吸附量可达 12.3469 g/g 是改性前苎麻纤维最大吸油量的 1.86 倍。由此可见改性后苎麻纤维的吸油量有明显的增加。从电镜图上可以看出改性之后的苎麻纤维与改性之前相比变得粗糙多孔且比表面积增大，所以苎麻纤维将原油吸附到其表面之后，可以通过毛细管的作用力将原油从苎麻纤维的表面输送到苎麻纤维的内部。随着吸油量的增多，纤维素内部孔道将逐渐变小，这就使得原油在苎麻纤维内部的扩散变得缓慢，苎麻纤维对原油的吸附会逐渐达到一个稳定的状态。从苎麻纤维对原油的吸附动力学图上可以看出，吸附稳定时的时间为 10 min 左右。

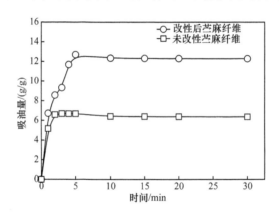

图 3-23　乙酸改性苎麻纤维的吸附动力学曲线

保油性能是评价吸油材料性能的重要指标之一，它反映了吸油材料吸油之后，在收集、运输过程中的问题。分别称取 0.1 g 未改性苎麻纤维和改性后苎麻纤维，放入原油层厚度为 35 mm 的烧杯中，浸没一定时间以后用 100 目的钢丝网取出，分别悬滴 0.5 min、2 min、7 min、10 min、15 min、30 min，后测定质量，实验数据在相同的条件下重复 3 次，取平均值作为计算结果，计算各个时间对应的吸附能力。本实验分为以原油、豆油、花生油测试了改性前后苎麻纤维的保油性能。改性前后苎麻纤维对对原油、豆油、花生油的保油能力分别如图 3-24～图 3-26 所示。从图上可以看出在前 7 min 左右，油滴滴落的比较快，过了 7 min 中之后，进入稳定的阶段，到 15 min 之后基本上不在低落，达到保油的平衡点。未改性苎麻纤维对原油、豆油、花生油保油能力分别为 82.9%、84.3%、75.7%，而改性后苎麻纤维对原油保油性能最好，可高达 93.1%，其次是对豆油的保油性能，为 90.7 %，改性后的苎麻纤维对花生油的保油性能最差，是 85.7 %，但是仍然比未改性苎麻纤维对花生油的保油能力高。改性之后的苎麻纤维与未改性的相比，对原油、豆油、花生油的保油性分别提高了 1.12 倍、1.07 倍、1.13 倍。由此可见改性后苎麻纤维对花生油的保油性能提高最大，其次是原油，最后是豆油。

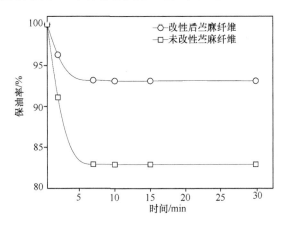

图 3-24　未改性苎麻纤维与乙酸改性后苎麻纤维对原油的保油性能

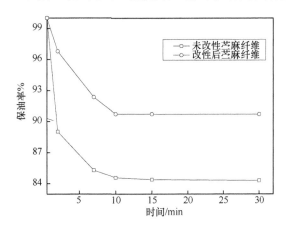

图 3-25　未改性苎麻纤维与乙酸改性后苎麻纤维对豆油的保油性能

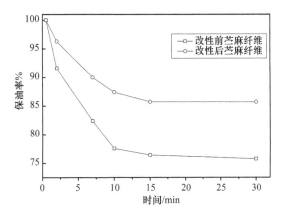

图 3-26　未改性苎麻纤维与乙酸改性后苎麻纤维对花生油的保油性能

　　在利用吸附材料处理溢油事故的实际过程中，有些吸附材料吸油之后可以通过挤压或者离心的方法使得油从吸附材料上面脱下来，从而可以再次利用吸附溢油，这样可以节约资源。所以重复利用率也是表征吸油材料性能的一个重要指标，当然随着吸附材料吸附溢油次数的增多，其吸附性能会有所下降，那么当吸附倍率低于本身最大吸附量的一半的时候，或者是不发生明显变化的时候就认为是吸附材料重复利用的实验周期数。根据相关步骤测定改性前后苎麻纤维的重复利用实验，将未改性的苎麻纤维与改性后的苎麻纤维进行吸油实验，然后利用挤压的方法将吸附的油放出至其质量几乎不再减小为止，将挤压过的苎麻纤维再次进行吸油实验，挤压实验，如此重复进行，吸附实验与挤压的次数关系如图 3-27 所示。由图 3-27 可知，经过第一次循环实验，改性前后苎麻纤维的吸油量分别降低 40 % 和 25 %。并且随着吸附次数的增多，未改性苎麻纤维与改性后苎麻纤维的吸附量呈减小的趋势并且趋于稳定，但是经过相同次数的重复实验之后，改性后苎麻纤维的吸附量仍然大于未改性苎麻纤维的吸附量。未改性苎麻纤维的吸附次数为 3 次时，其吸附量就不到最大吸附量的一半了，而改性后苎麻纤维重复利用 5 次之后的吸附量仍然高于原来最大吸附量的一半，本实验结果与相关的实验结果相类似。随着重复利用次数的增多，吸附量下降的原因主要可以归纳为以下两个方面，第一个原因是在挤压苎麻纤维的过程中，对材料本身造成了不可恢复的变形。另外一个原因是虽然经过挤压之后苎麻纤维吸附的大部分油被挤出来了，但是苎麻纤维的管腔内仍然残留了一部分。仍然有部分的原油吸附在苎麻纤维的内部，依然保留在苎麻纤维的腔管内，由此降低了吸附剂在初始反复使用中吸油量。此结果与其他研究有着相似的趋势。由此可知，改性前后苎麻纤维的吸油性能随着重复利用次数的增加而逐渐降低并趋于稳定。且改性后苎麻纤维比改性前苎麻纤维的下降趋势缓慢，说明改性后的苎麻纤维比改性前的苎麻纤维的重复利用能力好。

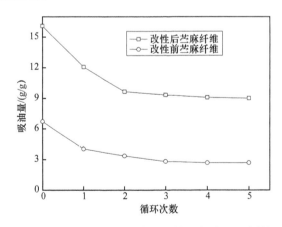

图 3-27　乙酸改性前后苎麻纤维的 5 次循环吸油特性

　　分别称取 0.1 g 左右的未改性苎麻纤维和改性后苎麻纤维样品，放入水层厚度为80 mm 的烧杯中。浸没 12 h 之后用 100 目的钢丝网取出，悬滴 0.5 min，称重。实验数据在相同条件下重复 3 次，取平均值作为计算结果。实验数据如表 3-10 所示。未改性苎麻纤维和改性后的苎麻纤维吸水倍量分别是 5.9081 g/g、0.9238 g/g，显然其疏水性能提高。

表 3-10 未改性苎麻纤维和乙酸改性苎麻纤维吸水前后的质量 （单位：g）

未改性苎麻质量	未改性苎麻吸水后质量	改性后苎麻质量	改性后苎麻吸水后质量
0.1050	0.7034	0.1002	0.1929
0.1001	0.7021	0.1000	0.1921
0.1000	0.7011	0.1003	0.1931

2）溶胶-凝胶改性苎麻材料性能测试

参照 ASTM F726—12 标准中对纯水体系中粉末状或颗粒状吸油材料的吸水倍率的测试方法，计算得出不同处理状态的苎麻纤维样品的快速吸水倍率和饱和吸水倍率，如图 3-28 所示。

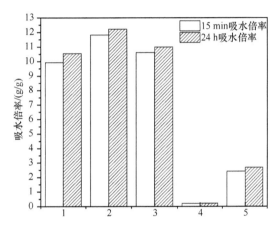

图 3-28 溶胶-凝胶法改性过程中苎麻纤维的吸水量
1. 改性前材料 2. 预处理后材料 3. 溶胶-凝胶法制备表面粗糙结构后
4. 改性完成材料 5. 原材料直接进行 OTS 低表面能改性

苎麻纤维疏水亲油改性实验分为三步：材料预处理、溶胶-凝胶法制备 SiO_2 薄膜粗糙结构和采用 OTS 对 SiO_2 薄膜进行降低表面能修饰。改性前后及改性过程中各步骤制得的材料在室温条件下吸水倍率如图 3-28 所示。本实验对苎麻纤维的疏水改性效果显著，改性后苎麻纤维的吸水量明显低于改性前的吸水量，最大吸水量由 10.55 g/g 降为 0.22 g/g，降低了近 98%。预处理材料的主要目的是降低材料的胶质含量，去除表面蜡质，使材料表面更加平滑，便于与溶胶-凝胶法生成的二氧化硅纳米粒子之间通过共价键与氢键的方式进行连接，同时碱处理使材料溶胀消晶，降低结晶度，同时增强了吸附能力，所以预处理后的材料吸水能力会增强。同时还可以看出，材料表面粗糙度越大其疏水性能越强。另外，实验还研究了原材料不经预处理和表面粗糙结构的制备直接进行 OTS 低表面能改性，最大吸水量虽然降低了 75%，但通过吸油能力的测定，吸油能力几乎无变化，且疏水性相比较完整实验来说效果较差。

将纯水用蓝墨水染色，图 3-29 分别为改性前后溶胶-凝胶苎麻纤维在水中浸泡 24 h 后取出的实验图，直观表现了材料的优良的疏水性。

(a)　　　　　　　　　　　(b)

图 3-29　溶胶-凝胶法改性前后苎麻纤维在水中浸泡 24 h 后的效果

　　参照 ASTM F726—12 标准中对纯油体系中粉末状或颗粒状吸油材料的吸油倍率的测试方法，分别称取原生苎麻麻秆颗粒和改性全部完成后的苎麻麻秆颗粒样品各 1.00 g，装入无纺布茶包中，置于油层厚度为 8 cm 且茶包能完整平铺的 1 L 的烧杯中，静置状态下分别在 15 min 和 24 h 后取出，悬空静置 30±5 s，称重，计算得出改性前后苎麻麻秆的最大快速吸油倍率和最大饱和吸油倍率，如图 3-30、图 3-31 所示。

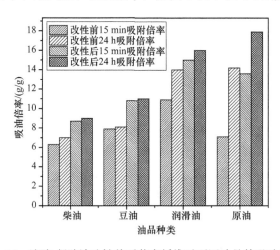

图 3-30　溶胶-凝胶法改性前后苎麻纤维对不同油品的吸油倍率

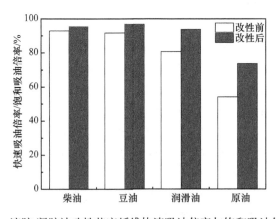

图 3-31　溶胶-凝胶法改性苎麻纤维快速吸油倍率与饱和吸油倍率的比较

改性后苎麻纤维对四种不同的油品的最大吸附倍率分别为 8.96 g/g、11.01 g/g、15.61 g/g、18.03g/g，分别增加了 1.28 倍、1.31 倍、1.15 倍和 1.29 倍。吸油能力的增强是因为改性后材料更加疏松多孔，具有表面粗糙结构，比表面积增大，同时在材料表面接枝了 OTS 的硅烷长链，取代了亲水羟基，根据"相似相溶"原理，材料的亲油效果更强。可以看出改性前柴油、豆油、润滑油、原油在 15 min 时的吸油倍率分别可以达到最大吸附倍率的 92.9%、91.7%、80.8%、54.1%，改性后可达到 95.5%、96.8%、97.7%、73.7%，改性后的材料更加疏松多孔，吸附速率更快，吸油能力更强。但改性后苎麻纤维对原油的饱和吸油倍率远远大于其快速吸油倍率，这主要是因为液体的黏度越大，其流动性越弱，液体由于毛细作用进入到苎麻纤维材料内部的速率较慢，在经过长时间的吸附作用之后，材料对原油的吸附量才能达到平衡状态。

以柴油、豆油、润滑油的原油产品为吸附对象（因原油黏度较高，不易进入材料，较长时间才能达到吸附平衡状态，在此不予讨论），分别测定改性前后材料在 30 s、1 min、3 min、5 min、10 min、15 min、20 min、30 min、60 min 的吸油倍率。通过测试改性前后苎麻麻秆颗粒纤维对不同油品的吸附速率来绘制吸附曲线，再利用吸附动力学模型对曲线拟合，研究苎麻纤维对油品的吸附机理。将材料对柴油和润滑油的吸附速率按照准一级和准二级吸附模型进行拟合，拟合曲线见图 3-32，各油品拟合相关参数见表 3-11。

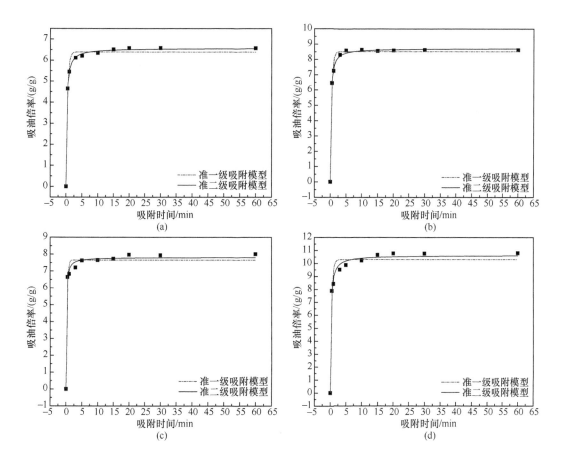

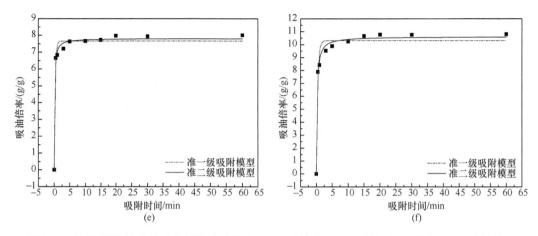

图 3-32　溶胶-凝胶法改性苎麻纤维对于柴油（（a）改性前；（b）改性后）、豆油（（c）改性前；（d）改性后）、润滑油（（e）改性前；（f）改性后）的吸附动力学方程拟合曲线

表 3-11　溶胶-凝胶法改性苎麻纤维对于不同油品的一级吸附动力学拟合参数

油品		准一级吸附动力学方程				
		K_1	R^2	Q_e（理论值）/(g/g)	Q_e（实验值）/(g/g)	误差/%
柴油	改性前	2.3626	0.9882	6.39	6.57	2.8
	改性后	2.5376	0.9905	8.52	8.62	1.1
豆油	改性前	3.6904	0.9795	7.66	8.01	4.6
	改性后	2.4604	0.9658	10.30	10.80	4.9
润滑油	改性前	1.3480	0.9568	11.00	12.01	9.1
	改性后	0.9377	0.9449	14.09	15.01	6.5

与准一级吸附模型相比，准二级吸附模型对于四种油品的吸附速率拟合度更高，并且根据表 3-12 分析比较，准二级吸附模型的相关系数 R^2 均高于 0.99，实测值与理论值误差更小。将实验测得的吸油倍率与准一级吸附模型和准二级吸附模型计算得到的吸油倍率进行对比，准二级吸附模型误差更小。说明准二级吸附模型可以较准确的描述苎麻材料对油品吸附的吸附动力学过程。

表 3-12　溶胶-凝胶法改性苎麻纤维对于不同油品的二级吸附动力学拟合参数

油品		准二级吸附动力学方程				
		K_1	R^2	Q_e（理论值）/(g/g)	Q_e（实验值）/(g/g)	误差/%
柴油	改性前	0.7262	0.9990	6.57	6.57	0
	改性后	0.6383	0.9987	8.72	8.62	1.1
豆油	改性前	1.1932	0.9923	7.81	8.01	2.7
	改性后	0.4489	0.9909	10.62	10.80	1.7
润滑油	改性前	0.1688	0.9899	11.62	12.01	3.3
	改性后	0.0860	0.9902	15.07	15.01	0.4

改性前后两种材料均在刚刚与吸附对象接触一段时间内（0~5 min）完成了对油的快速大量吸附，这说明原生苎麻麻秆颗粒也是一种很好的吸油材料，这主要是因为材料内部的大量多孔结构通过分子间作用力将油吸附到纤维表面，通过毛细作用可以将油快速的运输到材料的多孔结构内部。但是随着油量的增加，纤维内部孔道逐渐变小，使得之后扩散作用变得更加缓慢。此外由于材料表面的可利用亲油性基团数量一定，随着吸附量的增加，基团数量减少，因此延缓了后面的吸附过程。当达到一定时间后，材料对油分子的吸附逐渐趋于平衡，最终达到稳定状态。

对比两种材料，可以发现，经改性后的材料在相同时间下吸附能力更强，相应的吸油速率也越快。低黏度的油品因较容易进入材料官腔内部，故吸附速率更快，但由于天然纤维材料细胞壁对黏度越小的液体保持能力越差，所以低黏度油品的被吸附量低于高黏度油品。将数据进行归纳分析，可得出：苎麻纤维吸附作用主要是依靠范德华力和毛细管扩散控制的，在 60 min 时基本达到吸附平衡。

油水选择性是评价材料性能的一项重要标准，如果材料亲水性过强，严重影响其对油的吸附能力，当吸水达到一定程度后，材料可能下沉，本实验对材料的油水选择性吸附进行实验探究。

改性前后苎麻材料对柴油、豆油、润滑油在不同吸附状况下吸附倍率如表 3-13 所示。

表 3-13　溶胶-凝胶法改性苎麻选择吸附性研究

		柴油			豆油			润滑油		
		吸水量/(g/g)	吸油量/(g/g)	吸油量/吸水量	吸水量/(g/g)	吸油量/(g/g)	吸油量/吸水量	吸水量/(g/g)	吸油量/(g/g)	吸油量/吸水量
改性前	先吸水后吸油	6.37	4.22		6.02	4.87		5.78	5.42	
	先吸油后吸水	4.01	5.66		3.75	6.72		3.02	7.99	
	油水同时吸附	5.97	5.47	0.92	5.89	5.56	0.94	5.71	6.02	1.05
改性后	先吸水后吸油	0.15	8.40		0.13	10.42		0.13	12.79	
	先吸油后吸水	0.09	8.51		0.07	10.50		0.07	14.52	
	油水同时吸附	0.12	8.23	68.33	0.08	10.59	132.38	0.10	14.50	145

改性前苎麻纤维油水选择性差，先吸附对象吸附倍率大于后吸附倍率，当油水同时存在时，低黏度油品吸油量与吸水量的比值仍小于 1，这说明苎麻纤维对极性物质和非极性物质为非选择性吸附。当吸附顺序不同时，材料的吸油量和吸水量也不同，这说明材料的吸附能力受吸附顺序的影响。

改性后苎麻纤维油水选择性极强，油水同时吸附时，材料可以几乎不吸水，同时为非极性物质优先吸附，疏水亲油改性效果明显。油水体系中，将水用蓝墨水染色，油用油红染色，制备两份，将改性前后的苎麻纤维分别投入到其中，实际效果图如图 3-33 所示，可以清晰地看出改性后苎麻丝毫未被蓝墨水染色，疏水性能良好。

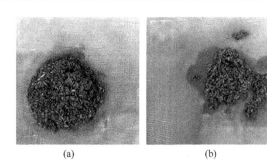

(a)   (b)

图 3-33 溶胶-凝胶法改性苎麻改性前后苎麻纤维在油水体系中浸泡 15 min 后的效果

5. 苎麻基材料环境适应性分析

1）影响因子分析

针对吸油材料的应用研究中必须考虑到实际工程应用中海洋环境的复杂多变性，如海水温度、海水盐度、海水 pH、风浪、大气压、潮汐作用等环境影响因素，各环境条件互相影响、互相促成、互相干扰，通过资料查阅和分析，各条件可考虑最终作用呈现为温度、盐度、pH、波浪强度的变化。不同海域、不同季节、不同时间海水温度变化差异较大。在应急处理中，不同的吸油材料有不同的最适宜应用环境条件。温度一方面影响材料本身的性质，温度的升高，材料自身孔隙结构增大，储油空间也增大；另一方面影响油品的性质，随着温度的提高，油品黏度下降，油分子运动加快。同时吸附是一个放热过程，温度升高不利于吸附反应的正向进行。两方面的作用使得吸附过程变得较为复杂，故不同材料有不同的较适宜温度。海水的 pH 用来度量海水的酸碱度，海水的 pH 范围在 7.5～8.6 呈弱碱性。随温度的升高，海水的 pH 降低；温度相同时，随着盐度增大，游离氢离子减少，pH 略有上升。海洋中 pH 通常在入海口变化较大，入海口的海水 pH 明显低于外海；海水中 pH 呈夏季高冬季低趋势。海水盐度是较复杂的影响因素，其与淡水的区别主要是水质中含盐量的不同，吸油材料用于海洋环境吸附溢油时，海水含盐量会影响吸油性能。一方面是因为盐度增大，盐析作用增强，油在海水中的溶解量降低；另外一方面，溶解在海水中的油以微滴状态存在，它黏附在吸附材料的表面形成双电层结构，海水盐度高时，溶液中的反离子浓度相应升高，双电层的厚度被压缩，导致吸附量增多。潮汐作用、风速、大气压等因素均会引起海水波浪强度的变化，恶劣的天气条件会给溢油处理带来极大的挑战。波浪强度增强，一定程度的轻微运动会促使油分子微粒的运动，促使吸附过程的正向进行，但波浪越大，油在海水中的乳化作用越明显，越不利于吸油材料对溢油的吸附，同时由于过强的水冲击力作用，致使表面吸附的油分子微粒很容易被冲刷掉，影响吸附效果。

当海面发生溢油污染时，应根据溢油量的多少、受污染面积的大小，初步确定除油方案，并及时科学的投加吸油材料，以保证取得良好的除油效果。研究投加量和海水初始含油量对吸油材料吸附效果的影响，有助于根据海面溢油情况及时合理地确定吸油材料的投加量，从而为科学有效的治理海洋溢油污染提供基本理论依据。因此，研究投加量、不同初始含油量、温度、盐度、pH、波浪强度对于材料吸附效果的影响。

2）实验方法

向一定量的人工海水中加入不同体积的柴油置于锥形瓶中，并用纱布将瓶口密封，置于水浴恒温振荡器上，以 150 r/min 的频率振荡 10 min 制得不同含油量的油污染海水。向油污染海水中加入吸附材料，以恒定的转速恒温密闭振荡，待达到吸附平衡后，固液分离，并将剩余液体用正己烷萃取并定容。在波长条件下测其吸光度，计算吸附后剩余液体的含油量 Ce（mg/L）。并据此计算油的去除率及单位质量吸附材料的吸附量 Cs（mg/L）。按照实验设计，依次研究吸附材料对油污染海水的吸附动力学并改变投加量、海水含油量、盐度、温度和振荡频率，分别考察各种因素对吸附过程的影响。

采用紫外分光光度法测定海水中的含油量。移取油水混合物于分液漏斗中，并用 250 mL 水涮洗烧杯，涮洗后的水加入分液漏斗，加入石油醚 15 mL，1+1 硫酸 1 mL，震荡 5 min，静置 10 min 分层后，将下方水相放出，有机相倒入烧杯中，加入无水硫酸钠 1.2 g，后用玻璃棒将其引流至玻璃漏斗中，过滤到比色管中，用石油醚定容至 25 mL 刻度。石油醚参比，260 nm 处测其吸光度，代入标准曲线计算出废水中油含量。标准油：用脱芳烃并重蒸馏过的石油醚，从待测水样中萃取油，经无水硫酸钠脱水后过滤，将过滤液置于 65±5 ℃水浴上蒸出石油醚，然后在 65±5 ℃恒温箱内赶尽残留的石油醚，即得标准油品，但是由于从水中萃取标准油比较困难，所以在本书中用柴油代替作为标准油；油标准储备液（1000 mg/L）：准确称取 100 mg 标准油于烧杯中，加入少量石油醚溶解，定量转移至 100 mL 容量瓶中，并稀释至标线，混匀；油标准使用液（50 mg/L）：移取 5.00 mL 油标准储备液于 100 mL 容量瓶中，用石油醚稀释至标线，混匀。

取使用油 0 mL、2 mL、4 mL、6 mL、8 mL、10 mL、12 mL、14 mL、16 mL、18 mL、20 mL 于比色管，定溶至 25 mL，加正己烷至标线。摇匀后，得到浓度为 0、0.08 mg/mL、0.16 mg/mL、0.24 mg/mL、0.32 mg/mL、0.4 mg/mL、0.48 mg/mL、0.56 mg/mL、0.64 mg/mL、0.72 mg/mL 和 0.8 mg/mL 的油溶液。取该种溶液用石英比色皿于波长 260 nm 处，以正己烷作参比测定其吸光度，绘制出柴油的吸光度浓度标准曲线，如图 3-34 所示。根据朗伯-比尔定律，溶液的吸光度和浓度呈正比，将数据拟合得标准曲线：

$$Y=0.1545X-0.0004，相关系数为 0.9992$$

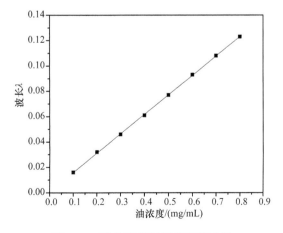

图 3-34 吸光度-柴油浓度标准曲线

3）投加量对吸附效果的影响

为研究投加量对吸附效果的影响，选用 200 mL 油水体积比 1∶50 的油污染模拟海水中（含盐量 33 ‰），温度控制在 25 ℃，进行不同投加量的批量吸附试验。振荡频率为 150 r/min，吸油材料的投加量分别为 300 mg、400 mg、500 mg、600 mg、700 mg、800 mg、1000 mg、1200 mg 和 1300 mg，研究投加量对吸附效果的影响。待吸附达到平衡后立即进行固液分离，接着萃取和分析吸附后剩余液体的含油量，并计算油的去除率和单位质量吸油材料的吸附量，实验结果如图 3-35、图 3-36 所示。

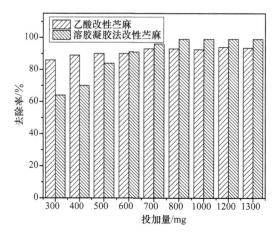

图 3-35　苎麻基吸附材料的投加量与油品去除率的关系

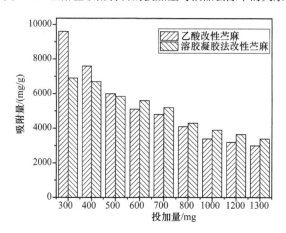

图 3-36　不同投加量时单位质量苎麻基吸油材料的吸附量

由以上两图可以得出，在相同吸附条件下，当吸附过程达到平衡时，除油率随着吸油材料投加量的增加而增大，而单位质量吸油材料的吸附量呈减小趋势，这与一般吸附过程中，随着吸附剂量的增加单位质量吸附剂的吸附量减少的规律相一致。随着投加量的增加，去除率和吸附量的变化幅度逐渐减小，趋于平稳。无论从去除率还是吸附量来看，乙酸改性苎麻和溶胶-凝胶法改性苎麻的除油效果明显。其中乙酸改性苎麻投加量的增加对油去除率的变化最为明显，当投加量为 300 mg 时，除油率仅为 65.06 %，到

800 mg 时，除油率已达 99.26 %。此后，随着乙酸改性苎麻用量的增加，除油率基本保持不变。就单位质量吸油材料的吸附量而言，溶胶-凝胶法改性苎麻投加量的增加对其影响最为显著，当投加量为 300 mg 时，吸附量为 9500 mg/g，到 1300 mg 时，吸附量仅有 2400 mg/g，减小了近 3 倍。因此，在实际应用中为了达到一定的除油效果，应同时考虑吸油材料的投加量和其性能价格比，即确定一个最佳的投加量。

　4）不同初始含油量时的吸附效果

　为研究不同初始含油量时的吸附效果，改变海水的初始含油量进行吸附试验。分别向 200 mL 含有 2 mL、3 mL、4 mL、5 mL、6 mL、7 mL、8 mL 和 9 mL 柴油的油污染海水中加入 1000 mg 的吸油材料，控制温度为 25 ℃，振荡频率为 150 r/min，研究不同初始油浓度时的吸附效果。吸附达到平衡后立即进行固液分离，接着萃取和分析吸附后剩余液体的含油量，并计算油的去除率和单位质量吸油材料的吸附量，实验结果如图 3-37、图 3-38 所示。

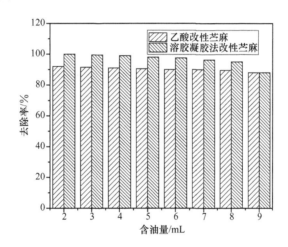

图 3-37　苎麻基吸油材料在不同初始含油量时对柴油的去除率

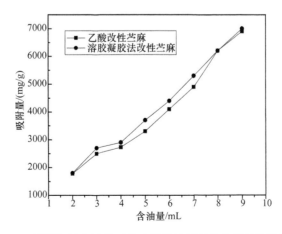

图 3-38　不同初始含油量时苎麻基吸油材料单位质量的吸附量

由上图可知，在相同吸附条件下，当吸附过程达到平衡时，随着海水含油量的增加，吸油材料对油的去除率逐渐降低，但单位质量吸油材料的吸附量则呈增加趋势。可见乙酸改性苎麻和溶胶-凝胶法改性苎麻具有较大的吸附空间。在应用吸油材料去除海水中石油的实践中，可以根据海水中石油的含量，适当调整吸油材料的投加量，使投加吸油材料后既能有效去除海水中的石油，又能充分利用吸油材料的吸附容量。

5）温度对吸油材料除油效果的影响

不同海域海水的温度不尽相同，为了研究温度对吸油材料除油效果的影响，进行了一组不同环境温度下的静态吸附试验，将 1000 mg 吸油材料加入到 200 mL 含油量分别为 2 mL、3 mL、4 mL、5 mL、6 mL 和 7 mL 的油污染海水中，调节水浴振荡器的温度分别为 10 ℃、15 ℃、20 ℃和 25 ℃，振荡频率为 150 r/min。待吸附达到平衡后立即进行固液分离，接着萃取和分析吸附后剩余液体的含油量，并计算油的去除率，所得试验结果如图 3-39 所示。

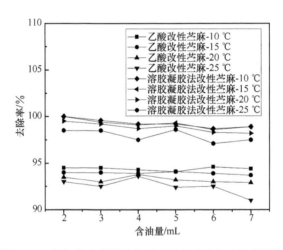

图 3-39　苎麻基吸油材料在不同温度时对柴油的去除率

在相同的吸附条件下，当吸附过程达到平衡时，随着温度的升高，两种吸油材料的除油效果都有增强的趋势。随着温度升高油分子的黏性降低，通过毛细管作用使油分子进入纤维内部的速度就会更快，同时由于黏性降低，油分子的平均运动速度加快，更易进入纤维内部，油分子更易扩散并吸附于纤维素纤维表面，同时由于温度升高会导致纤维素纤维膨胀，孔道直径变大，提供了更多的储油空间，并且温度升高也会加速毛细管吸附速度，吸油材料可以获得更多的吸附活化能从而增强其吸附能力，增加与油分子的碰撞机会，加剧油粒子在吸油材料表面的聚集和粗粒化，从而使吸油材料的除油效果增强。但是当温度高于 20 ℃时溢油的去除率反而降低，考虑是由于温度的升高，油品黏度的降低也会使油分子从纤维表面脱除的速度加快，脱附率增加，并且当水温较高时，油颗粒亲水性较强，从而导致难以被吸附。

6）盐度对吸油材料除油效果的影响

海水中的盐度变化一般较小，但在河流入海口附近，盐度会有比较明显的降低。为考察海水盐度对吸附过程的影响，进行了一组不同盐度下的静态吸附试验，控制油污染海水的盐度值分别为 20 ‰、25 ‰、30 ‰和 35 ‰，将 1000 mg 吸油材料加入到 200 mL 含油量分别为 2 mL、3 mL、4 mL、5 mL、6 mL 和 7 mL 的油污染海水中，调节水浴振荡器的温度分别为 25 ℃，振荡频率为 150 r/min。研究盐度对吸附过程的影响，待吸附达到平衡后立即进行固液分离，接着萃取和分析吸附后剩余液体的含油量，并计算油的去除率，实验结果如图 3-40 所示。

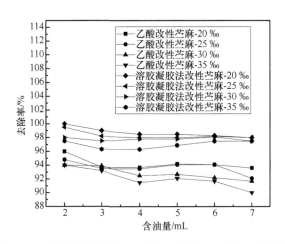

图 3-40　苎麻基吸油材料在不同含盐量时对柴油的去除率

　　海水盐度受蒸发、降水、陆地径流等多方面因素的影响，大洋中海水盐度变化较小，近岸海域由于受河川径流的影响，盐度会有较明显的变化。由图可知，一方面，改性苎麻纤维对柴油的吸附率随盐度的增大而增大，随着盐度的增高，海水的盐析作用增强，溢油在海水中的溶解度降低，增强了溢油的疏水性，减弱了水对吸油作用的干扰，表现为吸油倍率的增加。另一方面，溶解在海水中的油以微粒状态存在，它黏附在吸附材料的表面形成双电层结构，海水盐度高时，溶液中的反离子浓度相应升高，双电层的厚度被压缩，导致吸附量增多。由盐度对材料吸附作用的影响可以得到，在采用苎麻纤维处理海上溢油事故时，盐度值高的海域要比盐度低的海域吸附效果更好。

　　7）pH 对吸油材料除油效果的影响

　　pH 变化可能会导致纤维素表面能与油品的表面能发生改变。海水 pH 一般为 8.0～8.5，表层海水通常稳定在 8.1 左右，中、深层海水一般在 7.8～7.5 变动。为研究海水对材料吸附作用的影响，在实验室条件下通过向模拟海水中调节酸碱的加入量来实现 pH 的调节，控制油污染海水的值分别为 7、7.5、8 和 8.5，将吸油材料加入到含油量分别为 2 mL、3 mL、4 mL、5 mL、6 mL 和 7 mL 的油污染海水中，调节水浴振荡器的温度为 25 ℃，振荡频率为 150 r/min，研究对吸附过程的影响。待吸附达到平衡后立即进行固液分离，接着萃取和分析吸附后剩余液体的含油量，并计算油的去除率，实验结果如图 3-41 所示。

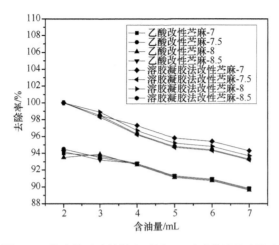

图 3-41　苎麻基吸油材料在不同 pH 时对柴油的去除率

由图可知，体系中 pH 对于溢油的去除影响不大，两种材料在不同的 pH 环境下保持了良好的稳定性。

8）振荡频率对吸油材料除油效果的影响

海平面的波动具有不规律性，会因地区及天气的不同而有所差异，为考察海水平面的波动变化对吸油材料除油效果的影响，进行了一组不同振荡频率下的静态吸附试验，调节水浴振荡器的振荡频率分别为 25 r/min、50 r/min、75 r/min、100 r/min、125 r/min、150 r/min、175 r/min 和 200 r/min 以模拟海水平面的波动变化。将 1000 mg 吸油材料加入到 200 mL 油水体积比 1∶50 的模拟油污染海水中，调节水浴振荡器的温度为 25 ℃，待吸附达到平衡后立即进行固液分离，接着萃取和分析吸附后剩余液体的含油量，并计算油的去除率，实验结果如图 3-42 所示。

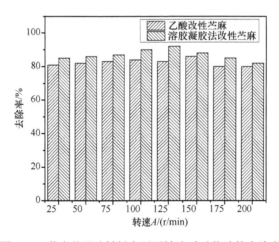

图 3-42　苎麻基吸油材料在不同转速时对柴油的去除率

改性后两种苎麻材料的柴油去除率随振荡频率的增大表现为先增大再减小。振荡频率为 100～150 r/min 时，两种苎麻材料的柴油去除率达到最大。振荡频率小于 100 r/min 时，随转速的增大，油分子微粒运动加快，促使吸附过程正向进行，表现为去除率的提高；振荡频率继续增大，一方面由于水极速运动时的油分子微粒运动过快，变得更容易从吸油材料表面脱落，另一方面随着波浪强度的增大，油品的乳化作用表现得更为明显，不利于吸附过程的正向进行，从而表现为溢油去除率的下降。

由此可见，吸附过程使多种因素作用的结果，振荡频率变化可以影响吸附材料对水中油品的去除率。因此，采用吸油材料处理海洋石油污染时，平静的海面有助于吸附材料的吸附作用，但如果风浪过大，则会对吸附带来不利影响。

6. 小结

选取苎麻作为天然吸油材料，利用乙酸对其进行改性。改性后苎麻纤维对原油、豆油、花生油的吸附量分别为 19.8761 g/g、21.8637 g/g、20.8499 g/g，与改性前苎麻纤维的吸油量相比分别提高了 2.93 倍、2.55 倍、2.4 倍。改性苎麻纤维在 10 min 的时候能够达到吸附平衡，但是 3 min 的时候已经达到饱和吸附量的 80 %。其对原油、豆油、花生油的保油能力分别为 93.1 %、90.7 %、85.7 %，与未改性材料相比，对原油、豆油、花生油的保油性分别提高了 1.12 倍、1.07 倍、1.13 倍。经过第一次循环实验，改性前后苎麻纤维的吸油量降低了分别降低了 40 %，25 %。并且随着吸附次数的增多，未改性苎麻纤维与改性后苎麻纤维的吸附量呈减小的趋势并且趋于稳定，但是经过相同次数的重复实验之后，改性后苎麻纤维的吸附量仍然大于未改性苎麻纤维的吸附量，因此，证明改性后苎麻纤维可以作为一种重复利用的优良的吸附剂。

选取乙酸对苎麻改性大大增加了材料的亲油能力，也证明了苎麻作为吸附物质的优良性能，但是作为溢油吸附材料更应该通过改性提高材料的疏水能力，因此借助溶胶-凝胶法在苎麻表面构建微纳米粗糙结构，再利用低表面能物质处理。

采用溶胶-凝胶法制备苎麻吸油材料，经过接触角测量仪测量，改性前苎麻的接触角几乎为 0°，改性后达 134°，达到疏水要求。原始苎麻材料在 15 min 和 24 h 吸水量测试中分别为 10 g/g 和 10.5 g/g，经过改性优化后最大吸水倍率仅为 0.22 g/g，比未改性样品吸水倍率降低了 98 %。将改性苎麻放入墨水染色的水中 24 h 后取出，苎麻表面未沾染墨水，仍然保持洁净。改性苎麻对柴油、豆油、润滑油、原油最大吸附倍率（24 h 吸附倍率）分别为 8.96 g/g、11.01 g/g、15.61 g/g、18.03 g/g，与未改性苎麻相比分别增加了 1.28 倍、1.31 倍、1.15 倍和 1.29 倍。其 15 min 对柴油、豆油、润滑油、原油最大吸附倍率分别为 8.56 g/g、10.66 g/g、15.25 g/g、13.29 g/g，可以达到 24h 吸附倍率的 92.9 %、91.7 %、80.8 %、54.1 %。油水体系中，将水用蓝墨水染色，油品用油红染色，将改性苎麻纤维分别投入到其中，苎麻吸收油品后漂浮在水面上，打捞出以后，苎麻未沾染墨水，油水混合体系中表现良好。

研究投加量、不同初始含油量、温度、盐度、pH、波浪强度对于材料吸附效果的影响。无论从去除率还是吸附量来看，乙酸改性苎麻和溶胶-凝胶法改性苎麻的除油效果明显，其中乙酸改性苎麻投加量的增加对油去除率的影响较大，就单位质量吸油材料的吸附量而言，溶胶-凝胶法改性苎麻投加量的增加对其影响最为显著，在实际应用中为了达到一定的除油效果，应同时考虑吸油材料的投加量和其性能价格比，即确定一个最佳的投加量；随着海水含油量的增加，吸油材料对油的去除率逐渐降低，但单位质量吸油材料的吸附量则呈增加趋势，可以根据海水中石油的含量，适当调整吸油材料的投加量，使投加吸油材料后既能有效去除海水中的石油，又能充分利用吸油材料的吸附容量；随着温度的升高，两种吸油材料的除油效果都有增强的趋势但是当温度高于 20 ℃时溢油的去除率反而降低，考虑是由于温度的升高，油品黏度的降低也会使油分子从纤维表面脱除的速度加快，脱附率增加，并且当水温较高时，油颗粒亲水性较强，从而导致难以被吸附；改性苎麻纤维对柴油的吸附率随盐度的增大而增大，随着盐度的增高，海水的盐析作用增强，溢油在海水中的溶解度降低，增强了溢油的疏水性，减弱了水对吸油作用的干扰，表现为吸油倍率的增加，在采用苎麻纤维处理海上溢油事故时，盐度值高的海域要比盐度低的海域吸附效果更好；pH 对于溢油的去除影响不大，两种材料在不同的 pH 环境下保持了良好的稳定性；振荡频率变化可以影响吸附材料对水中油品的去除率。因此，采用吸油材料处理海洋石油污染时，平静的海面有助于吸附材料的吸附作用，但如果风浪过大，则会对吸附带来不利影响。

3.2.2　合成吸油材料

1. 合成吸油材料底物选择

近年来，对合成吸油材料的研究使用成为热点。其中包含可用于油水分离的不锈钢网、薄膜、海绵等材料。新型吸油材料与传统吸油材料相比，吸油性能得到很大提升，但是仍然存在不足，如生产成本高、制备工艺复杂、需要专业化的设备、耐腐蚀性及重复使用性差等问题。解决现有的吸油材料存在这些问题，探讨吸油材料吸油饱和后的再处理方法，提高材料的循环使用次数，实现溢油回收，降低制造成本将是新型吸油材料未来的研究方向与重点。近年来，对新型吸油材料的研究方向主要集中在具有疏水性及优良吸油能力的海绵状材料。商业化的聚合物海绵，如聚氨酯海绵和三聚氰胺海绵，来源丰富，成本低廉，吸附性能好，是优异的吸油候选材料。本书选用三聚氰胺海绵作为改性基体材料，其又称密胺海绵，是以三聚氰胺树脂作为基体，经过发泡后制得的一种海绵材料。德国的巴斯夫公司最早研制并开发了三聚氰胺海绵，同时该公司还拥有一系列发明专利详细地阐述了三聚氰胺海绵的制备机理。三聚氰胺海绵不仅有类似聚氨酯海绵一样的三维网状结构及优异的弹性性能，同时还具有高开孔率、结构稳定的特点。其主链结构由一个六元环和三个氨基构成，总含氮量高达66 %，其分子结构如图 3-43 所示。同时，由于六元环本身具有结构稳定，不易分解的特点，因此三聚氰胺海绵常被用做阻燃材料。此外，该材料还拥有优异的吸声性能、隔热性能和良好的二次加工使用性，使其在建筑材料、交通工具、航空航天、电子信息、家用电器等领域都得到了广泛的应用，可以满足多种场所对材料的功能性和装饰性等多方面的要求，具有广阔的市场前景。

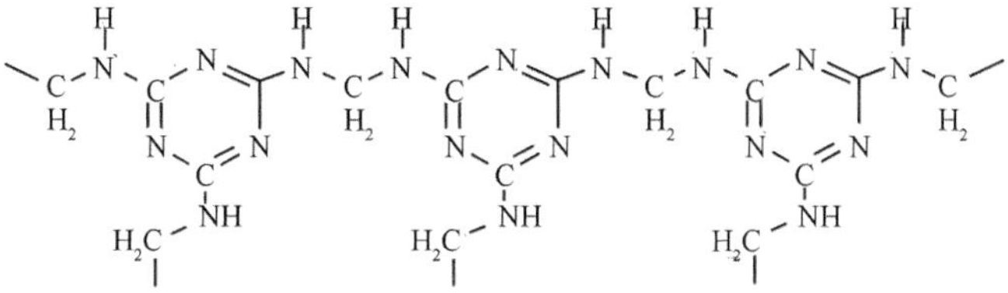

图 3-43　三聚氰胺海绵分子结构图

三聚氰胺海绵作为吸油材料的研究逐渐增多，三聚氰胺海绵本身对油水没有吸收选择性，利用其骨架自身带有的大量活性氨基基团，通过对海绵的表面改性，即可实现油水混合物的选择性分离。但它们对水和油均具有优良的吸附性，无法有效地将油从水中除去，因而不能直接使用。通过表面改性，可以使海绵性质由原来的既亲水又亲油变为只亲油不亲水，从而提升其吸附选择性，实现油水分离。

2. 合成吸油材料改性方法选择

通过多种方法制备的改性海绵油水分离材料对油水混合物中的油都具有非常好的吸收选择性，而且原材料海绵廉价容易得到，易于实现大批量生产。但是，到目前为止，大部分已有的吸油材料在实际应用中都带有一些缺陷，如较低的油品吸收效率、较弱的循环使用率及较差的重复利用率，这些都限制其推广和使用。另外，一些固有的缺陷也存在于材料制备过程中，如制备过程耗时耗能、需要复杂昂贵的设备仪器、改性过程需要大量的改性试剂等，这些都限制了其工业化生产。因此，实现制备省时、廉价、可大批量生产的疏水弹性材料仍然面临着诸多难题。对疏水表面研究的快速进展，其中有多种理论和模型可以用来阐述表面结构和化学性质对疏水性的影响，同时各种疏水表面制备方法也得到不断拓展，在各个方面的应用研究得到蓬勃发展。疏水表面的制备需要同时具有粗糙的表面结构，以及低表面能的物质作为修饰。可以通过对已有的粗糙结构采用低表面能的物质修饰，也可以用具有低表面能的物质直接构造出粗糙结构。目前已有的多种制备构造疏水表面的方法，每一种都有自己的特点和适用范围。表面刻蚀法对材料表面改性不需要专业的设备，在实验室即可实现。通过液体试剂对材料表面的处理，生成活性官能团。与其他改性方法相比，该方法能够更好的渗透到三维多孔基底内部，从而实现材料表面功能化，但是该方法也存在一些不足，如使用该方法进行表面功能化时的重复性相对较差，有时还会产生一些有毒有害的化学成分及出现不规则刻蚀表面的现象，同时还需要集中处理一些反应后带有腐蚀性的溶液，因此该方法不适合于大规模的工业生产应用。模版法是将高分子预聚体通过渗透或挤压作用覆盖在一些具有特殊结构的模版上，实现对模版的复制，再选用具有低表面能的材料进行后续修饰，即可得到性能较好的疏水表面。模版法具有重复性好的优点，模版取材也很广泛，如植物叶片、动物翅膀，或者是某些具有特殊规整结构的材料。溶液浸渍法是指将基体材料经过简单的预处理或不经过任何处理直接浸入已经配制好的溶液中，控制浸泡反应时间和浸泡溶液的浓度，实现制备超疏水材料的目的。溶胶-凝胶法是利用前驱体在水中的水解和缩合反应，在溶胶粒子之间交联形成的三维网状结构凝胶，再通过对凝胶材料的疏水化处理得到疏水性材料。由于制备过程中存在交联网状结构，因此采用该方法得到的疏水材料往往具有较好的热稳定性。除上述方法外，还有其他多种疏水表面的制备方法，如热氧化法、相分离法、电化学沉积法、静电纺丝法、自组装法等。溶液浸渍法具有生产快捷、操作简单的优点，因此选择采用溶液浸渍法。

3. 改性三聚氰胺海绵制备

通过在海绵骨架表面上用烷基硅烷化合物的仲氨基硅烷化三聚氰胺海绵来制备超疏水海绵，在所述海绵骨架的表面上形成自组装单层。烷基硅烷结合到骨架的表面上，将海绵从亲水转变成超疏水，改性过程如图 3-44 所示。

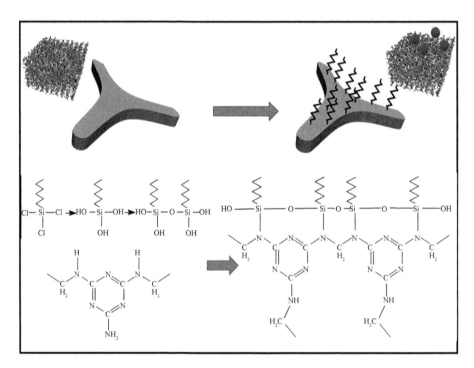

图 3-44　三聚氰胺海绵改性过程示意图

将三聚氰胺海绵（MS）剪成小块放入超声波清洗仪中用蒸馏水清洗 3 次，每次 10 min，去除表面杂质，放入烘箱内 60 ℃烘干。以正己烷为溶剂配置体积分数为 0.5 % 的正辛基三氯硅烷溶液，取 MS 浸泡于上述溶液，30 min 取出，挤压多余液体后置于烘箱中 60 ℃烘干。取出材料用无水乙醇清洗数遍，再次烘干后得到改性样品。

研究不同溶剂对改性样品的影响，分别选取甲苯、乙醇、乙醚、丙酮和正己烷为溶剂，其余条件不变；研究正辛基三氯硅烷溶液浓度对改性样品的影响，分别配置体积分数为 0.1 %、0.5 %、1.0 %、1.5 %和 2.0 %的溶液，其他条件不变；研究不同改性时间对样品的影响，使 MS 在溶液中分别浸泡 5 min、15 min、30 min、45 min 和 60 min，其他条件不变。

测试不同溶剂制得样品的接触角，如图 3-45 所示，各组接触角：正己烷＞乙醚＞

甲苯＞丙酮＞乙醇，各组样品形态和弹性性能均无差别，因此将正己烷作为改性溶剂。测试不同硅烷溶液浓度制得样品的接触角，如图 3-46 所示，0.1 %组的样品接触角仅为 115°±2°，说明硅烷浓度较低同 MS 反应不充分，正辛基三氯硅烷未完全涂覆。随着硅烷溶液浓度增加，0.5 %和 1.0 %组的样品接触角分别达 143°±3°和 142°±4°，差别较小。浓度继续增加样品接触角出现减小，实验中发现 1.5 %和 2.0 %组的样品孔隙内存在白色粉状物质，挤压或清洗后掉落，考虑是由于硅烷浓度过高，硅烷之间反应速率远大于同材料的反应速率使涂覆效果下降。各组样品弹性性能无差别，对比改性成本与疏水性能，确定改性溶液浓度为 0.5 %。测试不同改性时长制备样品的接触角，如图 3-47 所示，30 min 内样品接触角随时间的延长不断增大，30 min 后随着改性时间的增加样品接触角开始减小，在实验过程中发现 45 min 和 60 min 组的样品弹性性能降低并且表面出现腐蚀痕迹，考虑是反应时间过长，溶液中副产物 HCl 对海绵腐蚀作用导致，改性时间定为 30 min。

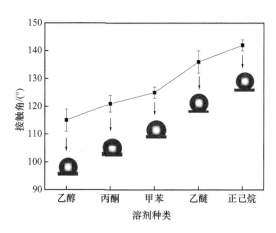

图 3-45　不同溶剂对于改性海绵接触角的影响

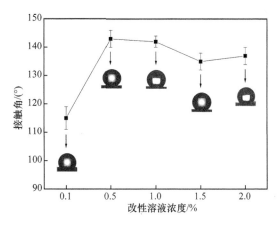

图 3-46　改性溶液浓度对于改性海绵接触角的影响

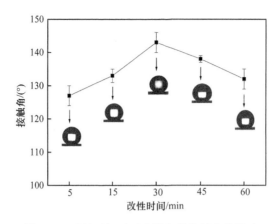

图 3-47　改性时间对于改性海绵接触角的影响

利用扫描电镜对不同改性时间样品的微观形貌进行分析，如图 3-48、图 3-49 所示。原始树脂泡沫呈现出三维多孔结构，骨架上无附着物，表面光滑。浸渍时间 5 min、15 min、30 min 样品内部形态仍保持完整，结构未发生破坏，其中 5 min 样品，15 min 样品骨架表面硅烷涂层附着不完整，形态较薄且不均匀，说明改性时间太短样品同硅烷未充分反应；相比 30 min 样品骨架表面硅烷涂覆完全，涂层均匀且表面粗糙度高。45 min 样品和 60 min 样品内部结构出现破坏，骨架发生断裂，可能由于硅烷水解产生的 HCl 对样品的持续作用导致的，45 min 样品骨架连接处出现了硅烷的堆积，而 60 min 样品则整体出现了硅烷的粘连，说明随着改性时间的延长，硅烷之间发生缩聚反应速率远大于树脂泡沫和硅烷之间的反应速率。同理，硅烷浓度对于三聚氰胺海绵的影响也是如此，当硅烷浓度过小时，海绵同疏水剂之间反应不充分，海绵疏水效果不佳，当硅烷浓度过大时，反应副产物 HCl 的增加会对海绵底物造成破坏，并且硅烷之间的缩聚反应会大于硅烷同底物之间的反应。

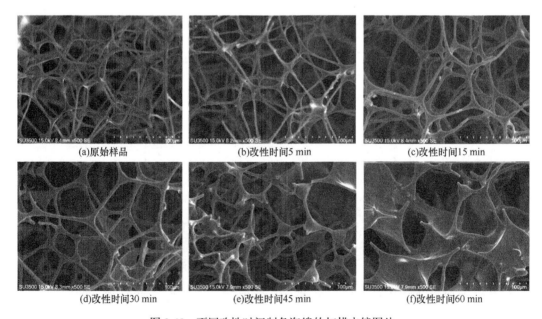

图 3-48　不同改性时间制备海绵的扫描电镜图片

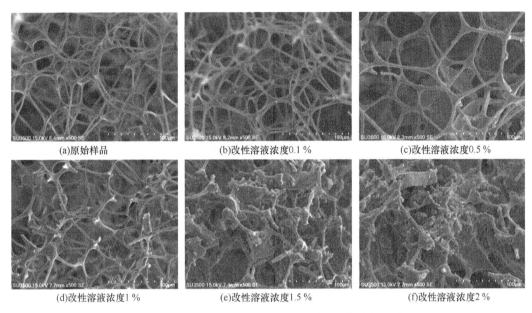

(a)原始样品　　　　　(b)改性溶液浓度0.1 %　　　　　(c)改性溶液浓度0.5 %

(d)改性溶液浓度1 %　　　　(e)改性溶液浓度1.5 %　　　　(f)改性溶液浓度2 %

图 3-49　不同改性溶液浓度制备海绵的扫描电镜图片

利用扫描电镜对改性前后样品的微观形貌进行分析，如图 3-50 所示，原始海绵呈现出三维多孔结构，有巨大的比表面积和吸附体积，骨架上无附着物，表面光滑。改性 MS 内部形态仍保持完整，骨架未发生断裂，仍然呈现出多孔网状结构，比表面积和体积无明显改变，海绵骨架上硅烷涂层涂覆完整，形态厚实且均匀，表面粗糙度增加。

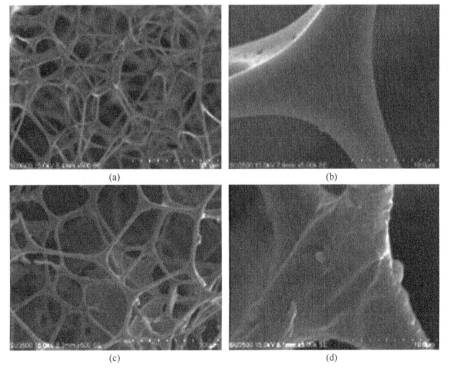

(a)　　　　　　　　　　　　(b)

(c)　　　　　　　　　　　　(d)

图 3-50　改性前（a）、（b）和改性后（c）、（d）海绵的扫描电镜图片

傅里叶红外光谱仪扫描得到改性前后材料的红外光谱图，结果如图 3-51 所示。MS 图谱中，812 cm⁻¹、1340 cm⁻¹ 处为三聚氰胺中三嗪环的特征吸收峰，1482 cm⁻¹ 处为 C=N 特征吸收峰，3357 cm⁻¹ 处为同三嗪环相连的 N—H 链伸缩振动峰。995 cm⁻¹、1582 cm⁻¹ 处的吸收峰为 C—H 弯曲峰，2851 cm⁻¹、2954 cm⁻¹ 处的吸收峰为 C—H 拉伸峰。改性 MS 中 C—H 拉伸峰强度明显增强，略微偏移至 2854 cm⁻¹、2925 cm⁻¹ 处，这是由于硅烷中存在的—CH₂，—CH₃ 中的 C—H 拉伸。改性后样品在 580 cm⁻¹ 处出现 Si—N 键的吸收峰，1000 cm⁻¹ 处出现 Si—O—Si 拉伸峰，其中由于 C—H 弯曲峰和 Si—O—Si 拉伸峰的重叠，导致 1000 cm⁻¹ 处峰的强度增加。上述结果表明正辛基三氯硅烷同三聚氰胺海绵充分键合。

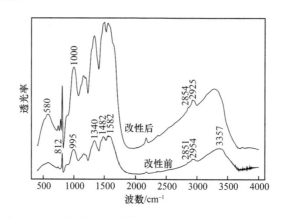

图 3-51 改性前后海绵的傅里叶变换红外吸收光谱图

热重测试在氮气氛围下进行，热解温度为 0～600 ℃，得到 MS 及改性 MS 的 TG 曲线，如图 3-52 所示。改性前后样品的 TG 曲线相似，可以分成 30～100 ℃、100～180 ℃、180～350 ℃、350～390 ℃、390～600 ℃五个温度范围。30～100 ℃范围内的质量损失是因为泡沫表面吸附的水分蒸发；100～180 ℃范围内的质量损失主要是树脂泡沫固化反应分解、羟甲基的自缩合反应，以及三聚氰胺和羟甲基之间的缩合反应导致的水分消失；180～350 ℃范围内的质量损失缘于醚桥中甲醛的破坏；350～390 ℃范围内的质量损失归因于亚甲基桥的破坏；390～600 ℃范围内的质量损由于三嗪环的热降解。但是改性前后仍然有微小的差异，30～100 ℃范围内，改性样品质量损失小于原样品，说明改性后材料疏水性有所增强；而 350～390 ℃范围内改性样品质量损失大于原样品则归因于键合的硅烷涂层的热分解。

4. 改性三聚氰胺海绵性能测试

施加外力将改性三聚氰胺海绵按压于水中，三聚氰胺海绵快速吸水之后浸没于水中，改性三聚氰胺海绵不吸水，停止施加外力后浮于水面上。用滴管将水和柴油滴在改性前后样品表面，三聚氰胺海绵瞬间将水滴和油滴吸收，改性三聚氰胺海绵仅吸收油滴，水滴在其表面仍保持球状；10 min 后再用滴管将改性三聚氰胺海绵表面水滴吸收，原滴加水滴处并未留下任何痕迹，如图 3-53 所示。表明改性后样品展现出良好的疏水亲油能力。

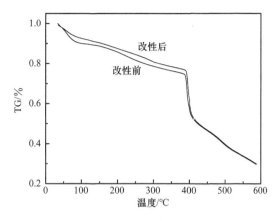

图 3-52　改性前后海绵的热重曲线图

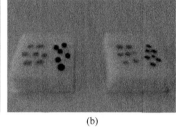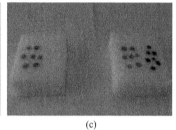

(a)　　　　　　　　　　(b)　　　　　　　　　　(c)

图 3-53　改性前后海绵的湿润效果

　　测定改性三聚氰胺海绵针对几种油品重复使用 5 次的吸油倍率。改性三聚氰胺海绵首次对原油、润滑油、大豆油和柴油吸附倍率分别达到 94.62±4.72 g/g、84.11±3.84 g/g、75.21±3.04 g/g、73.98±2.43 g/g。材料吸油主要依靠其三维结构内部的孔隙，吸附同样体积的油品，油品的密度增加会导致吸附倍率的增高，并且黏性较高的油品除了充填于材料的内部，一部分还会黏附在材料表面，也增大了该油品的吸附倍率。重复使用 5 次后对原油、润滑油、大豆油和柴油吸附倍率分别为 77.42±5.01 g/g、76.68±2.86 g/g、71.67±4.07 g/g 和 72.13±1.30 g/g。吸油倍率有明显的降低，其原因主要有两点：首先是重复使用过程中材料内部有残余的油品未能清洗干净；还有材料在不断反复挤压过程中会导致泡沫的骨架结构发生损坏，以及泡沫发生轻微形变导致吸油量减少。虽然改性三聚氰胺海绵的吸油倍率在重复使用过程中出现一定降低，但其仍然展现出良好的循环利用性能。

　　测试改性三聚氰胺海绵对不同油品的吸附速率绘制吸附曲线，再利用吸附动力学模型对曲线拟合，研究改性样品对油品的吸附机理。常用模型包括准一级吸附模型和准二级吸附模型。

　　如图 3-54 及表 3-14 所示，与准二级吸附模型相比，准一级吸附模型对于四种油品的吸附速率拟合度更高，并且根据表 3-14，准一级吸附模型的相关系数 R^2 均高于 0.99。将改性三聚氰胺海绵实验测得的吸油倍率与准一级吸附模型计算得到的吸油倍率进行对比，如表 3-15 所示，对于原油、润滑油、大豆油和柴油分别相差 0.3 %、0.8 %、0.1 % 和 0.9 %。说明准一级吸附模型可以较准确的描述改性三聚氰胺海绵对于四种油品的吸附动力学过程。

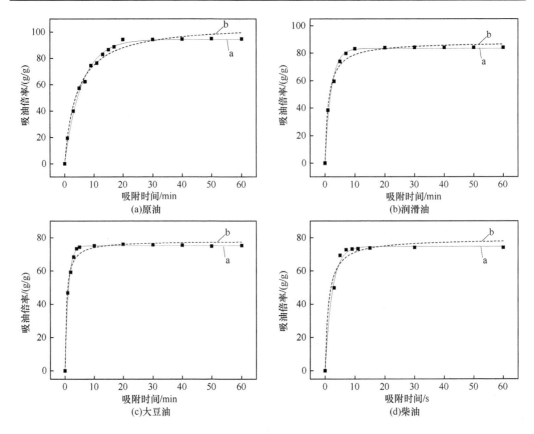

图 3-54　改性海绵对于原油、润滑油、大豆油、柴油的动力学方程拟合曲线
a. 准一级吸附模型；b. 准二级吸附模型

表 3-14　改性海绵对于不同油品的动力学拟合参数

油品	准一级吸附动力学方程			准二级吸附动力学方程		
	Q_e/(g/g)	K_1	R^2	Q_e/(g/g)	K_2	R^2
原油	94.35	0.1714	0.9943	106.59	0.0022	0.9881
润滑油	83.46	0.4808	0.9907	88.23	0.0095	0.9885
大豆油	75.14	0.8735	0.9962	78.07	0.0232	0.9847
柴油	74.66	0.4185	0.9930	79.29	0.0110	0.9691

表 3-15　改性海绵理论吸油倍率和实验吸油倍率

油品	Q_e/(g/g)	Q_e/(g/g)	误差/ %
原油	94.35	94.62	0.3
润滑油	83.46	84.11	0.8
豆油	75.14	75.21	0.1
柴油	74.66	73.98	0.9

改性三聚氰胺海绵在油水混合物中吸收柴油的动态过程如图 3-55 所示。将改性三聚氰胺海绵置于油面上，改性三聚氰胺海绵触及油面立即开始吸附，直至将水面柴油吸附完毕。对吸油后的泡沫挤压，可以看出大柴油被挤出，且挤出的柴油中并不含水。整个吸油过程简单迅速，改性三聚氰胺海绵达到了良好的油水分离的性能，并且可以轻松地实现对油品的回收利用。

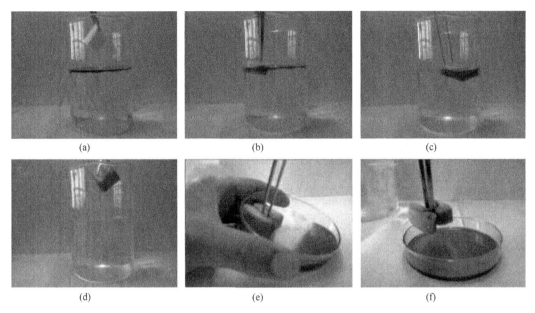

图 3-55　海绵在油水混合物中吸附效果

油水分离能力和动态吸油能力是评价吸油材料性能的重要指标，因此利用实验室设备组成一套动态油水分离装置测试改性三聚氰胺海绵性能。如图 3-56 所示，将改性三

图 3-56　改性海绵油水选择及动态吸油测试

聚氰胺海绵固定至皮管并将皮管插入抽滤瓶，再将抽滤瓶另一口用皮管连接至真空泵，然后把 200 mL 蒸馏水和 150 mL 柴油（油性染料染红）加入烧杯，放入转子后使用磁力搅拌仪进行搅拌，形成油水混合物，开启真空泵后将改性三聚氰胺海绵插入油水界面中进行油水分离，观察其吸油表现。

开启磁力搅拌仪后油水开始混合并形成油柱，将改性三聚氰胺海绵插入油水界面后，由于真空泵的压力柴油不断的抽至抽滤瓶中，随着油面的不断下降抽出的油量逐渐减少，大部分油被收集至抽滤瓶后，移动皮管清理水中少许浮油，待清理干净后关闭真空泵。结束抽滤后烧杯中蒸馏水仍为 200 mL，且抽滤瓶内柴油中不含水。上述表明改性三聚氰胺海绵有着优异的油水分离和动态吸油性能。

5. 波流条件下乳化溢油吸附研究

1）溢油乳化模型研究

海上各类溢油事故的发生导致石油泄漏到海面，海面溢油经过自然扩散、漂移及风化等一系列物理化学变化，最终在海面形成一种高黏度乳化油。溢油乳化主要分为三个过程：溢油油层产生过程、油水混合过程和 W/O 型乳化油的形成过程。海上溢油是否会形成油包水型乳化物，其形成原因、速率都与油本身的成分和性质、外界条件的影响有关。通过查阅文献和实验观察，在确定发生乳化的过程中既有物理化学因素的影响，又有动力学因素的影响。

基于现有关于溢油乳化模拟实验的相关研究及乳化油形成机制，根据溢油乳化的影响因素设定实验变量，在室外波流水槽可控条件下进行溢油乳化模拟，并在取得乳化油样品的第一时间进行乳化油性质测定，得到乳化油的变化特征。利用现有溢油乳化模型模拟乳化过程并与物理实验结果进行对比，验证预测模型的准确性从而更好地模拟溢油乳化过程。

溢油吸附是应急处理的重要步骤，溢油吸附材料性能的优劣直接影响溢油处理的效果。目前吸油材料的吸附性能是化学实验室理想条件下在纯油条件下静态实验的测试结果，或者采用搅拌、振荡等方式进行简单油水混合的乳化，进行吸油材料在油水混合物的吸附性能实验。无法做到在模拟的海洋动力环境中进行工程性吸附实验，无法得到工程应用中吸附材料的真实吸附吸能参数。在波流等环境条件下获得吸附材料的吸附性能，需要利用波流水槽进行模拟实验。

实验中选取中黏度石化润滑油和工程应用较为广泛的吸油材料，通过实际波流环境下的乳化油吸附实验，获得材料在应用过程中对于溢油的吸附情况。另外，通过分析吸附材料的结构，结合吸附材料与乳化油接触角，分析吸附材料对实验用油的吸附性能变化的部分原因。

油包水型乳化油的形成主要分为溢油层形成、油水混合和乳化油形成三个过程。油品组成成分中是否含有沥青质、胶质和蜡等跟乳化密切相关的化学物质，是否有足够能量强度的海洋波浪都是溢油在海面形成较稳定的乳化油的重要因素。而且不同波流条件下，溢油乳化机制会有差异，总的来说单纯水流因素对溢油乳化影响较小，但是水流冲击会加剧波浪的影响力，促进溢油乳化的发生。目前关于溢油乳化的机制中研究沥青质对于溢油乳化的重要性的研究比较多，实验选择沥青质含量极低的润滑油，研究胶质在溢油乳化中的作用，并根据乳化模型预测乳化过程。溢油模拟方法较多，从现场模拟到实验室模拟，物理水槽溢油模拟实验是重要的一项，考虑到现场模拟的难度，水槽试验是研究溢油乳化的重要方式和参考依据。

溢油发生乳化过程既与本身化学组成有关，也需要外界能量的作用。化学实验室采用搅拌、振荡等多种方式产生的外力作用于油水混合物，进行油水的混合乳化，与实际情况差距大。在波浪与海洋结构作用的物理模拟试验中，研究人员利用相似理论解决实验室波浪同现场波浪之间的关系。利用波浪实验水槽模拟海洋波浪，获得溢油在水槽中的变化行为，类比现场实验。

实验油选用 CKC220 中黏度工业齿轮润滑油，润滑油是以精炼过的矿物油为基础油添加了特殊添加剂后形成的产品，其经过脱沥青质、脱蜡工艺后，含有的乳化剂主要为胶质。润滑油闪点（开口）为 242 ℃，倾点为–9 ℃。该实验是在 30~32 ℃水温条件下完成的。为了便于观察，实验前对部分油品进行染色处理，所用颜料为洋红色有机染料，只溶于油品，而与水互不相容。

实验所需的围油栏是由一个圆柱形的浮子、一个柔性裙体和一个平衡配重组成的。在这项实验中，浮油区域在围油栏前侧。受到现实条件的制约，不是每个实验都可以进行原型实验。而使用物理模型进行模拟试验能快速、有效且低成本的对有关现象进行研究，解决现实问题。海上溢油模拟主要有现场实验和不同比例尺的物理波流水槽实验。

实验在交通运输部天津水运工程科学研究所（TIWTE）溢油模拟实验水槽进行，水槽长 45 m，宽 0.5 m，深 1.1 m，实验水深 0.8 m。波流实验水槽四壁和底部均为钢化玻璃并用钢结构来固定，水槽右侧安装推板式造波机，消波材料放置在水槽两端。水槽的底部设置有造流系统，在造流出水口安装导流板，水槽可以实现双向造流。用监控摄像机记录实验区域油膜的形态变化、乳化情况和吸附过程的现象。围油栏放置在水槽的中间，两条系泊绳将围油栏进行锚定，以限制围油栏的移动。图 3-57 为实验水槽的原理图。

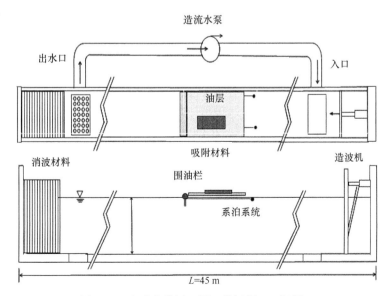

图 3-57　实验水槽原理图（俯视图、正视图）

本实验采用波流水槽，利用模拟波流条件实现溢油的乳化。实验中主要控制油量、材料的放取、波浪和水流，实验水槽使用淡水，pH 约为 7.12，表层水温在 30 ℃左右，室外温度 25～35 ℃。

由国际标准化组织的 ISO21072—1 标准规定，收油机性能检测需要根据油品性质差异而设置不同油层厚度。吸附材料主要应用于溢油应急后期处理较薄油层，油层厚度的设定低于收油机的使用厚度范围。本书中针对溢油乳化的实验设定润滑油油层厚度为 3 mm、5 mm、10 mm。

实验通过以下步骤进行：

（1）将适量中负荷齿轮润滑油缓慢倒入实验区域，防止快速倒入时会有部分油滴进入水中在水流冲击下流失。调节水流流速，使油层初始厚度满足实验要求，油层长度保持在 0.8 m 以上；

（2）通过人工造波使波浪在水槽中传播 5 min，在停止造波后，立刻提取油样本分别放入 50 mL 与 5 mL 样本管；

（3）重复步骤（2）过程，重复共计 6 次后，取出剩余水面浮油；

（4）利用实验中得到的油样本，得到油品乳化后的黏度和乳化油的含水量。

乳化油黏度的测定借助于流变仪，将在上述实验中获得一个 50 mL 的乳化油样本，在取样后立刻送入实验室，使用美国博勒飞 DV3T 型流变仪检测乳化油样本的动力黏度，得到每一个样本的动力黏度。黏度的测试在室温 30±2 ℃条件下进行。

根据 GB/T8929—2006《原油水含量的测定蒸馏法》，将 5 mL 乳化油样品和不溶于水的石油醚混合后用电热套加热，样品中的水被蒸馏，冷凝后的溶剂和水在接收器中连续分离。水沉降在接收器中的刻度管里，溶剂回流到蒸馏烧瓶中。利用蒸馏法去除乳化油中的水分实现油水分离，得到乳化油的含水率。

在中国近海，定义环境要素的观测的平均值和最大值分别代表"工作海况"和"极端海况"。基于统计结果，得到各海域的"工作海况"条件下的环境参数，如表 3-16 所示，为接下来的模型试验提供依据和参考数据。

表 3-16 "工作海况"环境参数

渤海	黄海	东海	南海
0.79	1.43	2.07	1.91
0.15	0.15	0.25	0.25

查阅有关物理模型实验规范，我国尚未颁布针对溢油应急设备方面的物理模型实验相关规程、规范和标准，在海洋工程上一般整体物理模型实验的缩尺比小于 150，断面模型实验缩尺比小于 80。交通运输部天津水运工程科学研究所（TIWTE）溢油模拟实验平台的设计，是根据其大比尺（1∶1～1∶5）水槽缩比尺 10 设计建造。

本水槽试验使用规则波和匀速水流，水深 0.8 m，根据相似关系得到各组次波浪要素如表 3-17 所示，水流要素见表 3-18。

表 3-17　设计波浪要素表

波浪	W_1	W_2	W_3	W_4	W_5	W_6	W_7
水深 h/m	0.8	0.8	0.8	0.8	0.8	0.8	0.8
波高 H/m	0.06	0.06	0.06	0.08	0.08	0.04	0.04
周期 T/s	1.2	1.7	2.2	1.2	2.2	1.3	2.2
波长 L/m	2.2	3.88	5.48	2.2	5.48	2.54	5.48
波陡 H/L	0.027	0.015	0.011	0.036	0.015	0.016	0.007

表 3-18　设计水流要素表

组次	V_1	V_2	V_3	V_4	V_5	V_6	V_7	V_8	V_9
流速 V/（m/s）	0	0.05	0.1	0.15	0.18	0.23	0.28	0.36	0.40

溢油在自然条件下的扩散和漂移，主要是在海面风、浪、流等因素作用下自由扩散，溢油油层厚度差别也较大。根据溢油乳化模拟实验的方法，针对特定厚度范围的油层进行实验，因此需要对油层进行围控。在钢化玻璃水槽进行断面实验，可以在侧面观察实验过程，方便获取实验数据。

在围控条件下，溢油在被围控条件下的外形变化如图 3-58 所示。油层在水流的作用下朝向围油栏移动，积聚在围油栏前面的油膜随之变厚。油层初始厚度为 3 mm，油层在水流冲击下可以达到 10 mm 甚至更厚，不同的厚度都可以通过调节水流来实现。

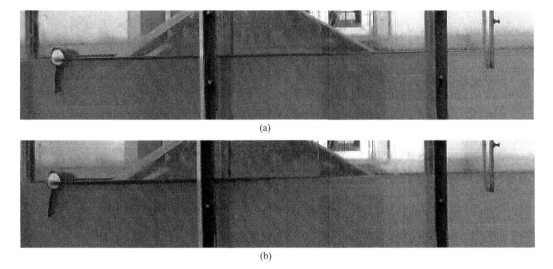

(a)

(b)

图 3-58　溢油围控示意图

通过对溢油乳化影响因素的分析，溢油的乳化受到自身化学组分、厚度、气象环境、海况等因素影响。实验通过施加不同量的油、调节水流的流速，获得油层在不同流速的变化规律，从而为波流实验提供油层厚度的基础数据。

考虑到初始投油体积的影响，不同的油量对应于不同的初始油膜长度，围油栏上游的浮油长度与水流速度变化相一致，如图 3-59 所示。当 U_c 小于 0.2 m/s 时，处于油层积累阶段，油膜的长度随着水流速度的增加而快速变短；U_c 大于 0.2 m/s 小于 0.36 m/s 时，油层处于积累向围控失效转变的过程，油层长度缓慢减小；而在 U_c 大于 0.36 m/s 时，围油栏围控失效，油膜长度呈现快速下降的趋势。由于油层形状不规则且厚度不均匀，以围油栏近侧的最大油层厚度 h 表征油层厚度变化。流动速度的增加导致围油栏近侧峰值厚度的增加，变化趋势是线性的直到油膜开始从围油栏下方流失（U_c 大于 0.36 m/s）。

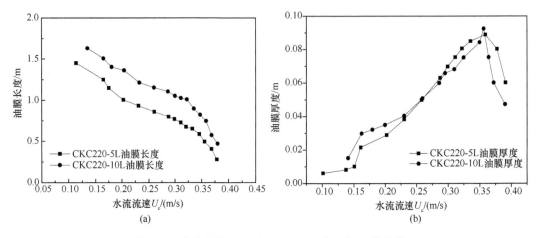

图 3-59　油膜长度（a）和厚度（b）随水流 U_C 的变化

　　根据原型水流参数来设定水槽水流速度，吸附材料的使用是在围油栏有效围控下的油膜进行吸附回收，因此实验水流应当控制在 0.36 m/s 以下。

　　由乳化机制可知，海上油层在波浪的作用下反复拉伸和收缩，随着油层不断被撕扯，海水不断进入到油层中实现油水混合，油中的表面活性剂立即被吸附在水滴的表面，并且通过与水的结合来稳定这些水滴；然后逐步形成更加黏稠的油层。在 W_4 作用 30 min 后，初始厚度约为 10.2 mm 油层增加到约 12.4 mm（即使一部分乳化油流失），如图 3-60 所示。

　　通过实验发现，相对于不同流速的水流冲击下油层长度的线性变化，在固定流速 V_3 和不同波浪作用下油层的长度变化幅度较小，长度变化最大差值为 0.31 m，如图 3-61（a）所示。长度变化的主要因素为两个方面：一是在溢油乳化过程中，部分油逸散而脱离围控区域；二是溢油乳化后分子间作用力增加，界面张力增大，油层的流动性降低，聚集后不易散开。

　　油层厚度的增加主要源于溢油与水混合后形成了油包水型乳化油。如图 3-61（b）所示，在乳化油的产生过程中，由于密度的变化，乳化油会在未乳化油的下面直到溢油完全被乳化；乳化油分子增大，也会导致油体积的增大，直观体现在油层厚度的增大。其中，在周期相同的情况下，波高越大，油层厚度增加越明显；在波高相同的情况下，周期越小油层增加越明显。说明波浪能量越高，对于溢油乳化作用越大。

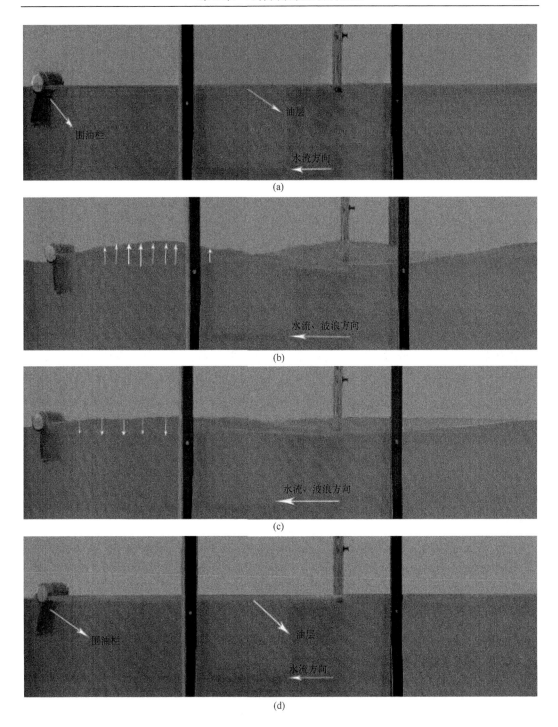

图 3-60　波浪作用下油层乳化过程图

　　石油进入海洋后由于其化学组分和海洋能量影响，大部分是以乳化状态存在于海洋表面，这种乳状液通常黏度大，海水含量高，不易消散。乳化液是一种液体分散于另一种液体中形成的多相分散体系。乳状液的组成有两个相，以小液滴形式存在的相被称为

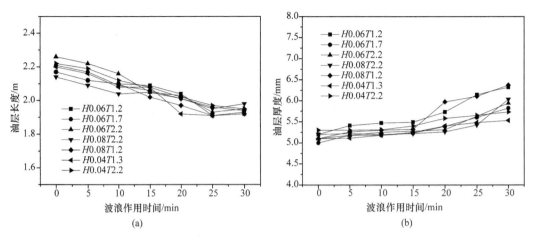

图 3-61　油膜长度（a）和厚度（b）随时间的变化（V_3，$W_1 \sim W_7$，初始厚度 5 mm）

分散相，也称为不连续相；成片相连的相被称为分散介质，也称为连续相。组成乳化油的两相，一般是"水"相和"油"相。根据油与水在乳液中的角色不同，把乳化液分为两种类型。油包水型乳化油是水为分散相，油为连续相；水包油型乳化油是水为连续相，油为分散相。油包水混合物分为四种状态或类别：稳定的、中等稳定的、不稳定的和夹带水的。乳化油特性不同是由于沥青质和树脂含量，以及起始油黏度的差异而不同。这些状态是根据乳化物存在寿命、视觉外观、流变特性和黏度差异而建立的。不稳定油包水乳液的特性在于油不会持续含有大量的水，其含有较多水分时也只能保持较短的时间。此种乳液的原始油的所有性质比其他三个油包水状态的原始油范围宽得多。例如，黏度可低可高、燃料油、非常重的黏性油产品和风化的原油都可以。

海洋环境中波浪类型众多无法一一覆盖，本实验选择规则波为实验波浪，根据前文中波浪数据的筛选，选择观测得到的平均值中等波浪 W_1 作为主要波浪参数。在 W_1 波浪作用下 30 min 和 90 min 后，初始厚度 5 mm 的油层含水率分别达到 21.85 % 和 43.21 %。在波浪作用 5～30 min 后将得到的乳化油样品放置在透明玻璃瓶内，每隔 1 h 观察油样的变化，发现在 17 h 后油样出现破乳，在重力作用下发生油水分离现象，因此形成的乳化物为不稳定乳化物。实验所得乳化油如图 3-62 所示，参数如表 3-19 所示。

图 3-62　乳化溢油样本（1～6 分别为：5 min～30 min，间隔为 5 min）

表 3-19　W_1 条件下乳化油含水量和黏度变化

时间/min	0	30	60	90
含水量/%	0	21.85	35.27	43.21
黏度/cP	233.7	457.5	951.2	1463.0

注：1 cP=10^{-3} Pa·s。

　　选择中等波浪 W_1 为波浪参数和 3 mm、5 mm、10 mm 厚度油层进行波流实验，观察并分析油层在 W_1 作用下的变化规律。3 种厚度的油层在 W_1 作用 30 min 后，油层的含水量和黏度变化如图 3-63 所示。其中，每个时间点 3 mm 油层含水量比 5 mm 和 10 mm 厚度油层含水量都要高，10 mm 油层含水率增加缓慢，说明油层越薄油水结合越快。油层的黏度增长变化规律与含水量的增长规律相似。每个时间点 3 mm 油层油样黏度比 5 mm 和 10 mm 厚度油层的油样黏度都要高，10 mm 油层黏度在 15 min 前增长较慢，20 min 后增长加快。同一波浪 W_1 作用下，油层越薄浮油含水量越大，黏度变化越大。实验选择油层含水量与黏度变化更加明显的 5 mm 厚度的油层作为主要研究对象，其他厚度油层的实验仅作为参照。

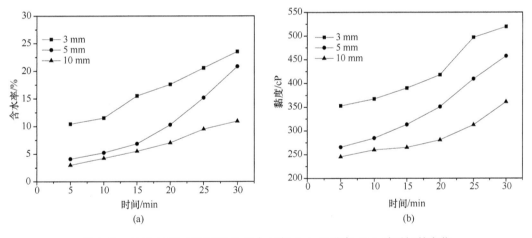

图 3-63　油层在 W_1 作用下乳化后含水率（a）和黏度（b）随时间的变化
（油层厚度 3 mm，5 mm，10 mm）

　　5 mm 厚度油层在不同波浪作用下的含水量和黏度变化如图 3-64 所示。小波高波浪 W_7 作用下，在 15 min 时，油层含水量增加到 2.88 %；在 20 min 时，油层含水量增加到 5.80 %，含水量是 15 min 时刻含水量的一倍，此时为含水量增长率最大值 0.58。在中高波浪 W_1 和 W_4 作用下油层含水量变化相似，在 5 min 含水量达到 4.11 % 与 4.65 %，15 min 时含水量仅为 6.16 % 与 7.05 %，在 20 min 油层含水量迅速上升达到 10 % 以上。15 min 后含水量增长率达到 0.99。不同波高条件下，油层的含水率在 15 min 后都出现迅速增加的趋势。从波浪角度分析，周期相同时，波高越大，油的含水量越大；波高相同时，周期越小含水量越大。在 W_6 作用 15 min 后油的黏度从初始 233.7 cP 增加到 265.2 cP，20 min 时黏度增长为 310.7 cP，但总体增长率较低。在 W_1 和 W_4 条件下，油的黏度变化规律也比较相似。在 W_4 条件下，油样黏度值始终高于其他波况下的油样黏度值。在 5～15 min，黏度增长率低，15 min 油的黏度增长率约为 0.74，黏度增加更快。含水率的变化规律与黏度变化规律互相印证，油层含水量的增加形成油包水型乳化油，乳化油黏度的增大与含水量增加有直接关系。

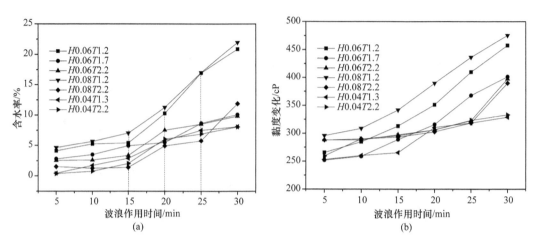

图 3-64　5mm 油层在波浪作用下的含水量（a）和黏度变化（b）（波浪 W_1～W_7）

石油入海以后基本是以乳化状态存在于海洋表面，许多油类易于吸收水而形成油包水乳化液，体积也会增加，这种乳状液通常不容易消散。海上溢油大部分是原油，原油的成分复杂且含有多种与乳化关系密切的化合物。实验过程也验证了上述发现，吸附材料对乳化油吸附性能的研究更具有现实意义。

溢油的乳化程度的大小可以用乳化油的含水率来进行标示，本书对乳化过程的计算采用大多数建模者采用的 Mackay 方程计算含水率的变化。图 3-65 为不同海况条件下乳化过程模拟得到的含水率曲线和模型计算的理论值的对比图。从图中我们可以看出，显示了 W_2 波浪作用下的乳化预测与物理实验数值基本吻合。W_4、W_5 波浪作用下的乳化预测与物理实验数值相似。其他波况相似度较低。本模型对中高型波高条件下的溢油乳化预测更加符合实际情况。

2）吸附材料对乳化油吸附研究

在实验水槽进行有、无波浪的两套溢油吸附实验，无波浪有水流状态实验作为参照实验，验证吸附材料对海面自由漂浮的薄油层的吸附性能。有波浪的动态实验，主要研究吸附材料对于波流作用下的乳化油的吸附性能，结合材料的结构对实验结果进行分析。

实验选取常用的商业吸附材料：聚丙烯吸油毡、动物羽毛吸油片、纳米聚丙烯纤维，以及疏水性三聚氰胺海绵。

（1）经处理的聚丙烯纤维，外层坚韧耐用，较强的毛细管力赋予其较强的吸附性，从而可以有效回收泄漏的石油，产品经挤压后可重复使用。

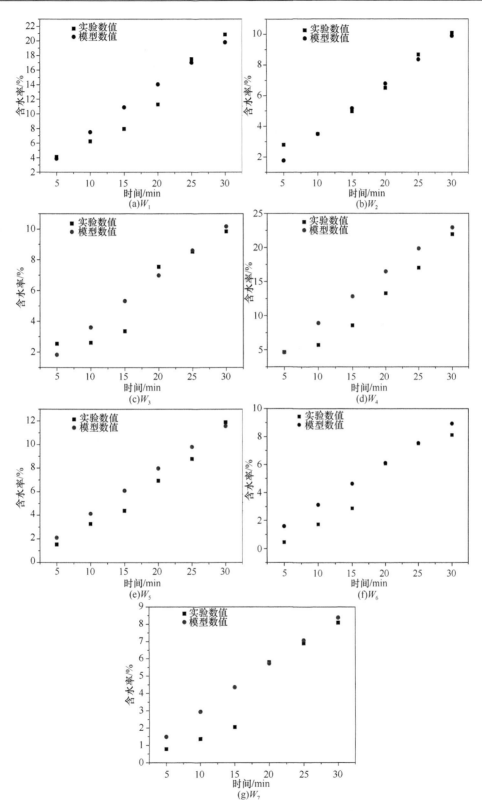

图 3-65　不同海况下乳化油含水率变化曲线

（2）利用羽毛天然的吸油疏水特性，将其加工处理后，经过特殊的成型工艺，生产出的天然羽毛纤维吸油片，吸油倍率较高，吸油快，持油性好，不易破损，同时具有极佳的拒水性。在水面作业时，吸油饱和之后仍可持续漂浮，适合水面或陆上大面积吸附油污。

（3）利用电喷雾沉积法制备纳米级的有机聚合物超细纤维材料，纤维间形成的网状结构使其具有非常大的比表面积。目前关于纳米聚丙烯纤维用于海洋溢油处理的研究报道较少。

（4）为了更好的回收 W/O 型乳化油，以正己烷为溶剂配置体积分数为 0.5 %的正辛基三氯硅烷溶液，取三聚氰胺海绵浸泡于上述溶液 30 min 取出，挤压多余液体后置于烘箱中 60 ℃烘干，得到疏水改性处理的三聚氰胺海绵。

先将聚丙烯吸油毡、吸油羽毛纤维片、纳米聚丙烯纤维、改性三聚氰胺海绵（三聚氰胺海绵）剪成 3 cm×3 cm 小块作为备用材料。吸油量的测定是根据美国材料试验协会（American Society for Testing and Materials，ASTM）定义的吸附性能测试方法 F726-12，测试四种材料在波流作用下的浮油层的吸油量。将已经称量过的材料放置在水槽的油层上，15 min 后捞出，悬滴 30±5 s，称重。在相同条件下进行三个平行实验，取平均值作为结果。

实验室理想条件下，吸附材料对 CKC220 纯油的吸附结果如表 3-20 所示。

表 3-20　吸油材料的吸附性能参数

吸油材料	M_1	M_2	M_3	M_4
主要材质	聚丙烯纤维	羽毛纤维	纳米聚丙烯纤维	三聚氰胺海绵
吸油倍数/(g/g)	10.11	22.80	29.33	94.24

水流冲击作用下油层厚度和长度都会发生变化，因此，在纯水流条件下的吸附溢油的过程，油层的厚度对吸附量具有重要影响（较厚油层可使吸附材料充分接触溢油）。此时油层未发生明显的乳化过程（仅在油-水界面，出现一点乳化痕迹）。不同厚度油层的溢油吸附情况如图 3-66 所示。

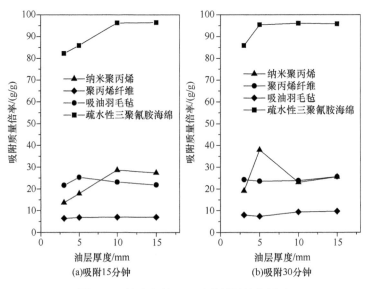

图 3-66　纯流条件下，吸附材料性能测试

从图 3-66 中可以看出，不同材料之间本身性能存在较大差异。在纯水流条件下，溢油厚度和覆盖面积改变，在此条件下不同材料的吸附溢油能力也出现变化。在溢油厚度增加的情况下，四种吸附材料的吸附量都有少量增加（在油层厚度 10 mm 时，纳米聚丙烯纤维的吸附量增加幅度较大，是由于在吸附过程中材料发生翻转使得材料两面都与油层直接接触，直接增加了材料与油层的接触面积），在实际应用过程，吸附材料是单面或双面接触油层是不可控的（两面吸附或者渗透性优异，都有助于溢油回收）。实验观察到，纳米聚丙烯、动物羽毛片和疏水性三聚氰胺海绵材料可以使得油快速浸入，材料也会慢慢进入到油层中，进而充分的接触油层；聚丙烯纤维材料对油的浸入较慢，吸油量难以达到理想程度。因此，吸附材料能否使溢油快速浸入，并将浸入的油锁定在材料当中，这对快速吸附有重要影响。

在风浪的作用下原油吸收部分海水，形成一种高黏度的乳化物，其海水含量高（高流动性或轻质油几乎不会形成乳化油）。乳化油的形成是在短时间内即可发生的一种现象，需要评估现有吸附材料对乳化油的吸附回收效果，进而开发有效回收这种乳化油的材料。实验研究吸附材料对中黏度乳化油吸附性能的变化原因。

图 3-67 给出了不同波高条件下，四种材料对初始厚度 5 mm 的 CKC220 油层的吸附情况。图（a）～（d）分别是疏水性三聚氰胺海绵，动物羽毛吸油片，聚丙烯吸油毡和纳米聚丙烯在 7 种波浪条件下对不同时间节点下的乳化油吸附倍率。如图 3-67 所示，疏水性三聚氰胺海绵对小波高波浪作用时间低于 15 min 的油层吸附减少量为 2%～7%，波浪作用时间高于 15 min 的油层的吸附量才会出现明显的降低，为 11%～18%；其对大波高波浪作用下的油层的吸附减小量更大，对波浪作用时间低于 15 min 的油层吸附减少量为 6%～11%，对波浪作用时间高于 15 min 的油层的吸附量明显的降低为 10%～29%；通过实验观察发现，小波高条件下油的性质变化不剧烈（乳化比较轻微，主要集中在油层边缘区域）；在波高较高时，油层活动剧烈，油的乳化变化更快，即黏度迅速增加，使得溢油无法快速渗透到材料内部。动物羽毛吸油片对于波浪作用下的油层的吸附量减少量较小，约为 10%，仅仅在高波况下吸附量降低约 30%。其对波浪作用 15 min 后的油层的吸附量有所增加，主要因为溢油乳化后其黏度增加，羽毛纤维间较大的空隙有利于油包水乳化油的大分子黏附在材料表面，随着黏度的增加溢油内部分子间作用力较大，物理吸附受到影响，综合来看其在多种波况下依然保持较高的吸附性能。聚丙烯吸油毡对油层的吸附量变化较小，但是其吸附量却低于其设计能力。纳米聚丙烯纤维对中小波高作用后的油层的吸附量前后变化量约为 15%，而且，纳米聚丙烯纤维对波浪作用 5～20 min 的油层吸附量有不同程度的增加，最大增幅达到 40%；但是纳米聚丙烯纤维对大波浪作用下的油层的吸附性能呈现不同趋势。在波高同为 8 cm 时，小周期波浪的条件下，纳米聚丙烯纤维对油层的吸附量不断减小；大周期波浪条件下，纳米聚丙烯纤维对油层的吸附量呈现不断增加的趋势。波高较高且周期较小引发油层活动剧烈，油的性质变化更快导致了溢油吸附量减少幅度较大；相同波高但周期较大的波浪对油层的影响相对较小，油层性质变化较平缓。

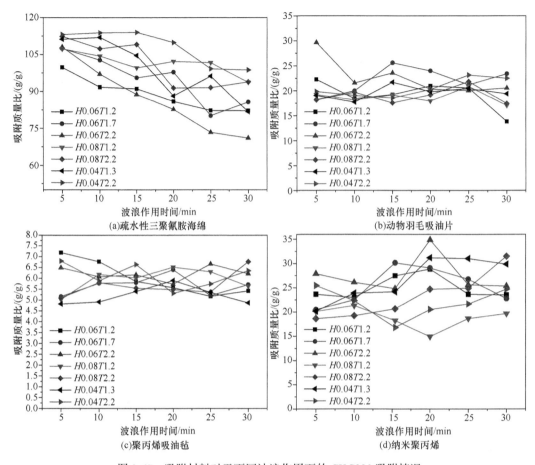

图 3-67　吸附材料对于不同波浪作用下的 CKC220 吸附情况

如图 3-68 所示，图（a）～（d）分别是疏水性三聚氰胺海绵、羽毛纤维、聚丙烯纤维、纳米聚丙烯对初始厚度为 10 mm 的油层的吸附情况。四种材料对于随时间变化的油层的吸附量都随着油层震荡时间的增大而出现不同程度减小。在波浪作用时间的前 45 min 油层乳化变化对于吸附影响较大，吸附材料对波浪作用 60 min 的溢油的吸附量趋于稳定，表明此种溢油性质已经趋于稳定，即油的乳化达到较高的程度。图 3-68（a）疏水性三聚氰胺海绵对于溢油的吸附与溢油乳化程度呈反比，最终吸附性能降低了 31 %左右。动物羽毛纤维片对于大部分波浪作用下的油层的吸附量减少趋势较为平缓，性能降低了 20 %左右；仅仅在 W_1 波况下衰减剧烈，减少量达到 50.1 %，综合来看其在多种波况下仍较好的保持其吸附性能。图 3-68（c）聚丙烯对于中各个程度波高的波浪作用下的油层的吸附量都很低，对于乳化油吸附能力低下。图中纳米聚丙烯纤维对中小波高作用下的油层吸附减少量较小，在波动剧烈的海况下其最终的吸附性能最大降低量达到 52.6 %。由于油层厚度的增加，在相同条件下，10 mm 厚度溢油相对于 5 mm 厚度溢油的乳化过程稍微平缓，主要因为油层变厚，波流对于油层的撕扯强度降低，油水混合速度降低，乳化速率也随之降低。吸附材料对于乳化溢油的吸附性能受乳化程度的影响，不同结构的吸附材料对于乳化溢油的吸附能力差异较大。

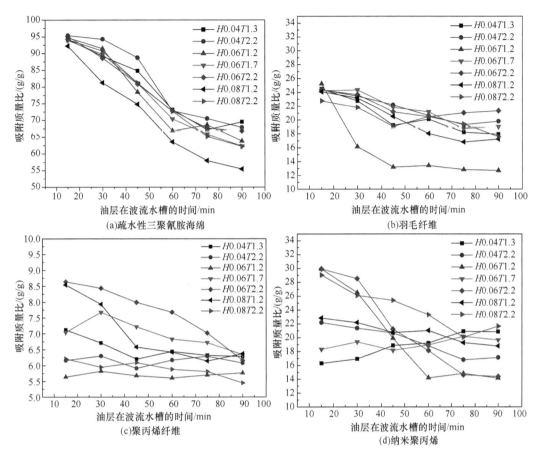

图 3-68　吸附材料对于不同波浪作用下的 CKC220 吸附情况

从图中可以看出，相同时间内，在同等波浪影响下 5 mm 油层溢油吸附波动趋势比 10 mm 油层溢油吸附波动趋势剧烈，表明油层越薄越易导致油层的乳化；而且，波高大的比波高小的波浪更加容易导致溢油的乳化，从而影响吸附材料对于溢油的吸附。

分别将疏水性三聚氰胺海绵、羽毛纤维、聚丙烯纤维、纳米聚丙烯压平后放在载玻片上，滴加液体到材料表面，测量不同时间液-固界面的接触角。四种材料与含水率为 21.85 % 和 43.21 % 的乳化油的接触角如图 3-69 所示。

实验发现随着乳化油与材料接触时间的增加，接触角在不断减小，显示出了不同的湿润性。对比 8 s 时，含水率为 21.85 % 和 43.21 % 的乳化油分别与三聚氰胺海绵、羽毛纤维、聚丙烯纤维、纳米聚丙烯的接触角，发现乳化油含水率的增加后吸附材料与乳化物的接触角增大，吸附材料的润湿性下降。溢油乳化后黏度增加，其表面张力变大，溢油的渗透被抑制，材料的亲油性降低。

采用扫描电子显微镜对纳米聚丙烯纤维和疏水性三聚氰胺海绵进行微观的结构观察，如图 3-70 所示。图为纳米聚丙烯纤维，纤维尺寸较小、表面平滑，单位体积内纤维数量较多，纤维错落分布且空隙较多有利于溢油吸附。三聚氰胺海绵内部结构层次感强、排列密集，孔隙度高，使其具有较高的吸附性能。

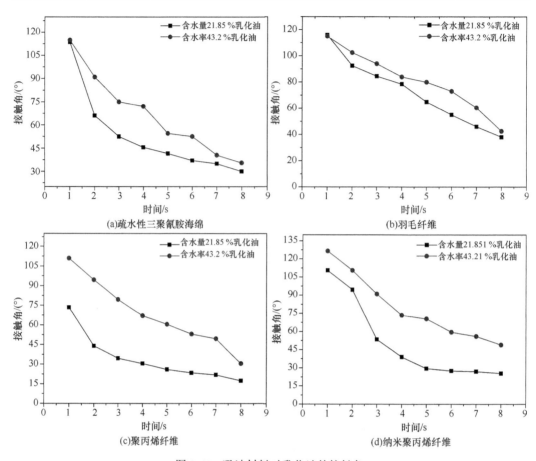

图 3-69 吸油材料对乳化油的接触角

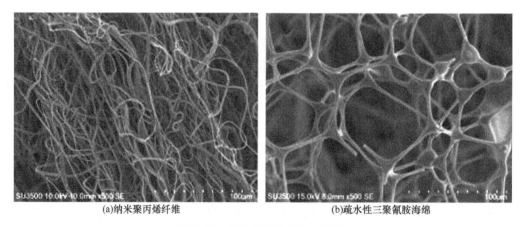

(a)纳米聚丙烯纤维　　　　　(b)疏水性三聚氰胺海绵

图 3-70 两种材料的扫描电镜图

　　油的黏度升高会引起两种相反的作用,吸油量增加或减少。吸附量的增加是由于油黏度增加后较多的油黏附到纤维表面而发生的,而当油被抑制渗透到纤维内部时吸附量就会减少。溢油乳化后黏度增加、分子增大,当乳化油向材料内部的渗透被抑制或者乳化油分子大于吸附材料内部孔隙时,吸附量就会减小。

6. 小结

改性三聚氰胺海绵对于原油、润滑油、大豆油、柴油吸收倍率分别达 94.62 g/g、84.11 g/g、75.21 g/g、73.98 g/g，根据吸附动力学曲线可以看出，材料对于柴油在 2 min 内完成饱和吸附，对于润滑油和大豆油 10 min 内完成饱和吸附，对于原油 20 min 内完成饱和吸附，吸附时间较快。由于三聚氰胺海绵密度较小，再加上改性后疏水能力优异，材料浮性较好，放入水中漂浮于水面，即使吸附油品过后仍能浮于水面，为回收打捞提供方便。改性后三聚氰胺海绵接触角由改性前的 0° 提升至 143°，在油水混合体系中的吸油表现优异，满足溢油回收的要求。经挤压后能使 90 % 以上的油品得到回收，并且可以实现材料的重复利用，重复使用 5 次后对原油、润滑油、大豆油和柴油吸附倍率分别为 77.42 g/g、76.68 g/g、71.67 g/g、72.13 g/g，满足循环使用的要求，并且材料强度大，富有弹性，在使用中不易损坏，储油过程中保油性能好。

通过波流实验水槽的物理实验研究中黏度油在波、流作用下的形态与性质变化，以及吸附材料性能变化。通过吸附材料对乳化油的吸附趋势可知，材料对乳化溢油的吸附性能出现较大下降。主要原因是溢油乳化后其黏度会成倍数增加，溢油的表面张力增加，吸附材料对乳化溢油的吸附受到抑制。疏水性三聚氰胺海绵内部结构层次感强、排列密集，孔隙度高，使其具有较高的吸附性能，对于乳化有吸附有一定作用，物理吸附材料主要依靠材料的孔隙和毛细血管力，将溢油吸附到材料内部。在溢油性质改变后，吸附材料孔隙结构和尺寸是影响吸附性能的主要因素。

3.2.3　天然无机吸油材料

1. 吸油材料底物选择

二氧化硅气凝胶是用于溢油净化的多孔疏水吸附剂，具有高吸油能力。低密度的疏水性二氧化硅气凝胶可以吸收多种有机溶剂。此外，二氧化硅气凝胶的多孔结构使其表面积显著增加，从而提高了二氧化硅气凝胶的吸附效率。考虑到高吸附效率（即低密度、疏水性和高表面积）和再生能力，二氧化硅气凝胶毫无疑问成为一种经济的吸附剂。疏水性二氧化硅气凝胶上的吸附能力已经被研究了几十年。现阶段已经证明了疏水性二氧化硅气凝胶是有效的吸收剂，可以从水中除去不同的溶剂，如甲苯、乙醇、三氯乙烯和氯苯。疏水性二氧化硅气凝胶比粒状活性炭具有更高的吸附容量，通过研究疏水性二氧化硅气凝胶的吸附能力，发现硅胶气凝胶对有机化合物的吸附能力比颗粒状活性炭高 70 倍以上，说明疏水硅石气凝胶是许多有毒有机化合物的显著吸附剂。除了可以对纯有机化合物进行吸附之外，二氧化硅气凝胶还可以对水中环境中有机化合物进行吸附。因此，将二氧化硅气凝胶作为无机吸油材料的研究方向。

2. 二氧化硅气凝胶制备及表征

用 MiniSieve（230～1200 μm，170～230 μm，120～170 μm）分离各种尺寸（尺寸范围：100～1200 μm，CabotCorporation）的二氧化硅气凝胶 IC3120，并选择 230～1200 μm

二氧化硅气凝胶。这是因为小于 230 μm 的二氧化硅气凝胶的粒度太小而不能用于实验。图 3-71 显示了质量纸上的二氧化硅气凝胶。表 3-21 列出了二氧化硅气凝胶的相关性能。

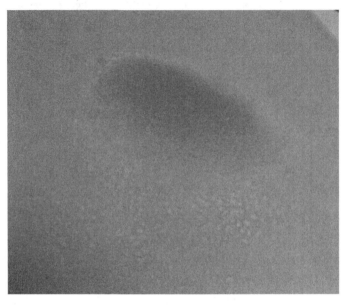

图 3-71　质量纸上的疏水性二氧化硅气凝胶

表 3-21　二氧化硅气凝胶的物理和化学性质

颗粒类型	颗粒大小	孔径	颗粒密度	表面特性	表面积
IC3120	0.1～1.2 mm	20 nm	120～150 kg/m³	hydrophobic	600～800 m²/g

研究中选择三种常见的碳氢化合物作为溢油替代品，其中包括甲苯（99.8 %，西格玛奥德里奇），汽油（雪佛龙加油站 87＃）和柴油（雪佛龙加油站）。通过傅里叶变换红外光谱（FTIR），X 射线小角散射（SAXS）和布鲁诺埃米特特勒（BET）方法来表征二氧化硅气凝胶。二氧化硅气凝胶在吸附和解吸后的化学键可以通过红外光谱来检测。另外，通过 FTIR 光谱测定 C—H 键也可以确定二氧化硅气凝胶上的油品的吸附或解吸。就吸附之前的二氧化硅气凝胶的孔径而言，在吸附及解吸之后可以被 SAXS 检测到。此外，BET 比表面积和孔直径通过氮气吸附/解吸等温线在 77 K 下测定，所有测量均进行三次实验求平均值。

为研究引起吸附效率降低的机理，FTIR 显示了吸附前、吸附中和吸附后二氧化硅气凝胶中形成的机理。通过傅里叶变换红外光谱（FTIR）来确认甲苯、汽油或柴油在二氧化硅气凝胶上的成功吸附，其中可以在 3000 cm⁻¹ 的波长处明确地检测到 C—H 键。

SAXS 实验用 RigakuSMax3000 进行，所述 RigakuSMax3000 配备旋转 Cu 阳极 Micromax-007HF 和 OSMICCMF 光学器件。本书所用的 SAXS 仪器如图 3-72 所示。对于 SAXS 实验，将二氧化硅气凝胶样品填充在 SAXS 固体阶段的孔中并用 Kapton 胶带密封。测量前，X 射线束与固体样品的中心对齐。在测量过程中，X 射线束被硅胶气凝胶中孔散射，并通过检测器采集二维 SAXS 散射图像。选择 5 min 的曝光时间以产生足够的散射强度，同时避免检测器饱和。图 3-73 给出了通过检测器上的样品进行 X 射线工作的完整视图。

图 3-72　用于孔径变化分析的小角度 X 射线散射（SAXS）

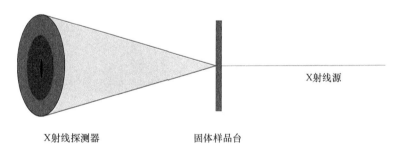

图 3-73　X 射线分散样品的示意图

使用 SAXSGUI 软件（v2.0.08.03）进行数据校准和缩减。使用二十二烷酸银标准品的衍射图进行样品到探测器距离的校准。通过方位角平分每个散射矢量（q，单位：Å，与孔径相关的二维 SAXS 模式）的强度（I，无单位），二维 SAXS 散射图像被降低到一维散射曲线强度 I 与 q 对比。无二氧化硅气凝胶的空气中进行的测量值被用作背景。基于 1-DSAXS 散射曲线绘制洛伦兹校正的强度曲线。使用洛伦兹校正后的强度曲线的峰值位置处的 q 值，使用近似值（$D=2\pi/q$）估计二氧化硅气凝胶中的孔隙直径（D）。通过 SAXS 测量，在吸附实验之前，二氧化硅气凝胶的孔径为 19.9±3.5 nm。测量的孔径与制造商报告的 20 nm 孔径大小一致，研究表明所用的 SAXS 方法对于孔径近似的检测是有效的。

BET 也用于孔径测量，作为 SAXS 测量的补充。基于在 77K 下的氮气吸附/解吸等温线，计算二氧化硅气凝胶的总表面积（S_p）和孔体积（V_p）。假设通过圆柱形中孔，二氧化硅气凝胶中孔的平均直径（D）计算为 $D=4V_p/S_p$（图 3-74）。

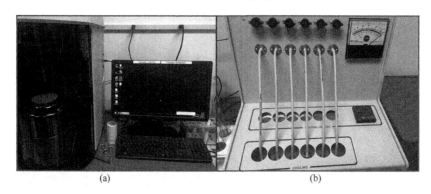

(a)   (b)

图 3-74　BET 分析系统（a）和脱气系统（b）

在二氧化硅气凝胶中吸附和解吸烃是在环境实验室进行的。吸附实验过程中进行研究，以获得吸附前和吸附后的质量差。吸附实验后，将二氧化硅气凝胶转移到铝盘中，并置于烘箱中进行解吸。当解吸实验完成后，将二氧化硅气凝胶循环以用于吸附烃。完整的吸附/解吸过程如图 3-75 所示。

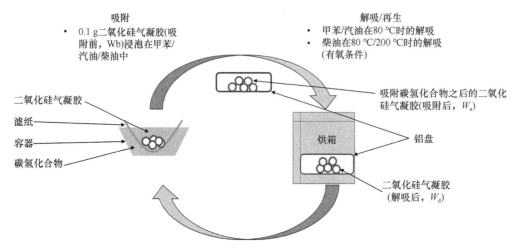

图 3-75　吸附和解吸实验的示意图

在二氧化硅气凝胶吸附碳氢化合物开始时，应首先测试接触时间，这是实现吸附剂最大吸附容量的关键因素。在该吸附实验研究中，研究了吸附接触时间，结果如表 3-22 所示。每次吸附实验的接触时间确定为 30 min。

表 3-22　决定接触时间的实验

编号	二氧化硅/g	时间/min	吸附效率/(g/g)
1	0.10	15	10.13
2	0.10	30	11.16
3	0.10	60	10.85
4	0.10	90	11.02

　　吸附实验根据 ASTM 标准（F726-12，F726-99）建立的吸附剂吸附性能的标准测试方法进行。对于每组实验，将 0.1 g 二氧化硅气凝胶称重在滤纸上，如图 3-76～图 3-78 所示，该滤纸位于微型过滤器的顶部。然后，将二氧化硅气凝胶完全浸入 35 mL 碳氢化合物液体中。三种碳氢化合物（甲苯、汽油和柴油）在二氧化硅气凝胶上的吸附在 30 min 内达到最大值。因此，为所有吸附实验选择 30 min 的接触时间。吸附实验后，立即将二氧化硅气凝胶转移到铝盘中，并记录二氧化硅气凝胶（W_a）的质量。通过吸附之前和之后的质量差计算不同烃的二氧化硅气凝胶的吸附效率（η_a），表示为

$$\eta_a = \frac{W_a - W_0}{W_0}$$

式中，W_0 为吸附前二氧化硅气凝胶的质量，为 0.1 g；W_a 为吸附后二氧化硅气凝胶的质量。

图 3-76　二氧化硅气凝胶吸附甲苯的三次实验

图 3-77　二氧化硅气凝胶吸附石油的三次实验

图 3-78　二氧化硅气凝胶吸附柴油的三次实验

　　类似于吸附实验的接触时间，解吸时间也在实验开始解吸之前进行测试。解吸试验所需的时间也决定了二氧化硅气凝胶的解吸效率，在某些情况下，它决定了解吸方法的选择。在该解吸实验部分中，对解吸时间的评价进行了研究，结果在表 3-23 中给出，其中对于 80 ℃的甲苯和汽油解吸时间选择为 3 h，但对于 200 ℃的柴油，解吸时间选择为 2 h。另外，厌氧解吸试验采用高压高温（HPHT）系统进行，如图 3-79 所示。

表 3-23　决定解吸率和时间的实验

二氧化硅气凝胶/g	净质量/g	总质量/g	解吸（35 min 80 ℃）	解吸（60 min 80 ℃）	解吸（120 min 80 ℃）	解吸（150 min 80 ℃）	解吸（180 min 80 ℃）
0.10	0.83	0.93	1.16	1.02	0.96	0.95	0.93
0.10	0.82	0.92	1.24	1.08	0.96	0.95	0.92
0.10	0.85	0.95	1.21	1.08	0.98	0.97	0.95

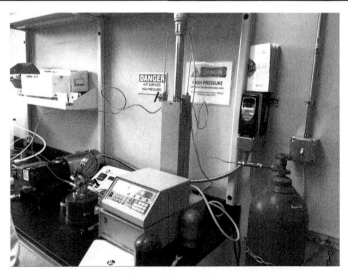

图 3-79　用于 CO_2 气流连续解吸二氧化硅气凝胶的高温系统

吸附实验后，立即在选定的条件下进行三组热解吸实验。考虑到甲苯和汽油的沸点（甲苯为 110.6 ℃，汽油为 95 ℃），80 ℃是合适的解吸温度。因此，第一组解吸实验是在常规好氧条件下在 80 ℃的烘箱（Thermo Scientific，Heratherm OGH60）中进行的。计算关于油品的解吸效率（η_d）：

$$\eta_d - \left(\frac{W_a - W_d}{W_a - W_0} \right) \times 100\%$$

式中，W_d 为解吸后的二氧化硅气凝胶的质量。

在 80 ℃下，对于甲苯和汽油的解吸，大约 3 h 后二氧化硅气凝胶的质量停止下降。因此，在 80 ℃下选择 3 h 作为甲苯和汽油的解吸时间。而对于 80 ℃下柴油的解吸，二氧化硅气凝胶的质量持续下降至 15 天。为了测试多用途的二氧化硅气凝胶的吸附能力，进行两个循环的吸附解吸实验。第一次解吸后，按照相同的程序（称为第一次再生后的吸附效率）测量再生二氧化硅气凝胶对甲苯、汽油和柴油的吸附容量。然后，再次进行解吸实验并测量再生二氧化硅气凝胶的吸附容量（称为第二次再生后的吸附效率）。

为了在短时间内更有效地解吸柴油，第二组和第三组柴油解吸实验在较高温度下进行 2 h。考虑到柴油的沸点（150～380 ℃），选择 200 ℃的解吸温度。第二组柴油解吸实验在 200 ℃下的有氧条件下在烘箱（Thermo Scientific，Heratherm OGH60）中进行。对于第三组柴油解吸实验，它们在 200 ℃下的厌氧条件下在斜坡式反应器（Parr Co.，Moline，IL）中进行。厌氧条件是通过在解吸实验期间连续吹扫 CO_2 气体到反应器中实现的，并且温度由热电偶和电控制器（Parr Co.，Moline，IL）控制。柴油解吸后，还测量了再生二氧化硅气凝胶对柴油的吸附能力。

3. 二氧化硅气凝胶性能测试

表 3-24 总结了二氧化硅气凝胶对甲苯、汽油和柴油的吸附能力，其中它们分别被测量为 12.4±0.6 g/g、11.2±0.6 g/g 和 13.6±0.5 g/g。

表 3-24　新鲜二氧化硅气凝胶对甲苯，汽油和柴油的吸附能力

烃类化合物	甲苯	汽油	柴油
吸附能力/(g/g)	12.4 ± 0.6	11.2 ± 0.6	13.6 ± 0.5

如图 3-80 所示，通过 FTIR 光谱证实了甲苯、汽油和柴油对二氧化硅气凝胶的成功吸附，其中在 1400 cm^{-1} 和 2950 cm^{-1} 波长处明确检测到 C—H 键。

不同碳氢化合物的吸附能力与有机液体的表面张力相关性很好。研究的三种碳氢化合物的表面张力依次为柴油（28.89 mN/m）>甲苯（28.52 mN/m）>汽油（21.56 mN/m）。这里测得的三种烃的吸附能力与它们报道的表面张力很好地相关，其顺序为柴油（13.6±0.5 g/g）>甲苯（12.4±0.6 g/g）>汽油（11.2±0.6 g/g）。

将测量的二氧化硅气凝胶的吸附能力也与其他吸附剂进行比较。对于甲苯，有机蒙脱土、有机膨润土和天然膨润土的吸附容量分别为 8.6 g/g、9.24 g/g 和 2.12 g/g。对于汽油，有机蒙脱土、有机膨润土和天然膨润土的吸附容量分别大致为 9.2 g/g、8.9 g/g 和 1.72 g/g。对于柴油，有机蒙脱土、有机膨润土和天然膨润土的吸附容量分别为 7.2 g/g、

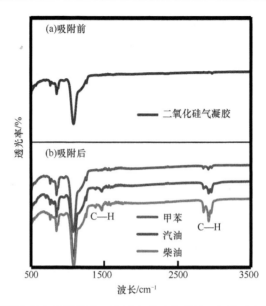

图 3-80　吸附之前和吸附甲苯、汽油和柴油之前的二氧化硅气凝胶的 FTIR

3.57 g/g 和 2.16 g/g。相比之下，二氧化硅气凝胶表现出比有机黏土矿物更高的烃吸附能力，表明介孔疏水二氧化硅气凝胶是一种很有前途的烃类去除吸附剂。

表 3-25 显示了使用不同吸附剂进行不同吸附试验的总结表。

表 3-25　不同吸附剂吸附烃的吸附容量

矿物质 Is	矿物质量/g	溶液体积/mL	温度	溶液	吸附时间	吸附率	总结
SWy-2-蒙脱土	20	250	室温	柴油	15 min±20 s	7.2 g/g	对碳氢化合物的高吸附率；高保留能力和疏水性
				液压油	30 min±3 s	2.2 g/g	
				机油	30 min±3 s	2.1 g/g	
	5	50	室温	乳化柴油	15 min±20 s	5.2 g/g	
Na-蒙脱土	0.5	400	室温	原油	1 h	4.2 g/g	高吸附能力
				润滑油			
				汽油			
				甲苯			
有机膨润土	0.5	100	室温	标准矿物油	30 min	209 mg/100 mg	这种有机黏土可以从水包油乳液中去除100%的油
				KUT45		381 mg/100 mg	
				VAL		163 mg/100 mg	
				炼油厂废水		8 mg/100 mg	
				再生水		204 mg/100 mg	
TDL-3 01 纳米凝胶	0.1	100	室温	菜籽油	在不同的时间段里以200 rpm的速度搅拌	大约为 17 mL/g	高吸收能力和高吸收率
				机油			
				轻油			

为了成为一种经济和环保的吸附剂，除了其高吸附容量外，还研究了二氧化硅气凝胶的再利用。油品解吸实验可以通过热处理进行。在这项研究中，第一组解吸实验在80 ℃的有氧条件下进行两个再生循环。在80 ℃下第一次和第二次循环再生之后，再生二氧化硅气凝胶对甲苯的吸附容量分别略微降至12.3±0.5 g/g 和 12.0±0.4 g/g，如表3-26

所示。在表 3-26 中还显示了汽油解吸附试验，再生二氧化硅气凝胶的吸附容量分别下降到 6.5±0.2 g/g（第一次循环）和 5.7±0.1 g/g（第二次循环）。对于柴油的情况，第一和第二再生二氧化硅气凝胶具有极低的吸附容量，分别为 2.3±0.3 g/g 和 1.6±0.1 g/g。

表 3-26　再生二氧化硅气凝胶对碳氢化合物的吸附能力以及在 80 ℃需氧条件下的第一次和第二次再生的碳氢化合物脱附效率

碳氢化合物	吸附力/(g/g)		解吸率/%	
	第一次再生后	第二次再生后	第一次解吸	第二次解吸
甲苯	12.3±0.5	12.0±0.4	100	100
汽油	6.5±0.2	5.7±0.1	100	100
柴油	2.3±0.3	1.6±0.1	N/Aa	N/Aa

注：N/Aa：脱附效率无法计算，因为其解吸期间发生了明显的柴油氧化。

为了解释甲苯、汽油和柴油解吸过程中吸附容量变化的不同行为，系统地研究了碳氢化合物的解吸效率，以及二氧化硅气凝胶的物理化学变化。解吸后根据质量减少计算的不同碳氢化合物的解吸效率进行 FTIR 测量以探测碳氢化合物的潜在化学变化。为了检测二氧化硅气凝胶介孔结构的潜在变化，采用 SAXS 和 BET 方法测量了二氧化硅气凝胶的孔径大小。

对于甲苯，在第一次和第二次再生后，再生二氧化硅气凝胶的解吸效率如表 3-27 所示为 100 %。表明在 3 h 内甲苯可以完全从二氧化硅气凝胶中解吸。FTIR 测量证实甲苯完全解吸。如图 3-81（b）所示，甲苯解吸后，未检测到 1400 cm^{-1} 和 2950 cm^{-1} 波长处的 C—H 键。此外，甲苯解吸附后再生二氧化硅气凝胶的红外光谱（图 3-81（b））与新鲜二氧化硅气凝胶（图 3-81（a））非常相似，表明在甲苯的吸附-解吸循环过程中没有发生显著的化学变化。

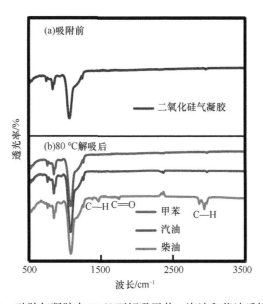

图 3-81　硅胶气凝胶在 80 ℃下解吸甲苯、汽油和柴油后的 FTIR

对于汽油，在第一次和第二次再生之后，解吸效率分别为 100 % 和 96 %（表 3-27），表明在第二次再生期间少量汽油可能残留在孔中。FTIR 测量表明，在汽油解吸后，在 1400 cm^{-1} 和 2950 cm^{-1} 波长处没有检测到 C—H 键（图 3-81（b）），表明汽油的解吸过程几乎完成。此外，汽油解吸后再生二氧化硅气凝胶的红外光谱图 3-81（b））与新鲜二氧化硅气凝胶（图 3-81（a））非常相似，表明在此期间没有发生明显的化学变化汽油的吸附解吸循环。

表 3-27　在 80 ℃ 需氧条件下第一次和第二次再生之后，通过 SAXS 和 BET 方法测量的二氧化硅气凝胶的孔尺寸　　　　　　　　　（单位：nm）

碳氢化合物	SAXS 方法测量的孔尺寸		BET 方法测量的孔尺寸	
	第一次解吸后	第二次解吸后	第一次解吸后	第二次解吸后
甲苯	16.8±0.6	11.2±1.1	15.3±0.8	13.8±0.7
汽油	13.5±1.3	8.6±2.0	10.9±0.8	8.9±0.6
柴油	13.4±1.6	13.1±2.2	N/Aa	N/Aa

注意：N/Aa 为柴油解吸后不能通过 BET 测量孔尺寸，因为在解吸后，大量的柴油残留在二氧化硅气凝胶的孔隙中。

不同的是，在柴油解吸过程之后，检测到 1400 cm^{-1} 和 2950 cm^{-1} 处的 C—H 键（图 3-81（b）），表明在二氧化硅气凝胶中仍有大量的柴油存在。此外，柴油解吸附后 FTIR 光谱中出现 C=O 键的另一个峰（图 3-81（b）），这反映了在 80 ℃ 解吸后显著的柴油氧化。由于脱附过程中发生柴油氧化，其解吸效率无法根据质量变化进行计算。另外，再生二氧化硅气凝胶的孔径在柴油解吸过程后不能通过 BET 测量，原因是在解吸后大量的柴油残留在二氧化硅气凝胶的孔隙中。

SAXS 分析结果如图 3-82 所示。图 3-82 中的 B_1 和 B_2 是洛伦兹校正曲线图，从中可以估算出二氧化硅气凝胶的孔径（D）为 $D=2\pi/q$，其中峰值位置的 q 值（条带标示）被使用。在图 B_2 中，柴油解吸附后的二氧化硅气凝胶的散射强度显示在右边的 y 轴上，以清楚地显示峰位置。通过 SAXS 测量和 BET 法计算的孔径显示出良好的一致性，如表 3-27 所示。基于 SAXS 测量，在甲苯解吸过程中，二氧化硅气凝胶的孔径减小，导致再生二氧化硅气凝胶的吸附能力略微下降。对于汽油的解吸，在汽油解吸过程中，二氧化硅气凝胶的孔径大大减小，导致再生二氧化硅气凝胶的吸附能力显著下降。从表 3-27 中可以看出，在第一次和第二次再生后，柴油解吸后二氧化硅气凝胶的孔径分别降低到 13.4±1.6 nm 和 13.1±2.2 nm，这导致再生二氧化硅气凝胶的吸附能力下降。

总之，在 80 ℃ 下全部三种烃的脱附后，二氧化硅气凝胶的孔径减小，这导致再生二氧化硅气凝胶的吸附能力降低。另外，柴油的不完全解吸及其氧化作用进一步降低了解吸过程后二氧化硅气凝胶的吸附能力。

柴油的沸点（150～380 ℃）高于甲苯（110.6 ℃）和汽油（95 ℃）。因此，为了更快速地解吸柴油，在 200 ℃ 的较高温度下进行实验。在 200 ℃ 解吸 2 h 后，在～1400 cm^{-1} 和～2950 cm^{-1} 波长处 CH 键的峰强度（图 3-83（b））远低于在 80 ℃ 下解吸 15 天后的峰强度（图 3-83（b）），这表明柴油的解吸在 200 ℃ 比 80 ℃ 更有效。

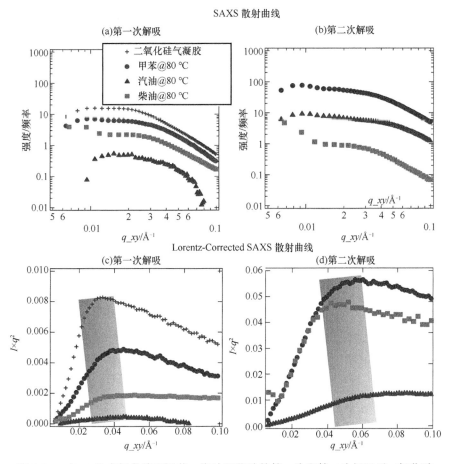

图 3-82　在 80 ℃有氧条件下甲苯、汽油和柴油的第一次和第二次解吸后二氧化硅
气凝胶中孔的 SAXS 散射强度

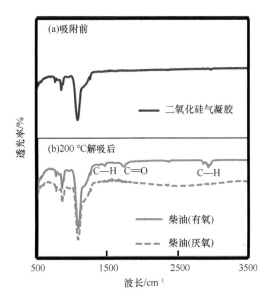

图 3-83　在 200 ℃的有氧条件和厌氧条件下解吸柴油后二氧化硅气凝胶的 FTIR

有趣的是，尽管在 200 ℃下柴油的解吸附性显著提高，但与 200 ℃相比，再生二氧化硅气凝胶在 200 ℃下的吸附容量没有提高（即下降到 1.4±0.2 g/g）二氧化硅气凝胶在 80 ℃再生。再生二氧化硅气凝胶在 200 ℃时的低吸附能力可以用增强的柴油氧化和介孔的破坏来解释。图 3-83（b）中的 FTIR 结果表明，在 200 ℃下柴油解吸后，作为柴油氧化指示在 ~1725 cm^{-1} 波长处 C=O 键的峰强度更高（图 3-83（b）），比 80 ℃时（图 3-83（b））高。总之，较高的温度改善了二氧化硅气凝胶对柴油的解吸。然而，增强的柴油氧化和中孔的破坏导致再生后吸附能力的严重损失。

为了使柴油氧化最小化，其解吸在 200 ℃的厌氧条件下进行。基于 FTIR 测量（图 3-83（b）），再生的二氧化硅气凝胶没有形成 C=O 键。由 BET 和 SAXS 测量，在 200 ℃的厌氧条件下柴油解吸后，二氧化硅气凝胶的孔径仅减小到 13.2±1.5 nm。表 3-28 列出了在需氧和厌氧条件 200 ℃下的解吸和吸附结果。再生后，二氧化硅气凝胶的解吸效率达到 100 %。

再生二氧化硅气凝胶对柴油的吸附能力提高到 10.0±0.3 g/g，远高于好氧条件下再生的二氧化硅气凝胶（1.4±0.2 g/g）。通过比较好氧和厌氧条件下柴油脱附的结果，发现柴油氧化是引起 200 ℃下中孔破坏的主要原因，其结果导致再生二氧化硅气凝胶的吸附能力降低。图 3-85 显示了碳氢化合物解吸后的疏水二氧化硅气凝胶。

图 3-84 为在好氧和厌氧条件下 200 ℃柴油解吸附后二氧化硅气凝胶的测量的 SAXS 散射强度（a）。图（b）显示了洛伦兹校正曲线，从中可以估算出二氧化硅气凝胶的孔径（D）为 D=2π/q，其中使用了峰值位置的 q 值（条带标示）。

表 3-28　需氧和厌氧条件下 200 ℃下的柴油解吸　　　　　　（单位：nm）

碳氢化合物	SAXS 方法测量的孔尺寸		BET 方法测量的孔尺寸	
	第一次解吸后	第二次解吸后	第一次解吸后	第二次解吸后
甲苯	16.8±0.6	11.2±1.1	15.3±0.8	13.8±0.7
汽油	13.5±1.3	8.6±2.0	10.9±0.8	8.9±0.6
柴油	13.4±1.6	13.1±2.2	N/Aa	N/Aa

注：N/Aa 为脱附效率无法计算，因为其解吸期间发生了明显的柴油氧化。

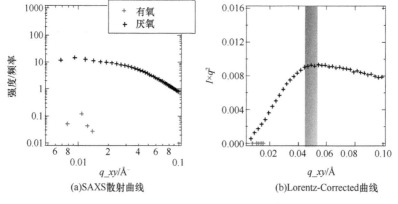

(a)SAXS散射曲线　　　　　　　　(b)Lorentz-Corrected曲线

图 3-84　在好氧和厌氧条件下 200 ℃柴油解吸附后二氧化硅气凝胶的测量

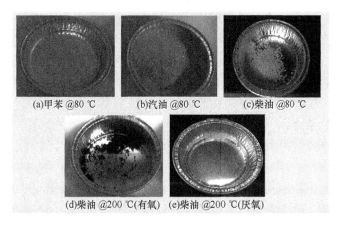

(a)甲苯 @80 ℃　　　(b)汽油 @80 ℃　　　(c)柴油 @80 ℃

(d)柴油 @200 ℃(有氧)　　　(e)柴油 @200 ℃(厌氧)

图 3-85　甲苯、汽油和柴油解吸后的二氧化硅气凝胶

4. 小结

在这项研究中，二氧化硅气凝胶的三个典型烃类（甲苯、汽油及柴油）的吸附能力进行测定，分别为 12.4±0.6 g/g，11.2±0.6 g/g，和 13.6±0.5 g/g，其吸附能力比天然黏土或有机黏土高得多，表明二氧化硅气凝胶是一种有前景的溢油清理吸附剂。为了使二氧化硅气凝胶成为经济和环境友好的吸附剂，还在不同条件下研究了其再生。用 SAXS、BET 和 FTIR 测量系统研究了二氧化硅气凝胶在再生前后的物理化学变化。在 80 ℃下，甲苯和汽油可以几乎完全从二氧化硅气凝胶在 3 h 内释放和在再生二氧化硅气凝胶的吸附容量的降低是通过在二氧化硅气凝胶的孔隙尺寸的减小而引起的。同时，柴油的氧化及其在 80 ℃下的不完全解吸进一步降低再生后的吸附容量。为了提高柴油的解吸率，实验在 200 ℃的较高温度下进行。高温改善了柴油解吸。然而，增强的柴油氧化破坏了中孔，导致再生后吸附容量严重损失。因此，本书首次对厌氧条件下的柴油解吸进行了研究。结果显示二氧化硅气凝胶再生有很大改进，这里开发的新型柴油解吸过程有助于实际应用。

3.3　吸油材料综合评价体系构建

3.3.1　评价体系的构建

1. 评价体系的建立原则

科学性原则：科学性原则是指标体系建立过程中始终要遵循的重要原则，科学性原则指导整个指标体系在结构、概念和逻辑上更加完整、缜密、针对性强。科学性原则就是在尊重客观现实的基础上，将理论与实际相结合。溢油应急物质的有效性评估指标体系要以科学性原则为基本，评价指标简练具体，符合实际。

分层分类原则：由于评价对象是溢油应急物质，现如今溢油应急物质种类繁多，根据物理法、化学法和生物法可将这些物质进行分类；也可根据溢油清污的防扩散阶段、回收阶段、后处理阶段将其进行分类，从而增强评估对象的针对性，使评价结果具体可信。在进行指标体系建立之前，充分考虑指标的属性，即从环境性、经济性、技术性等几个方面确定指标，或是从物质使用前、使用中和使用后三个阶段去建立层次，是整个指标体系具有较强的层次性。

实用性原则：实用性原则指评价指标的选择要遵循实用性和可行性。评价指标体系不能过于繁琐，要简单适中，评价方法简便可行，数据的选取要容易获得，同时，要充分体现可操作性，在吸油材料有效性评估指标体系中要考虑到海洋环境的实际情况，将动态与静态指标相结合。

定性定量结合原则：溢油应急物质的有效性评估范围较广，影响因素也较多。有些指标可以定量化评价，有些指标只能通过分级定性确定指标值，在建立指标体系时，应当将定性指标与定量指标相结合，以满足有效性指标体系的要求。

目标导向原则：溢油应急物质有效性指标体系的建立目的，不单单是为了评价几种同类型溢油应急物质的优劣程度，也是在引导溢油应急物质向着更加完善和正确的方向发展，鼓励研发单位或是相关管理部门重视应急物质使用后对环境的危害性。

2. 吸油材料评价体系的框架

目前，吸油材料种类繁多，伴随着越来越多的吸油材料被搜集、研发与投入使用，我们需要建立一个相对完善的水域吸油材料的有效性评估体系，从而帮助溢油应急单位对吸油材料进行合理的选择与施用，也可以指导研发单位的开发导向。根据本书有效性的定义与原则，首先，考虑到物质的成本是否易于储存；其次，海洋水域的重要水过程是潮汐和海浪，湖泊和河流也存在波浪和水流，这些水域环境特征会使吸油材料在实际应用中受阻，无法达到其在实验室中测得的良好吸油效果，因此应当把动态吸附效果纳入指标之中。保油性的指标是为了使吸油材料在吸油过后不会短时间内反渗，方便回收。本着资源循环利用的原则，必须将废油的回收性和材料的重复利用性考虑在内。使用后的黏附油品废弃材料普遍采取焚烧的处置方式，对于焚烧带来的环境污染问题很少有学者研究，作为有效的吸油材料应当在使用后的处置中减量化、无害化。按照吸油材料使用前、使用中和使用后三个阶段建立评估层次，本书将储存情况、物质成本、供应情况、温度影响、动态吸油能力、吸油倍率、吸水倍率、油品渗透时间、浮性、油品滞留能力、材料强度、回收能力、重复利用次数、环境危害性和回收难易程度 15 个指标纳入溢油污染吸油材料的有效性评估中来，如图 3-86 所示。

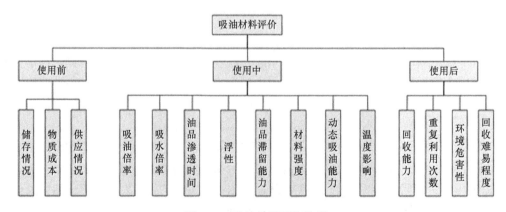

图 3-86　吸油材料评价体系

3.3.2　指标权重的确定

1. 理论基础

一套完整的指标体系离不开科学性与合理性，评价指标权重确定的合理性直接影响评价结果的科学性和准确性。对于指标体系中指标权重的确定方法现已有大量的学者进行过研究，大体上分为主观赋权法和客观赋权法两大类。

主观评价法主要从定性的角度出发，是根据决策者对各指标重视程度的判断进行赋权，如德尔菲法、专家打分法、灰色关联法、层次分析法、模糊集综合评判法等。

主观赋权重的方法由于做决定人员的经验不同，指标权重的确定过程可能会受到其个人喜好的影响，赋权结果也会受到决策人员主观权威的影响。该方法不适用于评价指标较多的情况，因为主观赋权法具有较强的主观随意性，这样会造成权重与指标在目标当中的重要程度不相匹配。

主观赋权法最常用的是层次分析法，在很多领域都有广泛的应用。层次分析法是一种简单可行的方法，层次分析法能对复杂问题进行定量化分析。采用层次分析法确定指标体系的指标权重一般步骤如下：

（1）建立层次结构模型首先分析问题，将共同特征的因素进行归纳，将共同特性作为系统中的一个层次，但这些因素本身也是按照一定的共同特征组合的，组成更高的因素，一直组成到唯一的最高层次。最高层为目标层，为了实现既定目标而采取的中间层又叫准则层，具体的指标和方案也就是最低层，即指标层。

（2）构造成对判断矩阵。对于同一个层次上的各元素关于上一层次中某一准则的重要程度进行两两相比较，构造其比较的判断矩阵 Y，其中 $Y=(a_{ij})_{n \times m}$。层次分析法常用 1～9 作为标度，从最底层开始，对每个方案进行两两比较，然后赋予权重值。

（3）计算重要性排序。如果矩阵符合完全一致性的基本条件，那么从数学角度上来讲，n 阶判断矩阵就有唯一非零的也是最大的特征根 λ_{max}，除这个最大特征根外，其他的特征根都为零。在计算过程中，先根据判断矩阵，计算出最大特征根 λ_{max} 所对应的特征向量 ω。方程为 $Y\omega=\lambda_{max}\omega$，其中特征向量 ω 经过归一化处理后，就是各评价指标的重要性权重分配。

（4）一致性检验。凭借人的主观性进行判断具有主观随意性，容易造成脱离客观的片面性，因此，为了保证层次分析法的合理性，需要对判断矩阵进行一致性检验，从而引入一致性比率 CR，CR=CI÷RI，RI 是平均随机一致性指标，由矩阵的阶数来确定的标准值；一致性指标 CI，$CI = \dfrac{\lambda_{max} - n}{n-1}$，其中 λ_{max} 是判断矩阵的最大特征值，n 是判断矩阵的阶数。如果 CR 小于 0.1，可以证明判断矩阵具有一致性。CI 值越大，说明判断矩阵与完全一致性偏离越严重；反之，CI 值越小，说明判断矩阵与完全一致性越接近。若判断矩阵的阶数 n 值越大，主观造成偏离完全一致性的指标 CI 就会越大，若阶数 n 越小，那么主观造成的偏离就越小。目前，层次分析法的使用较为成熟，Yaahp 软件就是一款层次分析法的应用软件，计算操作便捷，应用性强。

客观赋权法基于较强的理论依据，可以减少做决策人员的主观性，客观赋权法一般是以各个指标统计数据的差异性为基础，进而确定指标权重。客观赋权法能够反映各指标统计数据之间的相互关系，但是过于依赖客观数据会忽视各指标的重要性。

对于溢油应急物质有效性的指标体系，评价指标采用定性指标和定量指标相结合。同时，受定量指标数据搜集的限制，客观赋权法对统计数据的要求较高，在缺少大量且精确的客观数据前提下，对溢油污染应急物质的有效性评估不适合客观法赋值，如熵权法等。因此，本书选用主观赋权方法中技术成熟的层次分析法进行指标赋权，该方法实现了主观赋权与客观赋权相互结合，简便实用。

2. 层次分析法确定指标权重

层次分析法是通过管理人员、专家和技术人员的打分来确定一级指标相对于吸油材料有效性的重要程度，以及二级指标相对于一级指标的重要程度，从而得到各指标的权重。通过微调打分值，使得最终的结果满足层次分析法一致性的客观检验，该方法实现了主观赋权与客观赋权相结合，层次分析法的技术较为成熟，而且在实际打分环节很容易讲解和操作，因此本书选择用层次分析法作为溢油污染吸油材料有效性评估的指标赋权方法。

在吸油材料评价指标体系中，15 项指标的具体含义如下。

（1）储存情况：从应急物质在使用前的储备阶段来考虑其储存是否安全，不易产生火灾爆炸的风险，占用空间小、不易腐蚀变质等。

（2）物质成本：物质获取的难易程度，产品制造过程是否简易。

（3）供应情况：原料是否充足，大量吸油物的运输可能会产生物流问题，这既包括从仓库到泄漏现场附近的配给中心到吸油物使用的现场。

（4）温度影响：溢油处理时的温度影响吸油材料的性能。

（5）动态吸油能力：动态吸附效果指吸油材料在有一定的风速、浪高和潮流的海洋环境中的吸油效果。

（6）吸油倍率：物质的纯吸油倍数。

（7）吸水倍率：物质的纯吸水倍数。

（8）油品渗透时间：单位材料吸油达到饱和的时间，体现了吸油速率的快慢。

（9）浮性：为能够有效地用于收集漂浮油，吸油物必须保证高浮性，并且在吸油材料吸收液体达到饱和状态后也要保持漂浮状态以利于回收使用。

（10）油品滞留能力：保油性指吸油材料在达到吸附饱和时对油种的持油效果，避免快速漏油而导致再次环境污染。

（11）材料强度：材料在回收之前需要长期在原位停留，吸油材料要具备一定耐受性。

（12）回收能力：吸油材料在使用后通过挤压等处理方式对油的最大回收量。

（13）重复利用次数：吸油材料通过挤压等方式处理后可以再次利用的重复使用次数。

（14）环境危害性：吸油材料在最终废弃后焚烧或是填埋的处理中是否带来二次污染的环境问题。

（15）回收难易程度：回收过程中是否会产生困难，或出现二次污染。

应用层次分析法 Yaahp 软件，首先建立溢油污染吸油材料有效性评估指标体系，采用发放专家问卷的方式，结合层次分析法一致性比率的客观要求，然后输入判断矩阵的赋值，CR=0.0921，满足一致性检验 CR<0.1，指标权重值和为 1。最终确定溢油污染吸油材料有效性评估体系中各指标的权重，如表 3-29 所示。

表 3-29　溢油污染吸油材料评价指标权重

目标层	一级指标	二级指标	权重
吸油材料评价指标体系	使用前 0.124	储存情况	0.027
		物质成本	0.043
		供应情况	0.054
		温度影响	0.012
	使用中 0.647	动态吸油能力	0.072
		吸油倍率	0.225
		吸水倍率	0.087
		油品渗透时间	0.034
		浮性	0.085
		油品滞留能力	0.104
		材料强度	0.055
		回收能力	0.107
	使用后 0.202	重复利用次数	0.011
		环境危害性	0.051
		回收难易程度	0.033

根据层次分析法计算指标权重的结果，各指标权重值居于前三位的分别是吸油倍率，最大为 0.225，居于第二位的是回收能力 0.107，第三位的是油品滞留能力 0.104，具体如柱形图 3-87 所示。

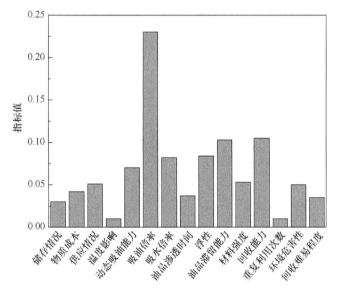

图 3-87　吸油材料评价指标体系

3.3.3 评价指标的量化赋值和数据无量纲化

在该指标体系中，储存情况、物质成本、供应情况、温度影响、动态吸油能力、吸油倍率、吸水倍率、油品渗透时间、浮性、油品滞留能力、材料强度、回收能力、重复利用次数、环境危害性和回收难易程度具体分级标准如表3-30所示。

表 3-30　吸油材料评价指标赋值标准

评价指标指标	10分	8分	6分	4分	2分
储存情况	简易	较容易	一般	困难	很困难
物质成本	低	较低	中	较高	高
供应情况	易获得	较易获得	中	较难获得	难获得
温度影响	无影响	影响较小	有影响	影响较大	严重影响
动态吸油能力	无影响	影响较小	有影响	影响较大	严重影响
吸油倍率	100倍	80倍	60倍	40倍	20倍
吸水倍率	0.1倍	0.3倍	0.5倍	0.7倍	1倍
油品渗透时间	10 s	30 s	60 s	90 s	120 s
浮性	优秀	良好	中	差	很差
油品滞留能力	优秀	良好	中	差	很差
材料强度	优秀	良好	中	差	很差
回收能力	90 %	70 %	50 %	30 %	10 %
重复利用次数	50	40	30	20	10
环境危害性	无危害	危害较小	有危害	危害较大	严重危害
回收难易程度	简易	较容易	一般	困难	很困难

以乙酸改性苎麻纤维、溶胶-凝胶改性苎麻纤维和三聚氰胺海绵三种吸油材料吸收柴油为例，将数据进行汇总，如表3-31所示。

表 3-31　三种吸油材料评价指标赋值比较

评价指标指标	乙酸改性苎麻	溶胶-凝胶改性苎麻	三聚氰胺海绵
储存情况	较容易	较容易	一般
物质成本	较低	中	较高
供应情况	较易获得	较易获得	中
温度影响	有影响	有影响	无影响
动态吸油能力	影响较小	影响较小	有影响
吸油倍率	15倍	15倍	80倍
吸水倍率	0.5倍	0.1倍	0.1倍
油品渗透时间	30 s	60 s	10 s
浮性	良好	良好	优秀
油品滞留能力	良好	良好	优秀
材料强度	良好	良好	中
回收能力	50 %	50 %	90 %
重复利用次数	5	5	30
环境危害性	无危害	危害较小	危害较大
回收难易程度	困难	困难	较容易

根据表 3-31 吸油材料有效性分级赋值标准将上述三种吸油材料各指标量化分值，结果如表 3-32 所示。

表 3-32 三种吸油材料评价指标量化分值

评价指标指标	乙酸改性苎麻	溶胶-凝胶改性苎麻	三聚氰胺海绵
储存情况	8	8	5
物质成本	8	6	4
供应情况	9	8	6
温度影响	7	7	9
动态吸油能力	7	7	6
吸油倍率	2	2	8
吸水倍率	5	7	9
油品渗透时间	8	6	10
浮性	7	7	9
油品滞留能力	7	7	9
材料强度	8	8	6
回收能力	5	5	9
重复利用次数	1	1	8
环境危害性	9	9	3
回收难易程度	5	5	8

数据无量纲化分为直线形和曲线形两大类，直线形无量纲化表示指标值的变动与评价值呈直线关系，曲线形的无量纲化表示指标值的变动与评价值呈曲线关系，即变动不成比例。直线形去量纲的方法依据公式：

$$y = y_0 + \frac{y_{max} - y_0}{x_{max} - x_0}(x - x_0)$$

式中，x_0 为目标值；x_{max} 为理论最大值；y_0 为目标值对应的评价值；y_{max} 为最大值评分。

基于指标数据无量纲化的方法，结合吸油材料有效性评价各指标量化后的数值，极大（小）值无量纲化的方法会失去整体的一致性，况且由于量化值的相似性，会导致无量纲化后多指标数值的相同，对下一步评估方法的使用造成不便；平均化法计算后多数指标无量纲化后的数值为 1，削弱了指标数值的客观性；标准差法的数据不能准确的反映信息，从而导致综合评价结果不准确；秩次法只能简单的反映顺序的变化，会损失原有数据提供的信息量；由于溢油污染吸油材料有效性评估中没有明确的不允许值，故无需采用功效系数法利用已知常数对所求值进行平移、放大、缩小等变化；经比重法计算后的数值为 0.2～0.9，且无量纲化后的数值重复率低，为有效性评估奠定了便捷可靠的数据基础。综上所述，采用比重法对溢油污染吸油材料评价的各指标量化分值进行无量纲化。

比重法无量纲化的计算公式：

$$y_{ij} = \frac{x_{ij}}{\sqrt{\sum\limits_{i=1}^{n} x_{ij}^2}}(i=1,2,\cdots,n;\, j=1,2,\cdots,m)$$

式中，y_{ij} 的范围在 0～1，正规化后的值与原来相应的 x 的值分布相同，适用于呈正态分布或者非正态分布指标值的无量纲化。该方法很好的保持了数据整体的一致性和关联度一致性，可以如实的反映客观事实，使评价结果科学合理，对于负向指标可以取倒数，使其达到正向化。

采用比重法对三种吸油材料各指标的量化分值进行无量纲化，该方法很好的保持了数据整体的一致性和关联度一致性，将所有量化分值转化成 0～1 的数值，可以如实的反映客观事实，评价结果科学合理。三种常见吸油材料指标分值无量纲化后的结果如表 3-33 所示。

表 3-33　三种吸油材料评价指标无量纲化

评价指标指标	乙酸改性苎麻	溶胶-凝胶改性苎麻	三聚氰胺海绵
储存情况	0.614	0.614	0.473
物质成本	0.742	0.601	0.325
供应情况	0.682	0.572	0.424
温度影响	0.503	0.503	0.697
动态吸油能力	0.675	0.602	0.489
吸油倍率	0.251	0.251	0.941
吸水倍率	0.421	0.621	0.763
油品渗透时间	0.647	0.426	0.751
浮性	0.531	0.531	0.717
油品滞留能力	0.561	0.561	0.682
材料强度	0.625	0.496	0.625
回收能力	0.469	0.469	0.832
重复利用次数	0.104	0.104	0.922
环境危害性	0.687	0.687	0.249
回收难易程度	0.371	0.371	0.798

针对层次分析法构建的溢油吸油材料有效性评价，选取多模糊优选模型进行评估，通过对评估对象的综合评价可以对评价对象进行优劣排序。

多准则决策可分为多目标和多属性决策两部分，多准则决策在目前决策科学、系统工程、管理科学和运筹学等学科研究中应用广泛，意义深远。将多目标单元系统模糊优选模型应用到溢油应急吸油材料的评价中，对不同的吸油材料按照理性方案的隶属度进行排序，从而得到最优方案，就是最优选的吸油材料。

对于 n 个备选方案构成方案集合 $R=\{X_1, X_2, \cdots, X_n\}$，$m$ 个评价指标构成了目标集合 $F(X)=\{f_1(X), f_2(X), \cdots, f_m(X)\}$，$f_j(x_i)(i=1, 2, \cdots, m)$ 表示方案 x_i 在评价指标 f_j 下的评价值，从而构成如下的评价矩阵：

$$B = \begin{bmatrix} a_{11} & \cdots & a_{1m} \\ \vdots & & \vdots \\ a_{n1} & \cdots & a_{nm} \end{bmatrix} = (f_j(x_i))_{n \times m}$$

设权重向量 $W=(W_1, W_2, \cdots, W_m)^T$，且 $\sum_{j=1}^{m} W_j = 1$，针对目标函数 f_j $(j=1, 2, \cdots, m)$，使得 $f_j(x_i)$ 达到最优值 f_j^+ 的方案标记成 k_j，使得 $f_j(x_i)$ 达到最劣值 f_j^- 的方案标记成 K_j，$K=(K_1, K_2, \cdots, K_m)$ 则为最劣方案集。

$$r_{ij} = \frac{f_j(x_i) - f_j^-}{f_j^+ - f_j^-}$$

f_j^+ 为多个方案的最优值，f_j^- 为多个方案中的最劣值，建立一一映射关系，可得到各个方案对于最优方案的相对隶属度，使用隶属度公式来计算的方法客观性比较强。在评价体系中各个指标又可以划分为效益型指标和成本型指标两种类型。

效益型指标：$r_{ij} = \dfrac{f_j(x_i) - \inf\limits_{j} f_i(x_i)}{\sup\limits_{j} f_j(x_i) - \inf\limits_{j} f_i(x_i)}$

成本型指标：$r_{ij} = \dfrac{\sup\limits_{j} f_j(x_i) - f_j(x_i)}{\sup\limits_{j} f_j(x_i) - \inf\limits_{j} f_i(x_i)}$

将矩阵转换成指标相对优属度矩阵：

$$R = \begin{bmatrix} r_{11} & \cdots & r_{1m} \\ \vdots & & \vdots \\ r_{n1} & \cdots & r_{nm} \end{bmatrix} = (r_{ij})_{n \times m}$$

对有限个评价对象的上界和下界可以取评价值中的最大值和最小值来代替，将上述指标可以改写成：

效益型指标：$r_{ij} = \dfrac{f_j(x_i) - \min\limits_{j} f_i(x_i)}{\max\limits_{j} f_j(x_i) - \min\limits_{j} f_i(x_i)}$

成本型指标：$r_{ij} = \dfrac{\max\limits_{j} f_j(x_i) - f_j(x_i)}{\max\limits_{j} f_j(x_i) - \min\limits_{j} f_i(x_i)}$

理想方案（最优方案）的相对优属度可以表示成向量 $k=(k_1, k_2, \cdots, k_m)=(1, 1, \cdots, 1)$；最劣方案的相对优属度表示为 $K=(K_1, K_2, \cdots, K_m)=(0, 0, \cdots, 0)$，我们把最优方案和最劣方案作为基点，就可以衡量任一方案对最优与最劣方案的接近程度。方案 x_i $(i=1, 2, \cdots, n)$ 到最优方案的距离为

$$d_{ik} = \sum_{j=1}^{m} w_j \left[r_{ij} - k_j \right]^2$$

最劣方案的距离为：$d_{iK} = \sum_{j=1}^{m} w_j \left[r_{ij} - K_j \right]^2$

在各个方案之间进行优选时，遵循以下原则：

决策方案 X_i 越接近理想方案越优。于是，建立单目标最优化模型：

$$\mathrm{mine}(w) = \sum_{i=1}^{n} d_{ik}(w)$$

其中，$d_{ik} = \sum_{j=1}^{m} w_j \left[r_{ij} - 1 \right]^2$ 为该模型求解先构造拉格朗日函数：

$$L(w, \ \varepsilon) = \sum_{i=1}^{n} \sum_{j=1}^{m} w_i \left(r_{ij} - 1 \right)^2 + \varepsilon \left(\sum_{j=1}^{m} w_j - 1 \right)$$

令 $\dfrac{\partial L}{\partial W_j} = 0; \dfrac{\partial L}{\partial \varepsilon} = 0$，求得最优解 $w = (w_1, \ w_2, \ \cdots, \ w_m)$，把它代入 $d_{ik} = (i = 1, \ 2, \ \cdots, \ n)$，按照 d_{ik} 的值从小到大顺序对方案 X_i 排序。越接近最劣方案越差，构造函数过程同上。最终选择的最优方案应当尽可能地接近最优方案，并且尽可能地远离最劣方案。

用 $D_{RK} = u_i d_{ik}$ 表示加权后该方案与理想方案的距离，$D_{RK} = (1 - u_i) \times d_{ik}$ 表示加权后该方案与最劣方案的距离。

设 $F(u_i) = (D_{RK})^2 + (D_{RK})^2 = (u_i d_{ik})^2 + \left[(1 - u_i) d_{ik} \right]^2$，

为了求得 u_i 的极值，现令 $\dfrac{\mathrm{d} F(u_i)}{\mathrm{d} u_i} = 2 u_i d_{ik}^2 - 2 (1 - u_i) d_{ik}^2 = 0$ 求得 $u_i = \dfrac{d_{ik}^2}{d_{ik}^2 + d_{ik}^2}$。

可得到 u_i 的最终计算公式：

$$u_i = \frac{\left(\sum\limits_{j=1}^{m} w_j r_{ij}^2 \right)^2}{\left[\sum\limits_{j=1}^{m} w_j \left(r_{ij} - 1 \right)^2 \right] + \left(\sum\limits_{j=1}^{m} w_j r_{ij}^2 \right)^2}$$

将乙酸改性苎麻、溶胶-凝胶法改性苎麻和三聚氰胺海绵三种吸油材料构成方案集，各指标数值构成目标集合，得到评价矩阵 B：

$$B = \begin{bmatrix} 8 & 8 & 5 \\ \vdots & \ddots & \vdots \\ 5 & 5 & 8 \end{bmatrix}$$

层次分析法确定各指标权重向量 W：

$W = （0.027，0.043，0.054，0.012，0.072，0.225，0.087，0.034，0.085，0.104，0.055，0.107，0.011，0.051，0.033）$。

将评级矩阵 B 转换成相对隶属度矩阵 R：

$$R = \begin{bmatrix} 0.5 & 1 & 0 \\ \vdots & \ddots & \vdots \\ 1 & 0.5 & 0 \end{bmatrix}$$

根据模糊优选方案的选择：最优方案应当尽可能地接近最优方案，并且尽可能地远离最劣方案，根据多目标模糊优选模型的理论基础，最理想方案的各个指标评分值均为10，而最劣方案的各个指标值为0，转化成相对优属度矩阵后，最理想方案的各指标值均为 1，而最劣方案的各个指标值为 0，进而通过公式 $U_i = \dfrac{\left(\sum\limits_{j=1}^{m} w_j r_{ij}^2\right)^2}{\left[\sum\limits_{j=1}^{m} w_j \left(r_{ij}-1\right)^2\right] + \left(\sum\limits_{j=1}^{m} w_j r_{ij}^2\right)^2}$

计算出最优方案的值为 1，最劣方案的值为 0，其他方案隶属于理想方案的隶属度的值为 0~1。乙酸改性苎麻、溶胶-凝胶法改性苎麻和三聚氰胺海绵三种吸油材料距离理想方案的隶属度计算结果依次为：$U_1=0.120$，$U_2=0.162$，$U_3=0.879$。多目标模糊优选模型规定按 U_i 值的大小进行排序，U_i 最大值所对应的方案就是最优方案，故三种方案从优到劣排序依次是三聚氰胺海绵、溶胶-凝胶法改性苎麻和乙酸改性苎麻。

3.4 小 结

天然吸油材料制备过程中采用苎麻为底物，分别采用乙酰化和溶胶-凝胶法制备了两种天然吸油材料；合成材料制备过程中采用三聚氰胺海绵为底物，采用溶液浸渍法制备了疏水海绵。对各材料改性前后的性能状态进行测试，结果如表 3-34 所示。

表 3-34 改性前后各吸油材料性能变化表

指标	项目	乙酸改姓苎麻			溶胶-凝胶法改性苎麻			疏水三聚氰胺海绵		
		改性前	改性后	提高倍数	改性前	改性后	提高倍数	改性前	改性后	提高倍数
疏水性	吸水倍率/(g/g)	5.91	0.93	6.35	10.55	0.22	47.95	84	0.67	125.37
	接触角/(°)	0	105	—	0	134	—	0	143	—
吸油性能	柴油饱和吸附倍率/(g/g)	—	—	—	7	8.96	1.28	64.89	73.98	1.14
	大豆油饱和吸附倍率/(g/g)	8.57	21.86	2.55	8.4	11.01	1.31	62.68	75.21	1.20
	润滑油饱和吸附倍率/(g/g)	8.7	20.85	2.40	13.57	15.61	1.15	74.43	84.11	1.13
	原油饱和吸附倍率/(g/g)	6.77	19.88	2.94	13.98	18.03	1.29	89.26	94.62	1.06
	油品饱和吸附时间/min	3	5	—	5	5	—	15	10	—
保油能力	柴油 5 min 保油能力/%	—	—	—	84	88	1.05	100	100	1.00
	柴油 30 min 保油能力/%	—	—	—	83	85	1.02	100	100	1.00
	大豆油 5 min 保油能力/%	87	95	1.09	72	85	1.18	97	98	1.01
	大豆油 30 min 保油能力/%	84	91	1.08	70	82	1.17	95	97	1.02
	润滑油 5 min 保油能力/%	85	96	1.13	62	81	1.31	95	95	1.00
	润滑油 30 min 保油能力/%	76	86	1.13	58	70	1.21	92	92	1.00
	原油 5 min 保油能力/%	84	94	1.12	60	83	1.38	89	92	1.03
	原油 30 min 保油能力/%	83	94	1.13	54	72	1.33	71	85	1.20
浮沉	纯水中	下沉	上浮	—	下沉	上浮	—	下沉	上浮	—
	油水混合物	下沉	上浮	—	下沉	上浮	—	下沉	上浮	—
重复利用性	第一次/(g/g)	4.47	12.36	2.77	—	—	—	89.26	94.62	1.06
	第二次/(g/g)	3.54	10.28	2.90	—	—	—	81.08	85.23	1.05
	第三次/(g/g)	2.98	10.35	3.47	—	—	—	76.16	83.73	1.10
	第四次/(g/g)	2.84	10.25	3.61	—	—	—	71.48	80.24	1.12
	第五次/(g/g)	2.8	11.23	4.01	—	—	—	68.5	77.42	1.13

利用乙酸改性后苎麻纤维对原油、豆油、花生油的吸附量与改性前苎麻纤维的吸油量相比分别提高了 2.94 倍、2.55 倍、2.4 倍，保油性分别提高了 1.12 倍、1.07 倍、1.13 倍。并且随着吸附次数的增多，未改性苎麻纤维与改性后苎麻纤维的吸附量呈减小的趋势并且趋于稳定，但是经过相同次数的重复实验之后，改性后苎麻纤维的吸附量仍然大于未改性苎麻纤维的吸附量。选取乙酸对苎麻改性大大增加了材料的亲油能力，也证明了苎麻作为吸附物质的优良性能；采用溶胶-凝胶法制备苎麻吸油材料疏水性能优异，经过改性优化后最大吸水倍率仅为 0.22 g/g，比未改性样品吸水倍率降低了 98 %，对柴油、豆油、润滑油、原油最大吸附倍率与未改性苎麻相比分别增加了 1.28 倍、1.31 倍、1.15 倍和 1.29 倍。研究投加量、不同初始含油量、温度、盐度、pH、波浪强度对于材料吸附效果的影响。在实际应用中为了达到一定的除油效果，应同时考虑吸油材料的投加量和其性能价格比，即确定一个最佳的投加量，适当调整吸油材料的投加量，使投加吸油材料后既能有效去除海水中的石油，又能充分利用吸油材料的吸附容量；随着温度的升高，两种吸油材料的除油效果都有增强的趋势，但是当温度高于 20 ℃时溢油的去除率反而降低；改性苎麻纤维对柴油的吸附率随盐度的增大而增大，采用苎麻纤维处理海上溢油事故时，盐度值高的海域要比盐度低的海域吸附效果更好；pH 对于溢油的去除影响不大，两种材料在不同的 pH 环境下保持了良好的稳定性；振荡频率变化可以影响吸附材料对水中油品的去除率。因此，采用吸油材料处理海洋石油污染时，平静的海面有助于吸附材料的吸附作用，但如果风浪过大，则会对吸附带来不利影响。

改性三聚氰胺海绵对于原油、润滑油、大豆油、柴油吸收倍率分别达 94.62 g/g、84.11 g/g、75.21 g/g、73.98 g/g，是一种强有力的溢油处理材料。根据吸附动力学曲线可以看出，材料对于柴油在 2 min 内完成饱和吸附，对于润滑油和大豆油 10 min 内完成饱和吸附，对于原油 20 min 内完成饱和吸附，吸附时间较快。再吸附油品过后经挤压后能使 90 %以上的油品得到回收，并且可以实现材料的重复利用，重复使用 5 次后对原油、润滑油、大豆油和柴油吸附倍率分别为 77.42 g/g、76.68 g/g、71.67 g/g、72.13 g/g，满足循环使用的要求，并且材料强度大，富有弹性，在使用中不易损坏，储油过程中保油性能好。通过波流实验水槽的物理实验研究中黏度油在波、流作用下的形态与性质变化，以及吸附材料性能变化。通过吸附材料对乳化油的吸附趋势可知，材料对乳化溢油的吸附性能出现较大下降。主要原因是溢油乳化后其黏度会成倍数增加，溢油的表面张力增加，吸附材料对乳化溢油的吸附受到抑制。疏水性三聚氰胺海绵内部结构层次感强、排列密集，孔隙度高，使其具有较高的吸附性能，对于乳化有吸附有一定作用，物理吸附材料主要依靠材料的空隙和毛细血管力，将溢油吸附到材料内部。在溢油性质改变后，吸附材料孔隙结构和尺寸是影响吸附性能的主要因素。

由于疏水性和介孔结构，二氧化硅气凝胶对碳氢化合物（甲苯、汽油和柴油）的吸附能力比天然黏土和有机黏土高得多，表明二氧化硅气凝胶是一种有潜力的用于溢油清洁的矿物吸附剂。为了使二氧化硅气凝胶成为经济和环境友好的吸附剂，其再生是非常重要的，并在不同条件下进行了系统研究。在 80 ℃下，甲苯和汽油解吸在 3 h 内接近完成。在所有类型的烃类解吸完成后，观察到二氧化硅气凝胶的孔隙收缩，导致再生二氧化硅气凝胶的吸附能力下降。对柴油来说，除了孔隙收缩之外，其在 80 ℃下的不完全解吸和氧化进一步降低了二氧化硅气凝胶再生后的吸附能力。为了提高柴油的解吸率，实验也在 200 ℃的较高温度下进行。然而，在 200 ℃时发生的强化柴油氧化会破坏介孔，导致再次老化后吸附容量的严重损失。为了避免柴油氧化，开发柴油的厌氧解吸，在二氧化硅气凝胶的再生方面做出很大的改进。

参 考 文 献

蔡成翔, 焦淑菲, 尹艳镇. 2012. 我国近岸海域石油污染现状及其防治措施. 化工技术与开发, 41(08): 14-17.

曹宏, 覃柳昕. 2004. 膨胀石墨对柴油吸附性的实验研究. 武汉化工学院学报, 1: 38-41.

曹新志, 武玉娟, 王柱, 等. 2008. 高吸油率玉米多孔淀粉的制备工艺研究. 四川理工学院学报(自然科学版), (1): 66-68.

陈再明, 陈宝梁, 周丹丹. 2013. 水稻秸秆生物碳的结构特征及其对有机污染物的吸附性能. 环境科学学报, 33(1): 9-19.

郭静仪, 尹华, 彭辉, 等. 2005. 木屑固定除油菌处理含油废水的研究. 生态科学, 2: 154-157.

哈丽丹·买买提, 库尔班江·肉孜. 2010. 纤维素-甲基丙烯酸丁酯接枝聚合吸油材料的表征及其吸油性能. 石油化工, 39(12): 1374-1379.

韩梅, 吴兵, 陈学军, 等. 2001. 新型 PHBV 吸油材料与传统聚丙烯吸油材料的性能比较研究. 交通环保, 22(6): 12-14.

何浩. 2011. 用于吸除油污的秸秆炭化材料研究. 南京: 南京林业大学硕士论文.

蒋必彪, 朱亮, 陈小严. 1996. 高吸油性树脂的合成与性能. 高分子材料科学与工程, 6: 25-28.

江茂生, 黄彪, 蔡向阳, 等. 2007. 红麻杆高吸油材料吸油特性的研究. 中国麻业科学, 29(6): 344-348.

江茂生, 黄彪, 周洪辉, 等. 2009. 红麻杆热解物高吸油特性的形成机理. 中国麻业科学, 31(2): 143-147.

蓝舟琳. 2013. 玉米秸秆的生物改性及其对石油吸附性能的研究. 广州: 华南理工大学硕士论文.

李莲芳, 阳艳玲. 2013. 吸附剂在废水处理中的应用. 广东化工, 40(03): 129-130.

林海, 王泽甲, 汪涵, 等. 2012. 天然生物质材料吸油性能研究. 功能材料, 43(17): 2412-2415.

路建美, 戴蔚荃, 潘健, 等. 2002. 丙烯酸 2-乙基己酯与醋酸乙烯酯共聚合成高吸油性树脂的研究. 高分子材料科学与工程, 6: 168-170.

路建美, 朱秀林, 鲁新宇, 等. 1995. 丙烯酸酯与甲基丙烯酸酯的共聚及性能研究. 高分子材料科学与工程, 4: 48-51.

马希晨, 宋辉, 王春俏, 等. 2003. 改性纤维素合成高吸油树脂的工艺条件及吸油效果. 大连轻工业学院学报, 22(4): 256-258.

濮文虹, 周李鑫, 杨帆, 等. 2005. 海上溢油防治技术研究进展. 海洋科学, 6: 73-76.

单国荣, 徐萍英, 翁志学, 黄志明, 等. 2003. 单一化学交联与物理-化学复合交联高吸油树脂的比较. 高分子学报, 1: 52-56.

唐兴平, 程捷, 林冠烽, 等. 2007. 竹纤维吸油材料的制备. 森林与环境学报, 27(1): 57-60.

王锦涛, 郑易安, 王爱勤. 2012. 木棉纤维接枝聚苯乙烯吸油材料的制备及性能. 功能高分子学报, 25(1): 28-33.

魏徵, 王源升, 文庆珍, 等. 2010. 聚氨酯泡沫的制备及吸油性能. 高分子材料科学与工程, 26(11): 118-121.

吴红枚, 李竞, 邱长平, 等. 2010. 苯乙烯-甲基丙烯酸酯系二元共聚树脂的吸油性能. 南华大学学报(自然科学版), 24(2): 84-88.

吴吉琨, 钟海庆, 赵云英, 等. 1998. 海面溢油分散剂的研制. 海洋环境科学, 3: 76-79.

徐龙宇, 朱靖, 闫向阳, 等. 2013. 吸油材料对溢油吸附的研究进展. 化工新型材料, 41(02): 141-143.

徐乃库, 肖长发, 宋喆. 2009. 双螺杆冻胶纺丝法制备有机液体吸附功能纤维及其性能研究. 高分子学报, 1(4): 317-324.

徐萍英, 单国荣, 翁志学, 等. 2002. 吸油树脂中的物理交联. 功能材料, 33(6): 601-608.

姚乐. 2009. PDMDAAC 改性粉煤灰吸附处理含油废水实验研究. 科学技术与工程, 9(22): 6926-6928.

禹精瑞. 2011. 溢油机械回收技术在渤海冰期的适用性试验研究. 大连: 大连理工大学硕士论文.

Al-Majed A A, Adebayo A R, Enamul Hossain M. 2012. A sustainable approach to controlling oil spills. Journal of Environmental Management, 113: 213-227.

Almasian A, Jalali M L, Chizari Fard Gh, et al. 2017. Surfactant grafted PDA-PAN nanofiber: Optimization of synthesis, characterization and oil absorption property. Chemical Engineering Journal, 326: 1232-1241.

Banerjee S S, Joshi M V, Jayaram R V. 2006. Treatment of oil spill by sorption technique using fatty acid grafted sawdust. Chemosphere, 64(6): 1026-1031.

Choi H M, Cloud R M. 1992. Natural sorbents in oil spill cleanup. Environmental Science & Technology, 26(4): 772-776.

Deschamps G, Caruel H, Borredon M E, et al. 2003. Oil Removal from Water by Selective Sorption on Hydrophobic Cotton Fibers. 1. Study of Sorption Properties and Comparison with Other Cotton Fiber-Based Sorbents. Environmental Science & Technology, 37(5): 1013-1015.

Doczekalska B, Bartkowiak M, Zakrzewski R. 2007. Modification of sawdust from pine and beech wood with the succinic anhydride. Holz als Roh- und Werkstoff, 65(3): 187-191.

Fan Z J, Yan J, Ning G Q, et al. 2010. Oil sorption and recovery by using vertically aligned carbon nanotubes. Carbon, 48(14): 4197-4200.

Fernando G D S, Marins J A, Rodrigues C H M, et al. 2010. A magnetic composite for cleaning of oil spills on water. Macromolecular Materials & Engineering, 295(10): 942-948.

Gao J Z, Li Y F, Lu Q F, et al. 2012. Synthesis and characterization of poly (methyl methacrylate-butyl acrylate) by using glow-discharge electrolysis plasma. Polymer Bulletin, 68(1): 37-51.

Garcia-Ubasart J, Colom J F, Vila C, et al. 2012. A new procedure for the hydrophobization of cellulose fibre using laccase and a hydrophobic phenolic compound. Bioresource Technology, 112(3): 341-344.

He J, Zhao H Y, Li X L, et al. 2018. Superelastic and superhydrophobic bacterial cellulose/silica aerogels with hierarchical cellular structure for oil absorption and recovery. Journal of Hazardous Materials, 346: 199-207.

Hussein M, Amer A A, Sawsan I I. 2008. Oil spill sorption using carbonized pith bagasse: Trial for practical application. International Journal of Environmental Science & Technology, 82(2): 205-211.

Ibrahim S, Ang H M, Wang S. 2009. Removal of emulsified food and mineral oils from wastewater using surfactant modified barley straw. Bioresource Technology, 100(23): 5744-5749.

Jang J, Kim B. 2015. Studies of crosslinked styrene–alkyl acrylate copolymers for oil absorbency application. II. Effects of polymerization conditions on oil absorbency. Journal of Applied Polymer Science, 77(4): 914-920.

Kasgoz II, Heydarova S. 2011. Styrene-PEG (600) DMA Crosslinked polymers for absorption of oil derivatives. Journal of Macromolecular Science: Part A - Chemistry, 48(7): 556-561.

Klymenko N A, Samsoni-Todorova E A, Savchyna L A, et al. 2013. Restoration of activated carbon adsorption capacity after a long-term use of filters for add-on treatment of tap water. Journal of Water Chemistry & Technology, 35(4): 159-164.

Lei Z W, Zhang G Z, Deng Y H, et al. 2017. Surface modification of melamine sponges for pH-responsive oil absorption and desorption. Applied Surface Science, 416: 798-804.

Li Z T, Lin B, Jiang L W, et al. 2018. Effective preparation of magnetic superhydrophobic Fe_3O_4/PU sponge for oil-water separation. Applied Surface Science, 427: 56-64.

Liao X F, Li H Q, Zhang L, et al. 2018. Superhydrophobic mGO/PDMS hybrid coating on polyester fabric for oil/water separation. Progress in Organic Coatings, 115: 172-180.

Liu F, Ma M L, Zang D L, et al. 2014. Fabrication of superhydrophobic/superoleophilic cotton for application in the field of water/oil separation.Carbohydrate Polymers, 103(1): 480-487.

Liu L, Lei J L, Li L J, et al. 2017. A facile method to fabricate the superhydrophobic magnetic sponge for oil-water separation. Materials Letters, 195: 66-70.

Lu Y Q, Wang Y, Liu L J, et al. 2017. Environmental-friendly and magnetic/silanized ethyl cellulose sponges as effective and recyclable oil-absorption materials. Carbohydrate Polymers , 173: 422-430.

Mi H Y, Jing X, Xie H, et al. 2017. Magnetically driven superhydrophobic silica sponge decorated with hierarchical cobalt nanoparticles for selective oil absorption and oil/water separation. Chemical Engineering Journal, 37: 541-551.

Pham V H, Dickerson J H. 2014. Superhydrophobic silanized melamine sponges as high efficiency oil absorbent materials. Acs Applied Materials & Interfaces, 6(16): 14181-14188.

Ponthieu E, Grimblot J, Elaloui E, et al. 1993. Synthesis and characterization of pure and yttrium-containing alumina aerogels. Journal of Materials Chemistry, 3(3): 287-293.

Sakthivel T, Reid D L, Goldstein I, et al. 2013. Hydrophobic high surface area zeolites derived from fly ash for oil spill remediation. Environmental Science & Technology, 47(11): 5843-5850.

Sathasivam K, Haris M R H M. 2010. Adsorption kinetics andcapacity of fatty acid-modified banana trunk fibers for oil in water. Water Air & Soil Pollution, 213(1-4): 413-423.

Shan G R, Xu P Y, Weng Z X, et al. 2010. Synthesis and properties of oil absorption resins filled with polybutadiene. Journal of Applied Polymer Science, 89(12): 3309-3314.

Shavandi M A, Haddadian Z, Ismail M H S, et al. 2012. Removal of residual oils from palm oil mill effluent by adsorption on natural zeolite. Water Air & Soil Pollution, 223(7): 4017-4027.

Shimizu T, Koshiro S, Yamada Y, et al. 2015. Effect of cell structure on oil absorption of highly oil absorptive polyurethane foam for on-site use. Journal of Applied Polymer Science, 65(1): 179-186.

Sun X F, Sun J X. 2002. Acetylation of rice straw with or without catalysts and its characterization as a natural sorbent in oil spill cleanup. Journal of Agricultural & Food Chemistry, 50(22): 6428-33.

Sun X F, Sun R C, Sun J X. 2003. A convenient acetylation of sugarcane bagasse using NBS as a catalyst for the preparation of oil sorption-active materials. Journal of Materials Science, 38(19): 3915-3923.

Wahi R, Chuah L A, Choong T S Y, et al. 2013. Oil removal from aqueous state by natural fibrous sorbent: An overview. Separation & Purification Technology, 113(113): 51-63.

Wang J, Zheng Y, Kang Y, et al. 2013. Investigation of oil sorption capability of PBMA/SiO$_2$, coated kapok fiber. Chemical Engineering Journal, 23(3): 632-637.

Wang Y H, Li Q R, Bo L F, et al. 2016. Synthesis and oil absorption of biomorphic MgAl Layered Double Oxide/acrylic ester resin by suspension polymerization. Chemical Engineering Journal, 284: 989-994.

Xia C B, Li Y B, Fei T, et al. 2018. Facile one-pot synthesis of superhydrophobic reduced graphene oxide-coated polyurethane sponge at the presence of ethanol for oil-water separation. Chemical Engineering Journal, 345: 648-658.

Xu N K, Xiao C F. 2010. Swelling and crystallization behaviors of absorptive functional fiber based on butyl methacrylate/hydroxyethyl methacrylate copolymer. Journal of Materials Science, 45(1): 98-105.

Xu N K, Xiao C F. 2011. Property and structure of novel absorptive fiber prepared by blending butyl methacrylate-hydroxyethyl methacrylate copolymer with low density polyethylene. Journal of Macromolecular Science: Part D - Reviews in Polymer Processing, 50(2): 173-181.

Xu N K, Xiao C F, Yan F, et al. 2009. Study on absorptive property and structure of resin copolymerized by butyl methacrylate with hydroxyethyl methacrylate. Journal of Macromolecular Science: Part D-Reviews in Polymer Processing, 48(7): 716-722.

Yuan X, Chung T C M. 2012. Novel solution to oil spill recovery: Using thermodegradable polyolefin oil superabsorbent polymer (oil–SAP). Energy & Fuels, 26(8): 4896-4902.

Zhang L, Li H Q, Lai X J, et al. 2017. Thiolated graphene-based superhydrophobic sponges for oil-water separation. Chemical Engineering Journal, 316: 736-743.

Zhou X Y, Zhang Z Z, Xu X H, et al. 2013. Facile fabrication of superhydrophobic sponge with selective absorption and collection of oil from water. Industrial & Engineering Chemistry Research, 2(27): 9411-9416.

Zhu H T, Qiu S S, Jiang W, et al. 2011. Evaluation of electrospun polyvinyl chloride/polystyrene fibers as sorbent materials for oil spill cleanup. Environmental Science & Technology, 45(10): 4527-4531.

Zhu K, Shang Y Y, Sun P Z, et al. 2013. Oil spill cleanup from sea water by carbon nanotube sponges. Frontiers of Materials Science, 7(2): 170-176.

Zhu Q, Pan Q M, Liu F T. 2011. Facile removal and collection of oils from water surfaces through superhydrophobic and superoleophilic sponges. Journal of Physical Chemistry C, 115(35): 17464-17470.

第4章 港湾溢油生态修复技术研发

4.1 国内外溢油生物修复现状

在发生海洋石油污染事故的初期,为防止油污的大面积扩散,使用围油栏、吸油材料等十分必要,但是物理法只能通过转移海面上的油膜来减少海面表观石油的含量,工作量大、成本高;使用化学处理剂能达到快速乳化和分散油污的目的,然而其带来的二次污染对环境有较大的风险。与物理法、化学法相比,生物法对环境的影响小,且成本低。近年来,生物修复以其经济、高效、无二次污染受到广泛的关注。

海洋生物修复,指一切利用海洋生物为主体的环境污染的治理技术。它包括利用海洋植物、海洋动物和海洋中的微生物吸收、降解、转化水体中的污染物,使污染物稳定化不易向周围环境扩散,同时使污染物的浓度降低到可接受的水平,或将有毒有害的污染物转化为低毒无害的物质。在生物修复当中,微生物修复是主要过程。目前利用微生物修复受污环境(即由于其多样化的新陈代谢能力而发生的微生物解毒或移除污染物的过程)是一个不断发展的方法。因为微生物处理方法对比其他方法具有更好的经济效益、社会效益和环境效益,具有广阔的应用前景。现在已有不少国家,如美国、加拿大、日本和英国等都在有关海洋微生物降解石油烃方面积极地开展研究工作。

4.1.1 国内外海洋石油污染生物修复研究现状

1989 年,美国公司和美国国家环保局的科学家采用生物修复的方法成功修复了油轮石油泄漏造成的海滩污染,开创了生物修复在治理海洋石油污染方面的应用。经过 20 多年的发展,石油污染的生物修复得到了迅速的发展。近年来,国内外关于海洋石油污染生物修复的研究热点主要集中以下几个方面。

(1)筛选高效石油降解菌,并对其降解条件进行优化。研究人员从被石油污染的区域筛选出具有石油降解能力的菌株,这些菌株具有降解效率高,基因稳定性好,并能够通过海滩沉积物的孔隙到达石油污染物的表面等特点。姜胼等(2012)在南海海域筛选出株高效石油降解菌,其对烷烃的降解率均 40 %在以上,对多环芳烃的降解率均在 70 %以上,其中,菌株 B08 500 对石油中总烷烃和总芳香烃的降解效果较好,降解率分别为 75 %和 87 %。

实际的生物修复要受到多种复杂环境因素的影响,只有对各种环境因素进行优化才能使筛选到的石油降解菌发挥其最大的降解效能。苏莹等(2008)从胜利油田石油污染水体中分离出一株石油降解菌 HB-1,并对其降解条件进行了优化,该菌株降解石油烃的优势氮源为(硝酸铵/氮磷)比约为 3.18,适宜生长的温度为 25～32 ℃,pH 初始值为

6.5~7.5，盐度为 3 %。环境中影响生物修复的主要因子见表 4-1。

表 4-1   影响生物修复的主要因子

主要因素	具体因子
微生物	生物量浓度、种群多样性、酶活性、降解微生物种群的增殖、毒性代谢产物的产生和积累
环境	优先基质的损耗、营养物质的缺乏、环境条件的限制
底物	污染物浓度过低、污染物的化学结构、溶解性及毒性
生物好氧-厌氧过程	氧化/还原潜力、电子受体的有效性、污染现场微生物的丰度
生物基质-共代谢	污染物类型及浓度、碳源、微生物间的相互作用
污染物的生物有效性	吸附作用、结合成有害物
转化限制	氧的扩散和溶解能力、营养盐的扩散、水中的溶解性/混合性

（2）寻求提高石油降解效率的手段包括构建菌群、固定化微生物技术，以及利用共代谢的原理对石油中的难降解组分进行分解。

单一菌株由于产酶单一，因此只能降解石油中的特定组分。混合培养的微生物则能够产生并且诱导出更广泛的酶系，因而降解效率和降解程度均高于纯培养的菌株。结合环境因素及微生物间的协同作用，微生物群在实际的修复应用中更具可行性。王海峰等（2011）分别以烷烃、芳怪、胶质及沥青为唯一碳源，分离出对稠油不同组分有降解作用的细菌 16 株，进而组成稠油降解菌群 SL-16，实现对稠油的有效降解。

利用吸附、包埋、交联、共价结合等手段将游离的微生物或酶定位在限定的空间，可以使其保持活性并反复使用，微生物经固定化后，对有毒物质的耐受性及降解能力都有明显的提高（包木太和巩元娇，2009）。Diaz 等（2002）利用聚丙烯纤维材料作为载体吸附石油降解微生物菌群，结果显示，固定化显著提高了微生物菌群对石油的降解率。

对于石油中的难降解组分，可以通过向降解体系添加共代谢基质来提高降解效率。常选择易降解的物质如葡萄糖、蛋白胨、蔗糖或选择二级基质的结构类似物或中间代谢物作为共基质。慎义勇等（2005）在油制气废水中添加葡萄糖作为共代谢基质，可使废水中的 COD、氨氮、可萃取有机物的去除率得到提高：各菌株对废水中芳烃类化合物的去除率提高 17.7 %~21.7 %。对芳环数为 4~6 的芳烃类化合物降解能力也有所提高。巩宗强等（2010）研究了共代谢底物存在下芘的降解过程，结果表明，无共基质组芘的降解率为 57 %，而有共基质组芘的降解率为 80 %。在共基质存在下，芘的半衰期缩短；水杨酸、邻苯二甲酸、琥珀酸钠都能作为共基质提高芘的降解率，琥珀酸钠效果最好。芘和低分子量多环芳烃之间也有共代谢关系，菲作为芘的结构类似物可以促进芘的降解。

（3）利用分子生物学的手段对降解基因进行研究，对修复过程中的菌落结构的动态变化进行监测。利用现代生物技术，可将多种降解污染物的基因转移到一种微生物的细胞中，构建基因工程菌，使之降解效率提升几十倍甚至是几百倍。美国生物学家 Friello 等成功地培育出一种多质粒的假单胞菌，可以氧化脂肪烃、芳香烃和多环芳烃。研究人员利用 PCR 技术对 alkB、alkM 等编码烷烃降解酶的基因进行扩增（Christova et al.，2015），用以监测石油污染的生物降解过程。在海洋石油污染的生物修复过程中，微生物群的结构可能由于被降解物组分的改变而发生变化，谭田丰和邵宗泽（2006）研究了菌群结构的变化。

（4）通过实验室模拟污染环境，考察生物降解的动力学条件。夏星辉等（2004）在实验室对黄河水体的石油类污染物进行了生物降解模拟实验，研究结果表明，当石油类污染物的初始浓度为 11.64 mg/L，培养温度为 20 ℃时，泥沙含量为 0.5 g/L 的黄河水样中大约 85 %的石油类污染物在 63 天内能得到生物降解。体系中泥沙的存在显著影响石油类污染物的生物降解速率。当体系中不存在泥沙时，去掉驯化期后，石油类污染物的生物降解可用一级动力学拟合，而当体系中泥沙含量为 2 g/L 时，石油类污染物的生物降解可用 3/4 级动力学拟合。

（5）开发生物修复剂对石油污染海滩进行实际修复。目前市场上已有厂商将高效石油降解微生物或酶制剂制成生物强化剂，其中 BioEnviroTech.Inc，RMC bioremediation 等公司的产品已被美国石油和危险物污染突发事件应急计划（NCP）认可并写入其产品目录中（Roongsawang et al.，2002）。郑立等（2012）以两株食烷菌和一株海杆菌构建石油降解菌群 DC10，将其制成冻干菌粉，喷洒时将冻干菌粉辅以营养盐溶液研制降解菌剂，营养盐溶液中氮与磷的比例保持在 5∶1，$FeSO_4·7H_2O$ 的终浓度保持在 2.80 mg/L，该菌剂在大连岸滩油污生物修复试验中显示出良好的降解效果。Swannell 等（1996）使用 Alpha Biosea 菌剂，Tsutsumi 等（2000）使用 TerraZyme 制剂也都达到了良好的修复效果。

4.1.2 国内外石油烃降解微生物研究

在受到石油污染的环境中存在着许多石油烃化合物，石油降解微生物是以石油烃类化合物为唯一碳源进行生长和繁殖，所以在自然条件下，在被污染的水体和土壤中存在着很多种石油降解菌。

微生物降解石油是通过微生物的自身代谢，把石油中对环境有毒有害的物质转化成可以被环境接受的无机物质。降解的主要形式是通过微生物有机体的活性破坏石油中有毒有害大分子的结构，从而完成生物降解，对环境进行生物修复。早在 20 世纪 70 年代，国外就开始关于石油降解微生物的研究，目前已经进入了实用阶段（Cui et al.，2013）。我国科学家于 80 年代也开始了针对石油污染区微生物生态及石油降解的相关研究（Gharibzahedi et al.，2014）。到目前为止，现已发现的有降解石油中各种组分能力的微生物约有 100 多属，200 多种（Wang et al.，2012）。常见石油降解微生物有细菌、真菌、霉菌、放线菌和藻类，主要以细菌和真菌为主。例如，阮志勇（2006）从天津大港石油污染土壤中筛选出 4 株石油降解微生物，鉴定后分别为假单胞菌属（*Pseudomonas* sp.）、友好戈登氏菌（*Gordonia* sp.）、喜盐微球菌（*Micrococcus haotbius*）、希瓦氏属（*Shewanella* sp.）。对这 4 株菌石油降解特性进行相关研究，结果表明这些菌株中降解率最高可达到 85 %，有修复石油污染土壤的能力。

在海洋环境中，常见的具有石油降解性能的细菌类微生物有无色杆菌（*Achromobacter*）、不动杆菌（*Acinetobacter*）、节杆菌属（*Archrobacter*）、假单胞菌

（*Pseudomonas*），以及放线菌（*Actinomycetes*）。真菌类微生物有假丝酵母菌（*Candida*）、金色担子菌（*Aureobasidium*）、红酵母菌（*Rhodotorula*），是最普遍的海洋石油烃降解菌。发现具有石油烃降解能力的霉菌主要包括木霉菌属（*Trichoderma*）、金色担子菌属（*Aureobasidium*）、青霉属（*Penicilium*）、假丝酵母属（*Csndida*）、滞孢酵母属（*Sporobolomyces*）、被孢霉属（*Mortierella*）、毛霉属（*Mucor*）、镰刀酶属（*Fusarium*）等。藻类主要有鱼腥藻属（*Anabaena*）、小球藻属（*Chlorella*）、鞘藻属（*Microcoleus*）、念珠藻（*Nostoc*）等（Fatma et al., 2014）。其中降解多环芳烃发挥较大作用的有假单胞菌和鞘氨醇单胞菌及其他变形细菌属（Kumari et al., 2012）。目前，被鉴定出可培养降解多环芳烃菌株主要有：黄杆菌属（*Flavobacterium*）、假单胞菌属（*Pseudomonas*）、芽孢杆菌属（*Bacillus*）、微球菌属（*Micrococcus*）、红球菌属（*Rhodococcus*）、产碱杆菌属（*Alcaligene*）、分枝杆菌属（*Microbacterium*）、伯克霍尔德氏菌属（*Burkholder*）、弧菌属（*Vibri*）、莫拉克丝氏菌属（*Moraxella*）、葡萄球菌属（*Staphylococcus*）等。这些菌株均可以萘为唯一碳源与能源，通过代谢作用将最简单的多环芳烃萘彻底分解为水和二氧化碳。而另一种多环芳烃菲的降解，同样已有学者研究表明红球菌属（*Rhodococcus*）、假单胞菌属（*Pseudomonas*）、鞘氨醇单胞菌属（*Sphigomonas*）、芽孢杆菌属（*Bacillus*）、产碱杆菌属（*Alcaligenes*）、微球菌属（*Micrococcus*）、气单胞菌属（*Aeromonas*）、分枝杆菌属（*Mycobacterium*）、弧菌属（*Vibrio*）、节细菌属（*Arthrobacter*）、拜叶林克氏菌属（*Beijerinckia*）、解环菌属（*Cycloclasticus*）、丛毛单胞菌属（*Comamonas*）等皆有对菲降解能力。

4.1.3 石油烃生物降解机理

石油烃类化合物分为四种：饱和烃、芳香烃、树脂和沥青（Tamura et al., 2011）。微生物降解石油烃类化合物以饱和烃和芳香烃为主。因石油各组分的化学结构和分子量不同，石油降解微生物对石油各组分的降解性能有差异（Sepahi et al., 2008）。石油烃生物降解主要分为两个步骤，第一步微生物与石油烃接触，一部分亲脂相的成分可以直接溶于细胞膜，被细胞直接摄取，还有一部分被细胞分泌的表面活性剂作用再被细胞吸收。第二步是已经被细胞摄取的石油烃，经细胞代谢转化为细胞内的物质和水及二氧化碳排出细胞外。

1. 饱和烷烃生物降解机理

饱和烷烃包括正构烷烃、支链烷烃和环烷烃。经研究发现，烷烃在微生物氧化酶的作用下被氧化成醇，醇在微生物分泌的脱氨酶的作用下生成相应的醛，醛在醛脱氢酶的作用下氧化成脂肪酸，然后经 β-氧化进入三羧酸循环，最终生成水和二氧化碳。直链烷烃的氧化途径如下：

（1）$R\text{—}CH_2\text{—}CH_3 \longrightarrow R\text{—}CH_2\text{—}CH_2OH \longrightarrow R\text{—}CH_2\text{—}CHO \longrightarrow R\text{—}CH_2\text{—}COOH$

过程（1）表示烷烃在单脱氢酶的作用下发生单末端氧化。氧与碳链末端结合生成伯醇，伯醇再被氧化生成相应的醛和酸。

（2）R—CH$_2$—CH$_3$ ⟶ R—CH$_2$—CH$_2$OOH ⟶ R—CH$_2$—CH$_2$OH ⟶ R—CH$_2$—CHO ⟶ R—CH$_2$—COOH

过程（2）表示烷烃在双脱氢酶的作用下发生单末端氧化。氧与碳链末端相结合生成伯醇，伯醇再被氧化生成相应的醛和酸。

（3）R—CH$_2$—CH$_3$ ⟶ R—CHOH—CH$_3$ ⟶ R—CO—CH$_3$ ⟶ RCH$_2$—O—CO—CH$_3$ ⟶ RCH$_2$OH—COOH

过程（3）表示烷烃的次末端氧化。烷烃在酶的作用下氧化烷烃末端第二个碳生成仲醇，仲醇进一步氧化生成相应的酮，酮氧化成酯，酯分解为伯醇和脂肪酸。

（4）R—CH$_2$—CH$_3$ ⟶ R—CH=CH$_2$ ⟶ R—CH$_2$—CH$_2$OH ⟶ R—CH$_2$—CHO ⟶ R—CH$_2$—COOH

过程（4）表示烷烃脱氢。烷烃在无氧的条件下脱氢生成烯烃，烯烃进一步氧化生成伯醇，伯醇再沿其降解途径进行降解。

支链烷烃的微生物降解机理同直链烷烃大体相同，由于支链烷烃靠近侧链上的碳较难发生氧化反应，主要的氧化反应在直链上发生，所以支链烷烃比直链烷烃难降解。

2. 环烷烃降解机理

环烷烃是石油组分中重要的组成部分。由于环烷烃的结构特性，末端没有甲基，所以环烷烃属于比较难进行微生物降解的组分。它的化学结构导致它的微生物降解机理同饱和烷烃的次末端氧化相似。环烷烃在具有混合功能的氧化酶的作用下生成环烷醇，醇脱氢生成酮，酮氧化生成内酯，或开环生成相应的脂肪酸（Thavasi et al.，2011）。环烷烃的生物降解途径见图 4-1。例如，环烷烃在氧化酶的作用下生成环己醇，环己醇脱氢生成环己酮，环己酮再进行进一步氧化。氧化有方式有两种，一种是氧原子插入环中生成酯，另一种是直接开环生成脂肪酸。

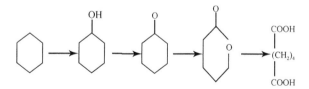

图 4-1 环烷烃的降解途径

3. 芳香烃降解机理

芳香烃的降解是微生物在有氧及氧化酶催化的条件下发生的有氧代谢。根据作用的酶不同，发生的定位氧化反应也不同。有一些真核细胞和原核细胞生物对芳香烃可以进行降解，但降解途径不同（Kumar et al.，2011）。真核细胞（真菌等）在有氧的环境中和单氧化酶的催化下，使芳香烃转化为反式二醇（具有毒性）。然后反式二醇进一步发生反应生成邻苯二酚。原核细胞（细菌等）在有氧的环境中和双氧化酶的催化下，使芳香轻转化为顺式二醇，然后顺式二醇进一步发生反应生成邻苯二酚。邻苯二酚在双加氧酶的作用下使苯环的邻位间位发生断裂生成三羧酸循环的中间产物。芳香烃的降解途径见图4-2。

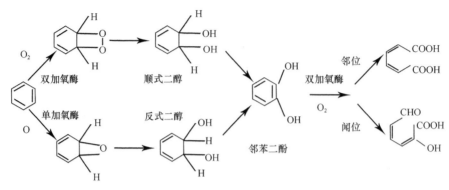

图 4-2　芳香烃的降解途径

4.1.4　海洋石油降解菌研究中存在的主要问题

海洋微生物对石油烃的降解研究，国内外已有较多报道。在海洋溢油污染物修复治理中，微生物的降解潜力巨大，并在近几年的研究中取得了一定的成果。但目前微生物修复也存在很多的不足：

（1）由于石油污染物组成结构复杂，从环境中通过筛选获得的石油降解菌株只能降解其中一种或几种组分，直接投入到工程实际中，并不能获得预期的修复效果。为解决这种问题我们可以通过改变富集条件筛选出可以降解不同碳源的高效降解菌株，按一定比例进行混合制成菌剂，从而应用到实际中。同时我们也可以通过基因工程手段获得可以降解多种碳源的工程菌，但这样或许也存在一定的弊端，因为共存的微生物之间也可能具有竞争和拮抗作用。

（2）尽管大部分筛选出的石油烃降解菌在实验室的研究过程中表现出较好的降解性能，但当把他们投放到现场环境中，由于缺乏对现场环境的适应能力，很多微生物并不能表现出预期的降解能力。因此，在天然环境中这种微生物菌株要想真正起到作用需要进一步的研究和与探讨（Urszula et al., 2009）。

4.1.5　微生物固定化技术

传统的生物修复技术在实地修复石油污染时存在一定缺陷，如单位体积内优势菌浓度低、反应速度慢、菌体易流失、与土著菌竞争处于弱势、环境耐性差等。近年来，人们开始采用生物固定化技术来解决这些缺点和不足。生物固定化技术是现代生物工程领域中的一项新兴技术。

固定化技术是采用化学或物理方法，将游离细胞固定在限定的区域内，减少环境对生物的影响，并使其尽可能地保持相关活性，进而可反复利用的技术（王新等，2005；Sathishkumar et al.，2008；赵荫薇等，1998）。其优点在于生物的负载量相对较大、微生物对环境的耐受性增强、微生物的活性提高、生物稳定性较好、微生物损失少，并且可以重复多次使用，不会造成环境的二次污染等。该技术从 20 世纪 20 年代被发现，报道在骨炭微粒上发现了藤糖酶，并且该酶保持着与游离态酶同样的生物活性（贾燕，2007）。随后该技术迅速发展起来，目前在医药、化工、能源开发、环境保护等领域中获得了广泛的关注和研究（方定等，2015）。且随着固定化技术的发展，该技术不仅仅在微生物方面发挥作用，在酶及细胞等领域的固定化研究也呈现递增趋势。

1. 固定化技术方法

根据固定化的定义可知，固定化技术是使细胞与固体载体相结合，根据结合方式的不同，固定化方式分为吸附固定法；包埋固定法；共价结合法和交联固定法四种方法。下面对各种方法的优缺点进行比较（贺琳等，2009），如表 4-2 所示。

表 4-2　固定技术方法优缺点比较

固定化方法	优点	缺点	常用载体
吸附固定法：依靠固相载体本身结构特性或静电引力将微生物细胞该固定于载体内部	反应温和；对细胞活性影响小；操作简单可重复利用	抗冲击负荷相对较低；所固定的细菌数量受载体种类及表面积的限制	硅胶、活性炭、多孔玻璃、碎石、多孔砖、木屑等吸附剂
包埋固定法：将载体包裹与凝胶格子或聚合物半透明膜微囊中的方法	所需要条件温和；回收率较高；包埋菌量大；固定化微球的机械强度高	操作复杂；成本高	聚乙烯醇、乙二醇、琼脂、海藻酸钠
共价结合法：利用微生物细胞表面功能团与固相载体表面基团之间形成化学共价键相连来固定细胞	细胞与载体之间连接牢固使用；稳定性好	基团结合时反应激烈；操作复杂难以控制	常用共价基团有：氨基、酚基
交联固定法：使微生物细胞表面与带两个以上多功能团的非水溶性交联剂进行交联	高效菌体不易流失；生物浓度高	生物反应活性损失大；采用的交联剂大都比较昂贵	戊二醛、异氰酸酯

2. 固定化载体

固定化载体的选择对微生物固定化的效果起着重要的作用。就固定化载体而言，应具有制备简易、易获得、低廉、可靠物理性能，以及传质性良好，反应条件温和，容易控制，对微生物没有毒害作用等特点（Elliott et al.，2007；Cassidy et al.，1996；Rling et al.，2004；杨玖坡等，2013），以抵御环境压迫和支撑足够微生物生存空间。目前常用的固定化载体种类包括：无机材料、天然高分子凝胶材料、有机高分子凝胶材料、复合材料及新型载体材料，以下简单介绍各种材料的优缺点（Jodra and Mijangos，2003；钱林波等，2012；Garg et al.，2008）。

无机载体主要有硅藻土、活性炭粉末、石英砂等，其机械强度较大、无毒、抗微生物分解、耐酸碱、稳定性好、成本低、寿命长，对微生物无毒害作用。其中，比较常用的是活性炭粉末和硅藻土，其吸附性较强，使用相对广泛。

天然有机载体主要有海藻酸盐、琼脂、植物纤维、壳聚糖等。天然有机载体优点在于传质性好、无毒性、来源广、成本低且对环境不产生二次污染，但其强度低、易分解。其中海藻酸钠是一种常用于包埋固定化的天然有机载体。

高分子合成载体主要有聚丙烯纤维、聚乙烯醇、聚丙烯酰胺等。这些载体材料的强度大、抗生物降解，可塑性高，但是传质性差，并且对微生物具有一定损伤作用。其中聚乙烯醇是应用比较广泛的载体，其化学稳定性强、价格低廉，虽然黏性较大，但经过改良及与其他载体材料进行联合固定化研究获得较好的效果。

复合载体是将上述有机载体、无机载体及合成高分子载体进行不同比例组合，中和优化各载体性能，达到更好的固定化效果。通过优化载体组合，有助于固定化制剂的制备，其机械性、传质性都会得到显著的改善，使得生物修复效果显著提高。

此外，有些天然有机质材料，如植物残体（木屑、甘蔗渣、海带残渣等），在生物固定化领域也得到有效的利用（Nuñal et al.，2014）。这些材料中含有丰富的 C、N 等营养元素，对微生物和酶都具有很好的生长辅助性。通过这些材料的再利用，一方面可以增加这种资源的再回收利用，另一方面可以减少因燃烧等不合理性处理造成的环境污染。

4.1.6　国内外微生物固定化应用

随着固定化技术的不断发展与研究，其优势也越来越显著，应用的范围也越来越广泛。微生物固定化技术在一定程度上克服了传统工艺的不足，因而广泛应用于土壤、海岸线及水上环境污染的生物修复。对于溢油环境污染而言，将石油降解微生物进行固定化处理，制成各种固定化石油污染修复菌剂，在一定程度上克服海洋石油污染生物修复方面遇到的困难，目前已成为海洋石油污染应急处置中很有前景的研究方向。同时该技术在发酵工业、农业、医学、环境修复等领域都有涉及，环境修复中的主要应用集中于水体污染的控制和处理、土壤沉积物污染物和重金属等的治理。

Akar 等（2009）利用环境土著石油降解菌群通过吸附法，将微生物固定在花生壳固定化载体上面，然后进行修复石油污染土壤，结果显示固定化体系修复效果石油降解达到 61%，而原始的游离菌体生物修复效果仅在 27%，二者差距显著；Ramadan 等（2012）研究了活性炭包埋分离于土壤样品的土著混合菌，用于降解无机盐培养基和加土壤样品体系中的蒽，包埋尖孢镰刀菌对蒽降解率可以达到 83%，而游离菌仅为 53%，说明微生物经过包埋处理，对环境中有机化合物和有毒污染物的生物修复具有很大的承载力；张秀霞等（2008）通过吸附固定化方法将石油高效降解菌固定在纳米多孔氧化硅材料上，并进行了土壤石油污染的模拟修复实验。发现固定化微生物不仅对石油的降解率有一定提高，并且该固定化微生物菌剂可以重复利用，对石油污染物保持一定的降解率；邵娟等（2006）将石油降解微生物细胞采用吸附固定的方法与载体稻秆相结合，在相同的条件下，固定后石油降解菌降解率同游离态石油降解菌降解率相比有显著提高。秸秆有助于石油分散，分散后的石油吸附于秸秆上，有效地增大了水油界面的面积，从而提高了石油降解率。Barreto 等（2010）将枯草芽孢杆菌孢子采用载体结合法同壳聚糖与戊二醛相结合，对水体中的石油烃化合物进行降解，解决了普通菌体活性不足和不易保存的问题。Alejandro 等（2006）将石油降解微生物细胞固定于甲壳素载体上，经实验研究发现，大大提高了石油降解菌的降解活性。

4.2　石油烃降解菌固定化及修复效果评估

4.2.1　原油烃降解菌分离

1. 沉积物样品和原油样品来源

渤海湾滩涂沉积物样品采至渤海湾滩沉积物表层 50 cm 以下底泥或大港油田原油污染土壤。原油样品取自伊拉克巴士拉原油，所采样品呈深棕色，且黏稠。

2. 原油降解菌群筛选

（1）取 250 mL 三角烧瓶装入 100 mL 无机盐培养基在 121 ℃灭菌 30 min，在无菌操作室内加入 0.5 %（W/V）的原油。称取 5 g 渤海湾沉积物样品完全转移到上述三角瓶中，在 150 rpm，30 ℃条件下培养 7 天。

（2）按步骤（1）准备无机盐培养基，同样在无菌环境中加入 1.0 %（W/V）的原油，从培养 7 天后的（1）中三角瓶吸取 10 mL 培养液转接到含 1.0 %（W/V）原油的无机盐培养基中。在 150 rpm，30 ℃条件下培养 7 天。

（3）按步骤（1）准备无机盐培养基，同样在无菌环境中加入 1.5 %（W/V）的原油，从培养 7 天后的（2）中三角瓶吸取 10 mL 培养液转接到含 1.5 %（W/V）原油的无机盐培养基中。在 150 rpm，30 ℃条件下培养 7 天。

3. 石油降解菌富集培养

经过三次的富集培养，在不同阶段锥形瓶内呈现状态不同。经过富集其中的菌液是可以在以石油为唯一碳源的条件下生存的，通过水油界面的模糊可以推断菌株分泌了某些物质将原油乳化分散，从而增加了水油的接触面积，详细描述见表 4-3 和图 4-3。

表 4-3　富集液中菌群的结果

第一次富集	第二次富集	第三次富集
溶液轻微浑浊，有原油挂壁现象，分层明显（a）	溶液浑浊，原油以絮状分散在液相中，分层不明显有少量原油挂壁（b）	溶液较浑浊，无原油挂壁，且原油与菌液混合较均匀（c）

(a)石油烃降解菌第一次富集　　(b)石油烃降解菌第二次富集　　(c)石油烃降解菌第三次富集

图 4-3　石油降解菌富集

4.2.2 原油降解菌群结构 DGGE 分析

为了更精确地研究原油降解菌群落结构，DGGE 技术的分离效果是关键。而 DGGE 技术的分离效果与其实验条件密切相关，DGGE 实验的条件主要包括聚丙烯酰胺凝胶浓度、变性梯度范围、电泳电压、电泳时间和电泳温度。本书对凝胶浓度、电泳电压、电泳时间做了优化。原油降解菌群的图谱仅在一定程度上反映群落结构的变化，以及不同菌之间的相对丰度。为了更加深入地研究群落结构的组成，需要在凝胶上进行切胶，回收条带中 DNA，扩增回收的 DNA，PCR 产物测序，作序列进行比对，建立原油降解菌群的系统发育树。

1. DGGE 实验条件优化

对细菌群落结构的研究，通常利用 16SrDNA 中特定片段的指纹图谱进行分析。本书对由引物 GC-357F 和 518R 扩增出来的片段进行图谱分析。鉴于样品中微生物种类较多，为了得到分离效果理想的图谱，DGEE 实验操作条件和电泳条件需要不断优化。本书对凝胶浓度、电泳电压和电泳时间做了优化。

1）凝胶浓度优化

本书中引物 GC-357F/518R 扩增出的 DNA 片段长度约为 250 bp（碱基对），根据表 4-3 可知，浓度为 8 % 和 10 % 的凝胶均适用本实验。PCR 产物在 DGGE 实验中的分辨率受许多因素影响，如凝胶浓度、电压、温度等。凝胶浓度与交联度决定了凝胶的孔径、机械强度等，凝胶浓度直接关系到目的片段的分离效果，所以凝胶浓度对 DGGE 实验至关重要。本实验将利用 8 % 和 10 % 聚丙烯酰胺凝胶进行对比试验，根据图谱结果确定合适浓度。

2）电泳电压和时间优化

电泳电压和时间也是获得理想分辨率图谱的一个关键因素，本书以电泳条件 150～200 V、4～6 h 为基础进行优化。为得到较好的分离精度，也将采用低电压 60～75 V，长时间 10～18 h 的组合。高电压和低电压各有优势，高电压电泳更节省时间，低电压电泳分离效果相对更好。本书试图通过对比 200 V、4 h 和 60 V、16 h 的图谱结果找到更加适合本实验的电泳电压和时间。

2. DGGE 指纹图谱与序列分析

1）DGGE 指纹图谱分析

QUANTITYONE 是专业凝胶分析软件，它的工作流程如图 4-4 所示。软件能以不同形式的格式输入分析结果，便于分析方法的选择。

2）DGGE 条带序列分析

对凝胶上的优势条带和特殊条带进行切胶回收，切下的条带在 1.5 mL 的离心管中用 30 μL 灭菌超纯水浸泡过夜后的溶液作为 DNA 模板。按照图 4-4 中的程序和体系进行扩增，注意引物一定不带 GC 夹。重复上述步骤直到确认为单一条带。将扩增产物测序，将 16SrDNA 序列测序结果在 NCBI（美国生物信息技术中心）数据库中进行序列的同源性比较，利用 Clustalx 作序列比对，借助 MEGA4 软件中的 Neighbor Joining 法，利用比对结果构建系统发育树。

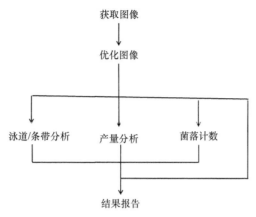

图 4-4　Quantityone 工作流程图

3. 原油降解菌的 DGGE 指纹图谱与序列分析

1）石油降解菌 DGGE 指纹图谱分析

DGGE 技术可以同时分析多个不同样品，是整个实验中最关键的一步，也是本实验的最终结果。PCR 扩增条件与 DGGE 条件的优化实验均是为此步打基础，电泳条件为凝胶浓度 8%、变性梯度 30%～60%，温度为 60 ℃，电压 60 V，时间 16 h。图谱上条带均为种类不同的细菌 16SrDNAV3 区的一小部分 DNA 序列，理论上来说，每一个条带都是一段 DNA 序列，代表一个种属。

样品 DNA 的 PCR 扩增片段进行电泳之后图谱结果如图 4-5 所示，图中共有 12 个样品。1～8 泳道为两个月内每周取样一次的 8 个样品。9～12 泳道为两个月内每两周取样一次的 4 个样品，它主要用于和 1～8 泳道样品对比来验证群落结构和变化趋势。

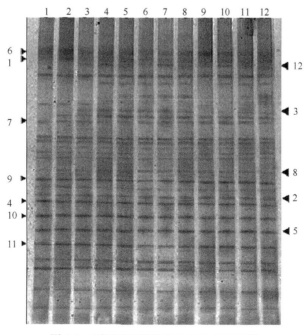

图 4-5　不同时间样品的 DGGE 指纹图谱

从图中可知道，总共有 19 个条带，即 1、2、4、10、11、12、14、15、18～28 号一直存在。相对来说，从整体上来看 1、4、18、21、22、23、24、26 号条带一直稳定存在且保持高水平；其次是 2、10、20、25、27 号条带；再次是 11、12、14、19 号条带；15、28 号条带最弱。

实验进行到 14 天时 13、16、17 号条带新出现，14 天之后 9 号条带强度明显增大，16 号条带有所增强，但不是很明显，17 号条带一直保持不变。实验进行到 21 天时 3、8 号条出现，3 号有增强趋势，8 号维持在较高水平。实验进行到 35 天时，6 号条带才出现且不明显。这说明石油降解菌进入新环境后逐渐适应且稳定存在，但是适应时间存在明显差异。整体上来看，两个月内原油降解菌群落结构保持比较稳定。所有条带最后没有明显消失的情况出现，第 5 周条带数量达到最多，一直到第 8 周实验结束条带数量没有减少。14 天取样方式和 7 天取样方式情况基本保持一致。Gallego 等（2014）从 Prestige 溢油后的海滩中筛选出芘降解菌群，利用经过富集驯化培养后的芘降解菌群开始进行芘降解实验，借助 PCR-DGGE 和 clone 技术对菌群做了深入分析。通过分子生物学研究发现，菌群结构很稳定。主要由 84 % Alpha Proteo-bacteria（*Breoghania*，*Thalassospira*，*Paracoccus* and *Martelella*）和 16 % *Actinobacteria*（*Gordonia*）组成。Yeung 等（2015）研究了加拿大最大海上石油平台的产出水中微生物群落结构，结果显示石油产出水中的微生物群落结构比较稳定，它们来自不同的菌属，但以 *Alphaproteobacteria* 为主。这可能是微生物经过富集驯化后或者长期在石油环境中已经适应了石油环境，所以整个菌群结构维持地比较稳定。

2）QuantityOne 软件分析石油降解菌 DGGE 指纹图谱

对上述样品的电泳条带作分析，DGGE 图谱的软件分析结果包括泳道/条带识别图（图 4-6）、相似性矩阵图（图 4-7）和系统树图（图 4-8）。

泳道/条带识别图 4-6 中有很多条带，但是条带粗细不同。条带越粗表示其在凝胶上的密度越大，反之越小。从图中可清楚地看到 28 个条带，1、4、18、20、21、22、23、24、26 号条带较粗，在不同泳道一直出现，属于优势条带，说明其在石油降解的整个过程中适应性很强，可能对石油降解有重要作用。根据条带对比的结果，可以根据戴斯系数 C_s 计算出各样品相似性的矩阵（图 4-7），最大相似度为 91.3 %，最小相似度为 67.5 %。系统树图（图 4-8）显示 12 个样品被分为三大族群，即样品 1、样品 2、样品 3、样品 9、样品 10，样品 6 和样品 7，以及样品 4、样品 5、样品 8、样品 11 和样品 12。

在图谱成像完成后，从凝胶上切下 12 条带，以条带被浸泡后的溶液作为 PCR 的 DNA 模板，重复上述步骤直到确认为单一条带。将扩增产物测序，将 16SrDNA 序列测序结果在 NCBI(美国生物信息技术中心)数据库中进行序列的同源性比较，借助 Clustalx 作序列比对，借助 MEGA4 软件中的 NeighborJoining 法，利用比对结果中构建系统发育树。

分析 12 个条带序列如表 4-4 所示。有 8 个条带序列 GenBank 中为培养微生物相似，另外四个条带序列属于 *Roseobacter* sp.、*Arthrobacter* sp.、*Pseudomonas* sp.、*Microbacterium* sp.，同源性都大于 98 %。这 12 个条带序列所代表的菌属均来自于海洋环境或原油环境。根据 GenBank 信息可知，不可培养条带 Band3 所代表的菌属来自受石油污染的土壤，对多环芳烃有降解作用；Band8 所代表的菌属来自原油污染的污泥也对多环芳烃有降解作用，Band9 所代表的菌属来自油藏水驱水中，Band12 所代表的菌属来自油藏产出水中。所以可以推测这四个条带所代表的菌属能降解原油成分或存在于原油环境中。

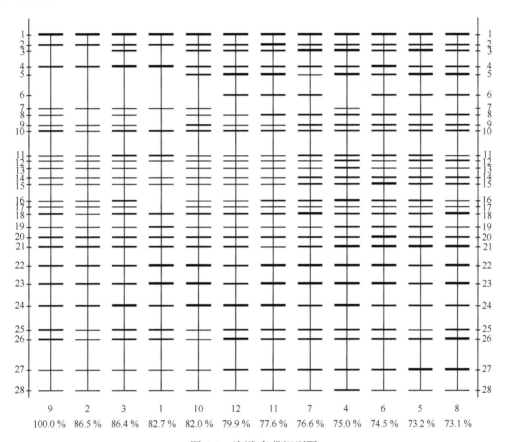

图 4-6　泳道/条带识别图

Lane	1	2	3	4	5	6	7	8	9	10	11	12
1	100.0	80.1	80.8	73.8	70.9	75.1	75.4	73.3	82.7	81.0	74.0	73.2
2	80.1	100.0	80.3	67.5	68.4	67.6	69.2	67.7	86.5	76.8	69.8	71.7
3	80.8	80.3	100.0	78.1	77.2	79.8	77.4	75.3	86.4	84.9	78.1	81.0
4	73.8	67.5	78.1	100.0	88.5	83.6	84.4	85.2	75.0	81.8	86.2	84.8
5	70.9	68.4	77.2	88.5	100.0	81.4	81.8	88.0	73.2	79.7	84.3	84.5
6	75.1	67.6	79.8	83.6	81.4	100.0	87.9	84.3	74.5	81.3	84.5	82.4
7	75.4	69.2	77.4	84.4	81.8	87.9	100.0	85.5	76.6	79.6	86.4	82.1
8	73.3	67.7	75.3	85.2	88.0	84.3	85.5	100.0	73.1	80.7	88.4	87.4
9	82.7	86.5	86.4	75.0	73.2	74.5	76.6	73.1	100.0	82.0	77.6	79.9
10	81.0	76.8	84.9	81.8	79.7	81.3	79.6	80.7	82.0	100.0	85.2	86.0
11	74.0	69.8	78.1	86.2	84.3	84.5	86.4	88.4	77.6	85.2	100.0	91.3
12	73.2	71.7	81.0	84.8	84.5	82.4	82.1	87.4	79.9	86.0	91.3	100.0

图 4-7　相似性矩阵图（单位：%）

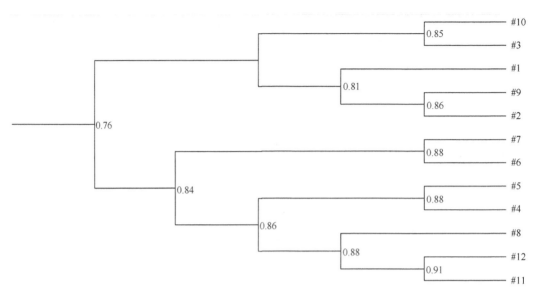

图 4-8　系统树图

表 4-4　DGGE 图谱中条带的序列比对结果

条带	最相近细菌的 16SrRNA 序列	GenBank 分类号	相似度/ %
Band1	*Roseobacter* sp.SIO	AF190747.1	98
Band2	*Uncultured Zoogloea.*sp	HE654688.1	96
Band3	*Uncultured bacterium G30-48*	HQ132203.1	95
Band4	*Uncultured bacterium SH3B*	HQ606263.1	96
Band5	*Arthrobacter* sp.PE-11	KC888015.1	99
Band6	*Uncultured bacterium*	GQ289450.1	90
Band7	*Pseudomonas* sp.AS-33	AJ391194.1	98
Band8	*Uncultured bacterium*SWIB06	FN429403.1	99
Band9	*Uncultured Proteobacteria*S6B	JQ433736.2	94
Band10	*Uncultured bacterium*HC1	JX816735.1	97
Band11	*Microbacterium* sp.3CBF	AY267531.1	99
Band12	*Uncultured Parvibaculum* sp.WEI2	KR136102.1	98

　　PCR 扩增出来的目的片段是 250 bp 左右的短序列，基于目标序列的比较构建了系统进化树，如图 4-9 所示。图中进化树间距离大都比 60 低，该结果显示本书驯化的原油降解菌培养液体系中的细菌种类较多，但是菌种间亲缘性并不明显。

　　在海洋环境中存在许多能降解原油的微生物，常见的能够降解原油的细菌见表 4-5。据报道可以降解海洋原油污染的微生物有 100 多个属，其中细菌占 40 个属。本书中就包含四种常见菌属：*Arthrobacter* sp.、*Pseudomonas* sp.、*Microbacterium* sp.、*Roseobacter* sp.。在 *Roseobacter* sp.的研究报道中，Sanni 等（2015）研究受石油污染的 PyefleetChannel 滩涂微生物群落时，利用 T-RFLP 技术分析样品时也发现有 *Roseobacter* sp.存在，根据 GC-MS 对石油成分的检测结果发现，其对支链烷烃有降解作用。Núria Jiménez 通过室内实验模拟海洋溢油，以 Prestige 燃油为唯一碳源，借助 PCR 和克隆技术，结果显示 *Roseobacter* 有助于饱和烃的降解。Kostka 等（2011）在研究 Deep water Horizon 溢油事故时，以 Pensacola 海滩的泥沙为研究对象，从中找到了 24 株石油降解菌，其中就包括

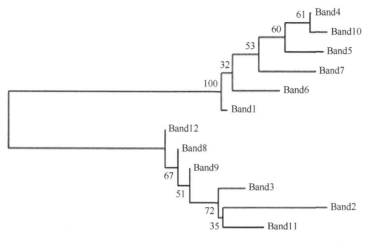

图 4-9　DGGE 条带系统进化发育树

Pseudomonas sp.。Pacwa-Plociniczak 等（2014）从被石油严重污染的土壤里分离出 *Pseudomonas* sp. P-1，它还能产生生物表面活性剂，可能有助于石油污染的生物修复。Gai 等（2012）从大庆油田中分离出一株 *Pseudomonas* sp. DQ8，它能降解正构烷烃和多环芳烃，可能对被石油污染土壤、废水、海水的修复具有较大的实际意义。Sheppard 等（2012）从澳大利亚 GulfSt.Vincent 海域取海水样，以 SA 炼油厂的风化原油作为唯一碳源富集驯化，结果显示 DGGE 条带中包含已被证实有石油降解菌功能的 *Pseudomonas* sp. 和 *Roseobacter* sp.。Cho 和 Oh（2012）通过富集培养从受石油污染区域（Manri-Po）的沉积物中驯化出石油降解菌群，30 天内 95 %以上的饱和烃和芳香烃均被降解，两株菌起主要作用，其中包括 *Arthrobacter* sp.HK-2。Dhail 和 Jasuja（2012）从印度的受溢油污染的 Mumbai 港口海水中分得到 25 株菌，其中 *Arthrobacter* sp. MS1 能产生生物表面活性剂且能乳化石油。Schippers 等（2005）从德国原油储存区分离出一株名为 *Microbacterium* sp.BAS69T，用人工海水富集驯化，发现其对原油具有降解作用。Johnson 和 Hill（2003）从澳大利亚西北大陆架深海沉积物中分离出了一株 *Microbacterium* sp.，利用人工海水做培养基，并以脂肪烃和多环芳烃作为碳源，研究发现其有潜在的脂肪烃和多环芳烃的降解能力。

表 4-5　常见的原油降解菌

中文名	拉丁名
假单胞菌属	*Pseudomonas* sp.
不动杆菌属	*Acinetobacter* sp.
黄杆菌属	*Flavobacterium* sp.
气单胞菌属	*Aeromonas* sp.
无色杆菌属	*Achromobacter* sp.
产碱杆菌属	*Alcaligenes* sp.
棒杆菌属	*Coryhebacterium* sp.
节杆菌属	*Arthrobacter* sp.
芽孢杆菌属	*Bacillus* sp.
葡萄球菌属	*Staphylococcus* sp.
微球菌属	*Micrococcus* sp.
诺卡氏菌属	*Nocardia* sp.
玫瑰杆菌属	*Roseobacter* sp.

4. 小结

（1）根据原油降解菌的 DGGE 指纹图谱来分析，不同菌进入新环境之后适应时间存在一定差异，但是整体上原油降解菌群的群落结构相对比较稳定，没有出现明显的减弱趋势。

（2）由测序结果可知，在群落结构中 α 变形菌较多，其他菌属主要为玫瑰杆菌属（*Roseobacter* sp.）、节杆菌属（*Arthrobacter* sp.）、假单胞菌属（*Pseudomonas* sp.）、微球菌属（*Microbacterium* sp.）等。

4.3　鉴定石油烃降解各菌株理化特性

（1）在无菌环境中用移液器移取 1 mL 驯化完成的培养基（图 4-3）中的菌群和培养基，分别转接到 40 mL LB 液体培养基中，在 30 ℃，150 rpm 条件下扩大培养 3 天获得原油降解菌群的菌液。

（2）用平板稀释法获得单菌菌落。在无菌室将灭菌的 LB 固体培养基倒入平板，制备菌株分离用平板备用。用移液器移取 0.1 mL 培养基 1 号菌群菌悬液，稀释至 10^{-7}、10^{-8}、10^{-9}，分别涂布在平板上，待菌液干燥倒置在 35 ℃恒温培养箱中培养 3 天。

（3）选取菌落分散较好的平板，在无菌室，用灭过菌的接种针挑取单菌落，在 LB 培养基的平板上划线，获得单菌落。倒置在 35 ℃恒温培养箱中培养 3 天，在显微镜下观察菌落形态。

（4）同步骤（3）对单菌落继续划线分离，直到平板上菌落在显微镜下观察，初步判断为单一菌落时，多次划线分离纯化获得单菌落。分离好的单菌落平板保存在 4 ℃冰箱中，备用。

4.3.1　菌株理化特性

1. D12 菌落

观察分离得到的原油降解菌 D12 菌落形态，菌株 D12 在 LB 平板上菌落表面下形态为圆形隆起，形状为凸起，边缘整齐，颜色为橘红色、不透明，湿润，革兰氏染色为阳性（图 4-10）。

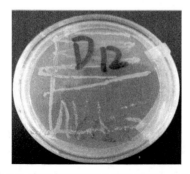

图 4-10　菌株 D12 在固体培养基上菌落形态，100 倍油镜下形态

2. D2 菌落

观察分离得到的原油降解菌 D2 菌落形态,菌株 D2 在 LB 平板上菌落表面下形态为圆形隆起形状为凸起,边缘整齐,颜色为橘红色、不透明、边缘整齐并均匀分布鞭毛,干燥,革兰氏染色为阳性(图 4-11)。

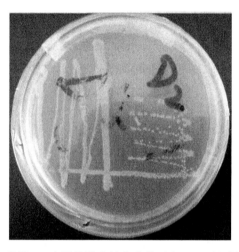

图 4-11 菌株 D2 在固体培养基上菌落形态,100 倍油镜下形态

3. HDB-1 菌落

观察分离由大港油田原油污染土壤得到的原油降解菌 HDB-1 菌落形态,菌株 HDB-1 在 LB 平板上菌落表面下形态菌落轻微凸起、表面褶皱、边缘不规则、白色,革兰氏染色为阳性,菌为单球菌(图 4-12)。

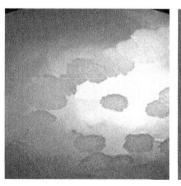

图 4-12 HDB-1 菌落形态和革兰氏染色结果

4. HDB-2 菌落

观察分离由大港油田原油污染土壤得到的原油降解菌 HDB-2 菌落形态,菌株 HDB-2 在 LB 平板上菌落较小、呈圆形、明显凸起、表面光滑、黄色、边缘平整,革兰氏染色为阳性,菌为短杆菌(图 4-13)。

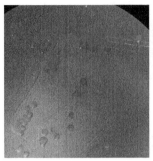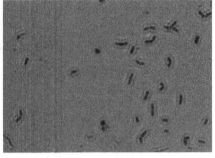

图 4-13　HDB-2 菌落形态和革兰氏染色结果

5. HDB-3 菌落

观察分离由大港油田原油污染土壤得到的原油降解菌 HDB-3 菌落形态,菌株 HDB-3 在 LB 平板上菌落圆形、淡黄色、表面粗糙、边缘不规则,革兰氏染色为阳性,菌为长杆菌（图 4-14）。

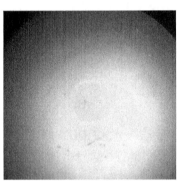

图 4-14　HDB-3 菌落形态和革兰氏染色结果

6. HDB-4 菌落

观察分离由大港油田原油污染土壤得到的原油降解菌 HDB-4 菌落形态,菌株 HDB-4 在 LB 平板上菌落圆形、边缘锯齿状、表面光滑、菌落轻微凸起、白色,革兰氏染色为阳性,菌为球菌（图 4-15）。

图 4-15　HDB-4 菌落形态和革兰氏染色结果

7. HDB-5 菌落

观察分离由大港油田原油污染土壤得到的原油降解菌 HDB-5 菌落形态,菌株 HDB-5 在 LB 平板上菌落圆形、明显凸起、表面光滑、中间黄色边缘半透明,边缘整齐,革兰染色为阳性,菌为球菌（图 4-16）。

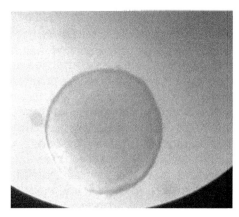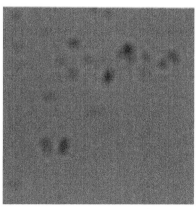

图 4-16　HDB-5 菌落形态和革兰氏染色结果

8. HDB-6 菌落

观察分离由大港油田原油污染土壤得到的原油降解菌 HDB-6 菌落形态,菌株 HDB-6 在 LB 平板上菌落圆形、轻微凸起、边缘不规则、表面光滑、白色,革兰染色为阳性,菌为长杆菌（图 4-17）。

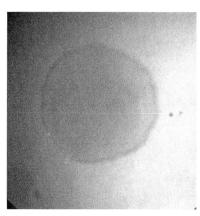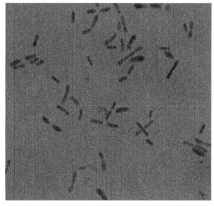

图 4-17　HDB-6 菌落形态和革兰氏染色结果

4.3.2　菌株的 16SrDNA 序列分析结果

通常情况下,16SrDNA 序列同源性 98 % 以上的可以认为是新菌株；96 %～97 %的可以认为属于不同种；93 %～95 %的则可以认为是新属。

1. 菌株 D12 16SrDNA 序列分析

根据大连宝生物的测序结果,应用 BLAST 程序将 D12 的 16SrDNA 序列与 GenBank 中已经登录的 16SrDNA 序列进行核酸同源性比较,与菌株 D12 与系统发育树上亲缘关系最近模式株的 *Gordonia amicalis* strain T3 相似度大于 100 %,所以该菌株极有可能是戈登氏菌 *Gordonia amicalis*(图 4-18、图 4-19)。

1	ACGCTGGCGGCGTGCTTAACACATGCAAGTCGAACGGAAAGGCCCGCTTGCGGGTACTCGAGTGG
66	CGAACGGGTGAGTAACACGTGGGTGATCTGCCCTGGACTCTGGGATAAGCCTGGGAAACTGGGTC
131	TAATACCGGATATGACCTTACATCGCATGGTGTTTGGTGGAAAGCTTTTGCGGTTCAGGATGGGC
196	CCGCGGCCTATCAGCTTGTTGGTGGGGTAATGGCCTACCAAGGCGACGACGGGTAGCCGACCTGA
261	GAGGGTGATCGGCCACACTGGGACTGAGACACGGCCCAGACTCCTACGGGAGGCAGCAGTGGGGA
326	ATATTGCACAATGGGCGCAAGCCTGATGCAGCGACGCCGCGTGAGGGATGACGGCCTTCGGGTTG
391	TAAACCTCTTTCACCAGGGACGAAGCGCAAGTGACGGTACCTGGAGAAGAAGCACCGGCCAACTA
456	CGTGCCAGCAGCCGCGGTAATACGTAGGGTGCGAGCGTTGTCCGGAATTACTGGGCGTAAAGAGC
521	TCGTAGGCGGTTTGTCGCGTCGTCTGTGAAATTCTGCAACTCAATTGTAGGCGTGCAGGCGATAC
586	GGGCAGACTTGAGTACTACAGGGGAGACTGGAATTCCTGGTGTAGCGGTGAAATGCGCAGATATC
651	AGGAGGAACACCGGTGGCGAAGGCGGGTCTCTGGGTAGTAACTGACGCTGAGGAGCGAAAGCGTG
716	GGTAGCGAACAGGATTAGATACCCTGGTAGTCCACGCCGTAAACGGTGGGTACTAGGTGTGGGGC
781	TCATTTCACGAGTTCCGTGCCGTAGCTAACGCATTAAGTACCCCGCCTGGGGAGTACGGCCGCAA
846	GGCTAAAACTCAAAGGAATTGACGGGGGCCCGCACAAGCGGCGGAGCATGTGGATTAATTCGATG
911	CAACGCGAAGAACCTTACCTGGGTTTGACATACACCAGAAAGCTGTAGAGATATAGCCCCCCTTG
976	TGGTTGGTGTACAGGTGGTGCATGGCTGTCGTCAGCTCGTGTCGTGAGATGTTGGGTTAAGTCCC
1041	GCAACGAGCGCAACCCTTGTCCTGTATTGCCAGCGGGTTATGCCGGGGACTTGCAGGAGACTGCC
1106	GGGGTCAACTCGGAGGAAGGTGGGGATGACGTCAAGTCATCATGCCCCTTATGTCCAGGGCTTCA
1171	CACATGCTACAATGGCTGGTACAGAGGGCTGCGATACCGTGAGGTGGAGCGAATCCCTTAAAGCC
1236	AGTCTCAGTTCGGATTGGGGTCTGCAACTCGACCCCATGAAGTCGGAGTCGCTAGTAATCGCAGA
1301	TCAGCAACGCTGCGGTGAATACGTTCCCGGGCCTTGTACACACCGCCCGTCACGTCATGAAAGTC
1366	GGTAACACCCGAAGCCGGTGGCCTAACCCTTGTGGAGGGAGCTGTCGAAGGTGG

图 4-18　菌株 D12 的 PCR 基因序列片段

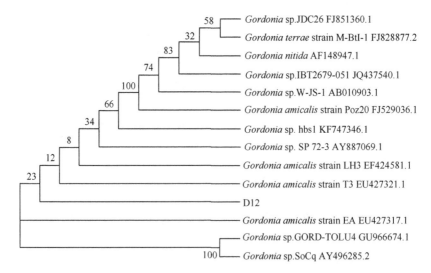

图 4-19　基于 16SrRNA 基因序列相似度构建菌株 *Gordonia amicalis* D12 的系统发育树

2. 菌株 D2 16SrDNA 序列分析

采用 16SrDNA 通用引物对 D2 总 DNA 进行 PCR 扩增，由图 4-20 可知扩增产物大小约 1.4 kb，将序列提交到 Genebank，获得登录号为 EU427317.1。基于菌株 D2 及 GenBank 中与其亲缘关系最近的模式株的 16SrRNA 基因序列（约 1408）进行了系统发育学分析，经过 NCBIBLASTN 网上软件比对（图 4-21），菌株 D2 与 *Rhodococcus* sp. PAM-F1KC476501.1 的相似性在 100 %。根据 16SrDNA 序列，结合生理生化特性将 D2 鉴定为红球菌属。

```
1      ACGCTGGCGGCGTGCTTAACACATGCAAGTCGAACGATGAAGCCCAGCTTGCTGGGTGGATTAGTGG
68     CGAACGGGTGAGTAACACGTGGGTGATCTGCCCTGCACTTCGGGATAAGCCTGGGAAACTGGGTCTA
135    ATACCGGATAGGACCTCGGGATGCATGTTCCGGGGTGGAAAGGTTTTCCGGTGCAGGATGGGCCCGC
202    GGCCTATCAGCTTGTTGGTGGGGTAACGGCCCACCAAGGCGACGACGGGTAGCCGGCCTGAGAGGGC
269    GACCGGCCACACTGGGACTGAGACACGGCCCAGACTCCTACGGGAGGCAGCAGTGGGGAATATTGCA
336    CAATGGGCGCAAGCCTGATGCAGCGACGCCGCGTGAGGGATGACGGCCTTCGGGTTGTAAACCTCTT
403    TCAGTACCGACGAAGCGCAAGTGACGGTAGGTACAGAAGAAGCACCGGCCAACTACGTGCCAGCAGC
470    CGCGGTAATACGTAGGGTGCGAGCGTTGTCCGGAATTACTGGGCGTAAAGAGCTCGTAGGCGGTTTG
537    TCGCGTCGTCTGTGAAAACCCGCAGCTCAACTGCGGGCTTGCAGGCGATACGGGCAGACTTGAGTAC
604    TGCAGGGGAGACTGGAATTCCTGGTGTAGCGGTGAAATGCGCAGATATCAGGAGGAACACCGGTGGC
671    GAAGGCGGGTCTCTGGGCAGTAACTGACGCTGAGGAGCGAAAGCGTGGGTAGCGAACAGGATTAGAT
738    ACCCTGGTAGTCCACGCCGTAAACGGTGGGCGCTAGGTGTGGGTTTCCTTCCACGGGATCCGTGCCG
805    TAGCTAACGCATTAAGCGCCCCGCCTGGGGAGTACGGCCGCAAGGCTAAAACTCAAAGGAATTGACG
872    GGGGCCCGCACAAGCGGCGGAGCATGTGGATTAATTCGATGCAACGCGAAGAACCTTACCTGGGTTT
939    GACATACACCGGACCGCCCCAGAGATGGGGTTTCCCTTGTGGTCGGTGTACAGGTGGTGCATGGCTG
1006   TCGTCAGCTCGTGTCGTGAGATGTTGGGTTAAGTCCCGCAACGAGCGCAACCCTTGTCCTGTGTTGC
1073   CAGCACGTAATGGTGGGGACTCGCAGGAGACTGCCGGGGTCAACTCGGAGGAAGGTGGGGACGACGT
1140   CAAGTCATCATGCCCCTTATGTCCAGGGCTTCACACATGCTACAATGGCCGGTACAGAGGGCTGCGA
1207   TACCGCGAGGTGGAGCGAATCCCTTAAAGCCGGTCTCAGTTCGGATCGGGGTCTGCAACTCGACCCC
1274   GTGAAGTCGGAGTCGCTAGTAATCGCAGATCAGCAACGCTGCGGTGAATACGTTCCCGGGCCTTGTA
1341   CACACCGCCCGTCACGTCATGAAAGTCGGTAACACCCGAAGCCGGTGGCCTAACCCCTCGTGGGAGG
1408   GAGCCGTCGAAGGTGGGATCGG
```

图 4-20　菌株 D2 的 PCR 基因序列片段

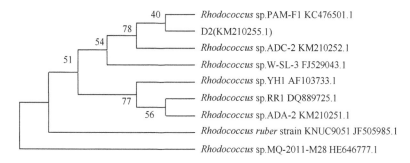

图 4-21　基于 16SrRNA 基因序列相似度构建菌株 *Rhodococcus* sp.D2 的系统发育树

3. 菌株 HDB-1 16SrDNA 序列分析

用 BLAST 程序对 HDB-1 的 16SrDNA 序列与 GenBank 中的 16SrDNA 序列进行核

酸同源性比较，结果发现，其与已报道的球形赖氨酸芽孢杆菌（*Lysinibacillus sphaericus* strain，GenBank 登录号 KF523303.1）16SrDNA 序列的同源性达到 100 %，选取 10 株同源性在 99 %以上的细菌建立系统发育树，发现与 HDB-1 亲缘性近的菌属均属于球形赖氨酸芽孢杆菌，可以确定 HDB-1 为球形赖氨酸芽孢杆菌。球形赖氨酸芽孢杆菌是目前已经确认的石油降解菌（图 4-22、图 4-23）。

```
ACGCTGGCGGCGTGCCTAATACATGCAAGTCGAGCGAACAGAGAAGGAGCTTGCTCCTTTGACGTTAGCGGC
GGACGGGTGAGTAACACGTGGGCAACCTACCTTATAGTTTGGGATAACTCCGGGAAACCGGGGCTAATACCG
AATAATCTGTTTCACCTCATGGTGAAATATTGAAAGACGGTTTCGGCTGTCGCTATAGGATGGGCCCGCGGCG
CATTAGCTAGTTGGTGAGGTAACGGCTCACCAAGGCGACGATGCGTAGCCGACCTGAGAGGGTGATCGGCCA
CACTGGGACTGAGACACGGCCCAGACTCCTACGGGAGGCAGCAGTAGGGAATCTTCCACAATGGGCGAAAGC
CTGATGGAGCAACGCCGCGTGAGTGAAGAAGGATTTCGGTTCGTAAAACTCTGTTGTAAGGGAAGAACAAGT
ACAGTAGTAACTGGCTGTACCTTGACGGTACCTTATTAGAAAGCCACGGCTAACTACGTGCCAGCAGCCGCGG
TAATACGTAGGTGGCAAGCGTTGTCCGGAATTATTGGGCGTAAAGCGCGCGCAGGTGGTTTCTTAAGTCTGAT
GTGAAAGCCCACGGCTCAACCGTGGAGGGTCATTGGAAACTGGGAGACTTGAGTGCAGAAGAGGATAGTGGA
ATTCCAAGTGTAGCGGTGAAATGCGTAGAGATTTGGAGGAACACCAGTGGCGAAGGCGACTATCTGGTCTGT
AACTGACACTGAGGCGCGAAAGCGTGGGGAGCAAACAGGATTAGATACCCTGGTAGTCCACGCCGTAAACGA
TGAGTGCTAAGTGTTAGGGGGTTTCCGCCCCTTAGTGCTGCAGCTAACGCATTAAGCACTCCGCCTGGGGAGT
ACGGTCGCAAGACTGAAACTCAAAGGAATTGACGGGGGCCCGCACAAGCGGTGGAGCATGTGGTTTAATTCG
AAGCAACGCGAAGAACCTTACCAGGTCTTGACATCCCGTTGACCACTGTAGAGATATGGTTTCCCCTTCGGGG
GCAACGGTGACAGGTGGTGCATGGTTGTCGTCAGCTCGTGTCGTGAGATGTTGGGTTAAGTCCCGCAACGAGC
GCAACCCTTGATCTTAGTTGCCATCATTTAGTTGGGCACTCTAAGGTGACTGCCGGTGACAAACCGGAGGAAG
GTGGGGATGACGTCAAATCATCATGCCCCTTATGACCTGGGCTACACACGTGCTACAATGGACGATACAAACG
GTTGCCAACTCGCGAGAGGGAGCTAATCCGATAAAGTCGTTCTCAGTTCGGATTGTAGGCTGCAACTCGCCTA
CATGAAGCCGGAATCGCTAGTAATCGCGGATCAGCATGCCGCGGTGAATACGTTCCCGGGCCTTGTACACACC
GCCCGTCACACCACGAGAGTTTGTAACACCCGAAGTCGGTGAGGTAACCTTTTGGAGCCAGCCGCCGAAGGTG
GGATAGATGATTGGG
```

图 4-22　HDB-1 16SrDNA 核苷酸序列

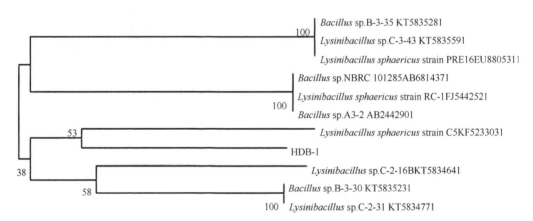

图 4-23　基于 16SrRNA 基因序列相似度构建菌株 HDB-1 的系统发育树

4. 菌株 HDB-2 16SrDNA 序列分析

用 BLAST 程序对 HDB-2 的 16SrDNA 序列与 GenBank 中的 16SrDNA 序列进行核酸同源性比较，结果发现，其与已报道的弯曲芽孢杆菌（*Bacillus flexus* strain，GenBank 登录号 FJ861081.1）16SrDNA 序列的同源性达到 100 %，选取 11 株同源性在 99 %以上的细菌建立系统发育树，发现与 HDB-2 亲缘性近的菌属均属于弯曲芽孢杆菌，可以确定 HDB-2 为弯曲芽孢杆菌。弯曲芽孢杆菌是目前已经确认的石油降解菌（图 4-24、图 4-25）。

```
ACGCTGGCGGCGTGCCTAATACATGCAAGTCGAGCGAACTGATTAGAAGCTTGCTTCTATGACGTTAGCGGCG
GACGGGTGAGTAACACGTGGGCAACCTGCCTGTAAGACTGGGATAACTCCGGGAAACCGGAGCTAATACCGG
ATAACATTTTTTCTTGCATAAGAGAAAATTGAAAGATGGTTTCGGCTATCACTTACAGATGGGCCCGCGGTGC
ATTAGCTAGTTGGTGAGGTAACGGCTCACCAAGGCAACGATGCATAGCCGACCTGAGAGGGTGATCGGCCAC
ACTGGGACTGAGACACGGCCCAGACTCCTACGGGAGGCAGCAGTAGGGAATCTTCCGCAATGGACGAAAGTC
TGACGGAGCAACGCCGCGTGAGTGATGAAGGCTTTCGGGTCGTAAAACTCTGTTGTTAGGGAAGAACAAGTA
CAAGAGTAACTGCTTGTACCTTGACGGTACCTAACCAGAAAGCCACGGCTAACTACGTGCCAGCAGCCGCGGT
AATACGTAGGTGGCAAGCGTTATCCGGAATTATTGGGCGTAAAGCGCGCGCAGGCGGTTTCTTAAGTCTGATG
TGAAAGCCCACGGCTCAACCGTGGAGGGTCATTGGAAACTGGGGAACTTGAGTGCAGAAGAGAAAAGCGGA
ATTCCACGTGTAGCGGTGAAATGCGTAGAGATGTGGAGGAACACCAGTGGCGAAGGCGGCTTTTTGGTCTGTA
ACTGACGCTGAGGCGCGAAAGCGTGGGGAGCAAACAGGATTAGATACCCTGGTAGTCCACGCCGTAAACGAT
GAGTGCTAAGTGTTAGAGGGTTTCCGCCCTTTAGTGCTGCAGCTAACGCATTAAGCACTCCGCCTGGGGAGTA
CGGTCGCAAGACTGAAACTCAAAGGAATTGACGGGGGCCCGCACAAGCGGTGGAGCATGTGGTTTAATTCGA
AGCAACGCGAAGAACCTTACCAGGTCTTGACATCCTCTGACAACTCTAGAGATAGAGCGTTCCCCTTCGGGGG
ACAGAGTGACAGGTGGTGCATGGTTGTCGTCAGCTCGTGTCGTGAGATGTTGGGTTAAGTCCCGCAACGAGCG
CAACCCTTGATCTTAGTTGCCAGCATTTAGTTGGGCACTCTAAGGTGACTGCCGGTGACAAACCGGAGGAAGG
TGGGGATGACGTCAAATCATCATGCCCCTTATGACCTGGGCTACACACGTGCTACAATGGATGGTACAAAGGG
CTGCAAGACCGCGAGGTCAAGCCAATCCCATAAAACCATTCTCAGTTCGGATTGTAGGCTGCAACTCGCCTAC
ATGAAGCTGGAATCGCTAGTAATCGCGGATCAGCATGCCGCGGTGAATACGTTCCCGGGCCTTGTACACACCG
CCCGTCACACCACGAGAGTTTGTAACACCCGAAGTCGGTGGGGTAACCTTTATGGAGCCAGCCGCCTAAGGTG
GGACAGATGATTGGG
```

图 4-24　HDB-2 16SrDNA 核苷酸序列

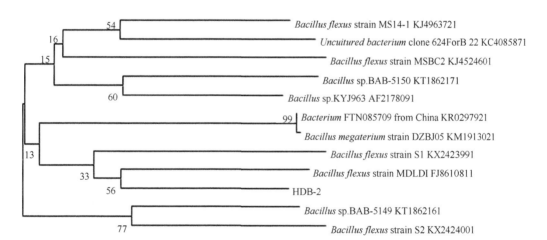

图 4-25　基于 16SrRNA 基因序列相似度构建菌株 HDB-2 的系统发育树

5. 菌株 HDB-3 16SrDNA 序列分析

用 BLAST 程序对 HDB-3 的 16SrDNA 序列与 GenBank 中的 16SrDNA 序列进行核酸同源性比较，结果发现，其与已报道的门多萨假单胞菌（*Pseudomonas* sp.，GenBank 登录号 HM486419.1）16SrDNA 序列的同源性达到 100 %，选取 13 株同源性在 99 %以上的细菌建立系统发育树，发现与 HDB-3 亲缘性近的菌属均属于门多萨假单胞菌，可以确定 HDB-3 为门多萨假单胞菌。门多萨假单胞菌是目前已经确认的石油降解菌（图 4-26、图 4-27）。

ACGCTGGCGGCAGGCCTAACACATGCAAGTCGAGCGGATGAGAGGAGCTTGCTCCTTGATTTAGCGGCGGAC
GGGTGAGTAATGCCTAGGAATCTGCCTGGTAGTGGGGGATAACGTTCCGAAAGGAACGCTAATACCGCATAC
GTCCTACGGGAGAAAGCAGGGGACCTTCGGGCCTTGCGCTATCAGATGAGCCTAGGTCGGATTAGCTAGTTGG
TGAGGTAATGGCTCACCAAGGCGACGATCCGTAACTGGTCTGAGAGGATGATCAGTCACACTGGAACTGAGA
CACGGTCCAGACTCCTACGGGAGGCAGCAGTGGGGAATATTGGACAATGGGCGAAAGCCTGATCCAGCCATG
CCGCGTGTGTGAAGAAGGTCTTCGGATTGTAAAGCACTTTAAGTTGGGAGGAAGGGCATTAACCTAATACGTT
AGTGTTTTGACGTTACCGACAGAATAAGCACCGGCTAACTTCGTGCCAGCAGCCGCGGTAATACGAAGGGTGC
AAGCGTTAATCGGAATTACTGGGCGTAAAGCGCGCGTAGGTGGTTCGTTAAGTTGGATGTGAAAGCCCCGGGC
TCAACCTGGGAACTGCATCCAAAACTGGCGAGCTAGAGTACGGTAGAGGGTGGTGGAATTTCCTGTGTAGCG
GTGAAATGCGTAGATATAGGAAGGAACACCAGTGGCGAAGGCGACCACCTGGACTGATACTGACACTGAGGT
GCGAAAGCGTGGGGAGCAAACAGGATTAGATACCCTGGTAGTCCACGCCGTAAACGATGTCAACTAGCCGTT
GGGTTCCTTGAGAACTTAGTGGCGCAGCTAACGCATTAAGTTGACCGCCTGGGGAGTACGGCCGCAAGGTTAA
AACTCAAATGAATTGACGGGGGCCCGCACAAGCGGTGGAGCATGTGGTTTAATTCGAAGCAACGCGAAGAAC
CTTACCTGGCCTTGACATGCTGAGAACTTTCCAGAGATGGATTGGTGCCTTCGGGAACTCAGACACAGGTGCT
GCATGGCTGTCGTCAGCTCGTGTCGTGAGATGTTGGGTTAAGTCCCGTAACGAGCGCAACCCTTGTCCTTAGTT
ACCAGCACGTAATGGTGGGCACTCTAAGGAGACTGCCGGTGACAAACCGGAGGAAGGTGGGGATGACGTCAA
GTCATCATGGCCCTTACGGCCAGGGCTACACACGTGCTACAATGGTCGGTACAAAGGGTTGCCAAGCCGCGAG
GTGGAGCTAATCCCATAAAACCGATCGTAGTCCGGATCGCAGTCTGCAACTCGACTGCGTGAAGTCGGAATCG
CTAGTAATCGTGAATCAGAATGTCACGGTGAATACGTTCCCGGGCCTTGTACACACCGCCCGTCACACCATGG
GAGTGGGTTGCTCCAGAAGTAGCTAGTCTAACCTTCGGGGGGACGGTTACCACGGAGTGATTCATGACTGGG

图 4-26 HDB-3 16SrDNA 核苷酸序列

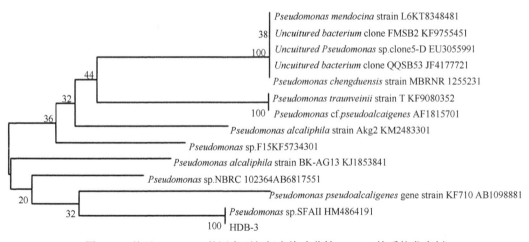

图 4-27 基于 16SrRNA 基因序列相似度构建菌株 HDB-3 的系统发育树

6. 菌株 HDB-4 16SrDNA 序列分析

用 BLAST 程序对 HDB-4 的 16SrDNA 序列与 GenBank 中的 16SrDNA 序列进行核酸同源性比较，结果发现，其与已报道的产碱假单胞菌（*Pseudomonas* sp.，GenBank 登录号 GU566346.1）16SrDNA 序列的同源性达到 99 %，选取 12 株同源性在 99 %以上的细菌建立系统发育树，发现与 HDB-4 亲缘性近的菌属均属于产碱假单胞菌，可以确定 HDB-4 为产碱假单胞菌。产碱假单胞菌是目前已经确认的石油降解菌（图 4-28、图 4-29）。

ACGCTGGCGGCAGGCCTAACACATGCAAGTCGAGCGGATGAGTGGAGCTTGCTCCATGATTCAGCGGCGGAC
GGGTGAGTAATGCCTAGGAATCTGCCTGGTAGTGGGGGACAACGTTTCGAAAGGAACGCTAATACCGCATAC
GTCCTACGGGAGAAAGCAGGGGACCTTCGGGCCTTGCGCTATCAGATGAGCCTAGGTCGGATTAGCTAGTAG
GTGAGGTAATGGCTCACCTAGGCGACGATCCGTAACTGGTCTGAGAGGATGATCAGTCACACTGGAACTGAG
ACACGGTCCAGACTCCTACGGGAGGCAGCAGTGGGGAATATTGGACAATGGGCGAAAGCCTGATCCAGCCAT
GCCGCGTGTGTGAAGAAGGTCTTCGGATTGTAAAGCACTTTAAGTTGGGAGGAAGGGCAGTAAGTTAATACCT
TGCTGTTTTGACGTTACCAACAGAATAAGCACCGGCTAACTTCGTGCCAGCAGCCGCGGTAATACGAAGGGTG
CAAGCGTTAATCGGAATTACTGGGCGTAAAGCGCGCGTAGGTGGTTCAGCAAGTTGGAGGTGAAATCCCCGG
GCTCAACCTGGGAACTGCCTCCAAAACTACTGAGCTAGAGTACGGTAGAGGGTAGTGGAATTTCCTGTGTAGC
GGTGAAATGCGTAGATATAGGAAGGAACACCAGTGGCGAAGGCGACTACCTGGACTGATACTGACACTGAGG
TGCGAAAGCGTGGGGAGCAAACAGGATTAGATACCCTGGTAGTCCACGCCGTAAACGATGTCGACTAGCCGT
TGGGATCCTTGAGATCTTAGTGGCGCAGCTAACGCATTAAGTCGACCGCCTGGGGAGTACGGCCGCAAGGTTA
AAACTCAAATGAATTGACGGGGGCCCGCACAAGCGGTGGAGCATGTGGTTTAATTCGAAGCAACGCGAAGAA
CCTTACCTGGCCTTGACATGCTGAGAACTTTCCAGAGATGGATTGGTGCCTTCGGGARCTCAGACACAGGTGC
TGCATGGCTGTCGTCAGCTCGTGTCGTGAGATGTTGGGTTAAGTCCCGTAACGAGCGCAACCCTTGTCCTTAGT
TACCAGCACGTTATGGTGGGCACTCTAAGGAGACTGCCGGTGACAAACCGGAGGAAGGTGGGGATGACGTCA
AGTCATCATGGCCCTTACGGCCAGGGCTACACACGTGCTACAATGGTCGGTACAAAGGGTTGCCAAGCCGCGA
GGTGGAGCTAATCCCATAAAACCGATCGTAGTCCGGATCGCAGTCTGCAACTCGACTGCGTGAAGTCGGAATC
GCTAGTAATCGTGAATCAGAATGTCACGGTGAATACGTTCCCGGGCCTTGTACACACCGCCCGTCACACCATG
GGAGTGGGTTGCTCCAGAAGTAGCTAGTCTAACCGCAAGGGGGACGGTTACCACGGAGTGATTCATGACTGGG

图 4-28　HDB-4 16SrDNA 核苷酸序列

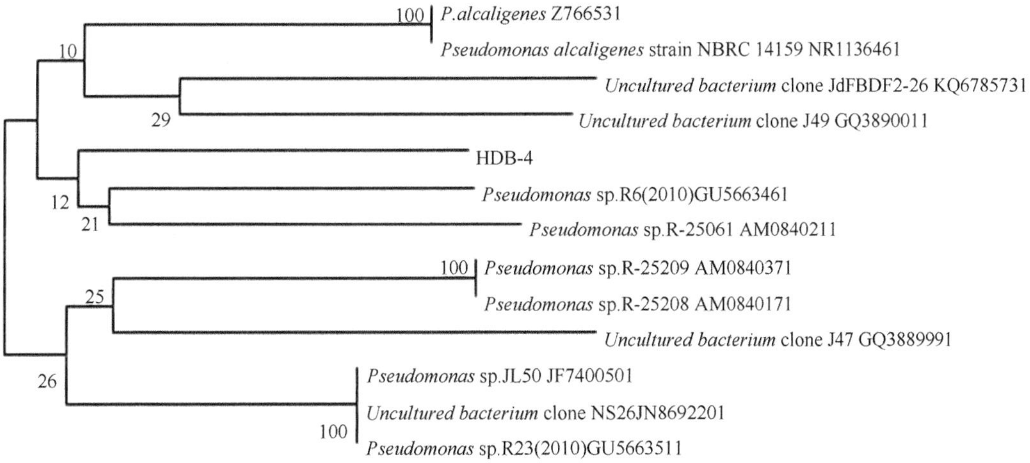

图 4-29　基于 16SrRNA 基因序列相似度构建菌株 HDB-4 的系统发育树

7. 菌株 HDB-5 16SrDNA 序列分析

用 BLAST 程序对 HDB-5 的 16SrDNA 序列与 GenBank 中的 16SrDNA 序列进行核酸同源性比较，结果发现，其与已报道的苏云金杆菌（*Bacillus thuringiensis* strain，GenBank 登录号 LN890196.1）16SrDNA 序列的同源性达到 99 %，选取 13 株同源性在 99 % 以上的细菌建立系统发育树，发现与 HDB-5 亲缘性近的菌属均属于苏云金杆菌，可以确定 HDB-5 为苏云金杆菌。苏云金杆菌是目前已经确认的石油降解菌（图 4-30、图 4-31）。

8. 菌株 HDB-6 16SrDNA 序列分析

用 BLAST 程序对 HDB-6 的 16SrDNA 序列与 GenBank 中的 16SrDNA 序列进行核酸同源性比较，结果发现，其与已报道的产碱假单胞菌（*Pseudomonas* sp.，GenBank 登

ACGCTGGCGGCGTGCCTAATACATGCAAGTCGAGCGAATGGATTGAGAGCTTGCTCTTAAGAAGTTAGCGGCG
GACGGGTGAGTAACACGTGGGTAACCTGCCCATAAGACTGGGATAACTCCGGGAAACCGGGGCTAATACCGG
ATAACATTTTGAACTGCATGGTTCGAAATTGAAAGGCGGCTTCGGCTGTCACTTATGGATGGACCCGCGTCGC
ATTAGCTAGTTGGTGAGGTAACGGCTCACCAAGGCAACGATGCGTAGCCGACCTGAGAGGGTGATCGGCCAC
ACTGGGACTGAGACACGGCCCAGACTCCTACGGGAGGCAGCAGTAGGGAATCTTCCGCAATGGACGAAAGTC
TGACGGAGCAACGCCGCGTGAGTGATGAAGGCTTTCGGGTCGTAAAACTCTGTTGTTAGGGAAGAACAAGTG
CTAGTTGAATAAGCTGGCACCTTGACGGTACCTAACCAGAAAGCCACGGCTAACTACGTGCCAGCAGCCGCG
GTAATACGTAGGTGGCAAGCGTTATCCGGAATTATTGGGCGTAAAGCGCGCGCAGGTGGTTTCTTAAGTCTGA
TGTGAAAGCCCACGGCTCAACCGTGGAGGGTCATTGGAAACTGGGAGACTTGAGTGCAGAAGAGGAAAGTGG
AATTCCATGTGTAGCGGTGAAATGCGTAGAGATATGGAGGAACACCAGTGGCGAAGGCGACTTTCTGGTCTGT
AACTGACACTGAGGCGCGAAAGCGTGGGGAGCAAACAGGATTAGATACCCTGGTAGTCCACGCCGTAAACGA
TGAGTGCTAAGTGTTAGAGGGTTTCCGCCCTTTAGTGCTGAAGTTAACGCATTAAGCACTCCGCCTGGGGAGT
ACGGCCGCAAGGCTGAAACTCAAAGGAATTGACGGGGGCCCGCACAAGCGGTGGAGCATGTGGTTTAATTCG
AAGCAACGCGAAGAACCTTACCAGGTCTTGACATCCTCTGAAAACCCTAGAGATAGGGCTTCTCCTTCGGGAG
CAGAGTGACAGGTGGTGCATGGTTGTCGTCAGCTCGTGTCGTGAGATGTTGGGTTAAGTCCCGCAACGAGCGC
AACCCTTGATCTTAGTTGCCATCATTAAGTTGGGCACTCTAAGGTGACTGCCGGTGACAAACCGGAGGAAGGT
GGGGATGACGTCAAATCATCATGCCCCTTATGACCTGGGCTACACACGTGCTACAATGGACGGTACAAAGAGC
TGCAAGACCGCGAGGTGGAGCTAATCTCATAAAACCGTTCTCAGTTCGGATTGTAGGCTGCAACTCGCCTACA
TGAAGCTGGAATCGCTAGTAATCGCGGATCAGCATGCCGCGGTGAATACGTTCCCGGGCCTTGTACACACCGC
CCGTCACACCACGAGAGTTTGTAACACCCGAAGTCGGTGGGGTAACCTTTTTGGAGCCAGCCGCCTAAGGTGG
GACAGATGATTGGG

图4-30　HDB-5 16SrDNA 核苷酸序列

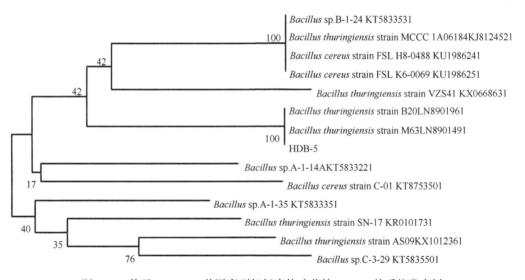

图4-31　基于16SrRNA 基因序列相似度构建菌株 HDB-5 的系统发育树

录号 AM084021.1）16SrDNA 序列的同源性达到 99 %，选取 13 株同源性在 99 %以上的细菌建立系统发育树，发现与 HDB-6 亲缘性近的菌属均属于产碱假单胞菌，可以确定 HDB-6 为产碱假单胞菌。产碱假单胞菌是目前已经确认的石油降解菌（图 4-32、图 4-33）。

9. 小结

（1）对渤海湾沉积物和大港油田含油土壤中高效原油降解菌采用 3 周期原油浓度梯度驯化，利用原油为唯一碳源的无机盐培养基驯化得到的菌群对原油分散效果较好。

ACGCTGGCGGCGTGCCTAATACATGCAAGTCGAGCGAATGGATTGAGAGCTTGCTCTTAAGAAGTTAGCGGCG
GACGGGTGAGTAACACGTGGGTAACCTGCCCATAAGACTGGGATAACTCCGGGAAACCGGGGCTAATACCGG
ATAACATTTTGAACTGCATGGTTCGAAATTGAAAGGCGGCTTCGGCTGTCACTTATGGATGGACCCGCGTCGC
ATTAGCTAGTTGGTGAGGTAACGGCTCACCAAGGCAACGATGCGTAGCCGACCTGAGAGGGTGATCGGCCAC
ACTGGGACTGAGACACGGCCCAGACTCCTACGGGAGGCAGCAGTAGGGAATCTTCCGCAATGGACGAAAGTC
TGACGGAGCAACGCCGCGTGAGTGATGAAGGCTTTCGGGTCGTAAAACTCTGTTGTTAGGGAAGAACAAGTG
CTAGTTGAATAAGCTGGCACCTTGACGGTACCTAACCAGAAAGCCACGGCTAACTACGTGCCAGCAGCCGCG
GTAATACGTAGGTGGCAAGCGTTATCCGGAATTATTGGGCGTAAAGCGCGCGCAGGTGGTTTCTTAAGTCTGA
TGTGAAAGCCCACGGCTCAACCGTGGAGGGTCATTGGAAACTGGGAGACTTGAGTGCAGAAGAGGAAAGTGG
AATTCCATGTGTAGCGGTGAAATGCGTAGAGATATGGAGGAACACCAGTGGCGAAGGCGACTTTCTGGTCTGT
AACTGACACTGAGGCGCGAAAGCGTGGGGAGCAAACAGGATTAGATACCCTGGTAGTCCACGCCGTAAACGA
TGAGTGCTAAGTGTTAGAGGGTTTCCGCCCTTTAGTGCTGAAGTTAACGCATTAAGCACTCCGCCTGGGGAGT
ACGGCCGCAAGGCTGAAACTCAAAGGAATTGACGGGGGCCCGCACAAGCGGTGGAGCATGTGGTTTAATTCG
AAGCAACGCGAAGAACCTTACCAGGTCTTGACATCCTCTGAAAACCCTAGAGATAGGGCTTCTCCTTCGGGAG
CAGAGTGACAGGTGGTGCATGGTTGTCGTCAGCTCGTGTCGTGAGATGTTGGGTTAAGTCCCGCAACGAGCGC
AACCCTTGATCTTAGTTGCCATCATTAAGTTGGGCACTCTAAGGTGACTGCCGGTGACAAACGGAGGAAGGT
GGGGATGACGTCAAATCATCATGCCCCTTATGACCTGGGCTACACACGTGCTACAATGGACGGTACAAAGAGC
TGCAAGACCGCGAGGTGGAGCTAATCTCATAAAACCGTTCTCAGTTCGGATTGTAGGCTGCAACTCGCCTACA
TGAAGCTGGAATCGCTAGTAATCGCGGATCAGCATGCCGCGGTGAATACGTTCCCGGGCCTTGTACACACCGC
CCGTCACACCACGAGAGTTTGTAACACCCGAAGTCGGTGGGGTAACCTTTTTGGAGCCAGCCGCCTAAGGTGG
GACAGATGATTGGG

图 4-32　HDB-6 16SrDNA 核苷酸序列

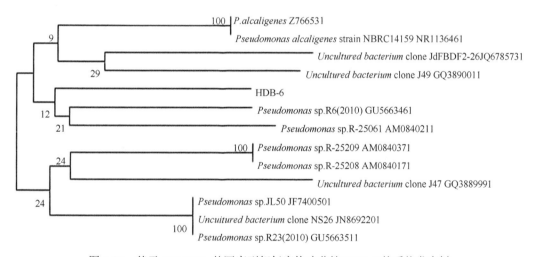

图 4-33　基于 16SrRNA 基因序列相似度构建菌株 HDB-6 的系统发育树

（2）从渤海湾沉积物中筛选得到的 2 株（D12 和 D2）原油降解菌，菌株 D12 与 *Gordonia amicalis* strainT3 相似度大于 100％，所以该菌株极有可能是戈登氏菌属。菌株 D2 与 *Rhodococcus* sp. PAM-F1KC476501.1 的相似性在 100％，结合生理生化特性将 D2 鉴定为红球菌属。

（3）从大港油田含油土壤中筛选出 6 株（HDB-1 至 HDB-6）原油降解菌通过生理生化特性和 16SrDNA 序列进行核酸同源性比较，结果显示：HDB-1 与 *Lysinibacillus sphaericus*（球形赖氨酸芽孢杆菌）亲缘关系最近，HDB-2 与 *Bacillus flexus*（弯曲芽孢杆菌）亲缘关系最近，HDB-3 与 *Pseudomonas mendocina*（门多萨假单胞菌）亲缘关系最近，HDB-4 与 *Pseudomonas alcaligenes*（产碱假单胞菌）亲缘关系最近，HDB-5 与 *Bacillus thuringiensis*（苏云金杆菌）亲缘关系最近，HDB-6 与 *Pseudomonas* sp.（产碱假单胞菌）亲缘关系最近。

4.3.3 石油烃降解菌群环境适应性及降解特性研究

1. 原油与菌株样品

本书所用菌株为原油降解菌 D12（*Gordonia amicalis*）和 D2（*Rhodococcus* sp.），种子培养液的制备如下：在无菌环境中用移液器分别移取 1 mL 菌株 D12 和 D2 的菌液，转接到 40 mL LB 液体培养基中，混合菌液即为 D12∶D2 体积比为 1∶1，在 30 ℃，150 rpm 条件下扩大培养 3 天获得混合菌液。多次转接混合菌液至新鲜培养基中进行扩大培养，至菌数的数量级在 10^8 以上，混合菌液即制备完成，在 4 ℃冰箱中保存备用。

2. 底泥样品

采集至渤海湾海域（39°00.851′N，117°49.061′E）沉积物底泥，将渤海湾沉积底泥自然风干、碾碎过筛备用。添加巴士拉原油，使土壤含油量为 15000 mg/kg。用石油醚溶解一定量原油，拌入准备好的风干土里，石油挥发完后，测定土壤中原油含量，多次拌油后最终使土壤含油量在 15000 mg/kg 备用，土壤经高温灭菌（121 ℃、4 h）用来做降解条件优化实验。

3. 泥水混合体系降解优化实验

泥水混合体系是按水土质量比 2∶1 装入三角瓶，其中水是用海盐结晶配置的人工海水（已灭菌）。在无菌环境下接入不同含量混合菌，投加不同质量的硝酸铵，调节 N/P，瓶口用封瓶膜封住，模拟一个氧交换困难的环境，置于不同温度条件（5 ℃，18 ℃，30 ℃）培养，并设置空白对照，空白对照是不加菌液不加 N 源的泥水混合体系。一定时间取出 15 g 左右底泥，测定底泥中残余原油含量。

N/P 和接种量对混合菌群原油降解的影响实验：在装有泥水混合体系（含有土壤灭菌）的三角瓶中，在无菌环境中添加不同接种量的混合菌液，不同接种量为 5.00 %，10.00 %，20.00 %，添加硝酸铵配置不同 N/P 的质量比分别为 0.5∶1，5∶1，10∶1。各实验组条件设置见表 4-6。空白组设置为在装有泥水混合体系的（含有土壤灭菌）三角瓶中不添加营养盐，不接种混合菌液。实验在环境温度条件下，静置培养。每隔 7 天取 15 g 底泥测定残余原油含量。

温度影响混合菌群降解率的条件优化实验：同上节中设置 3 个实验组，各实验组条件设置见表 4-6。空白组设置在装有泥水混合体系（含有土壤灭菌）的三角瓶中不添加营养盐，不接种混合菌液，分别在 5 ℃、18 ℃、30 ℃恒温培养箱中培养。每隔 7 天取 15 g 底泥测定残余原油含量，计算原油降解率。

表 4-6　混合菌实验组

实验组号	N/P	混合菌接种量/ %	温度/ ℃
1	1/2∶1	5.00	30
2	1/2∶1	10.00	30
3	1/2∶1	20.00	30
4	1/2∶1	5.00	30
5	5∶1	5.00	30
6	10∶1	5.00	30
7	1/2∶1	10.00	30
8	5∶1	10.00	30
9	10∶1	10.00	30
10	1/2∶1	20.00	30
11	5∶1	20.00	30
12	10∶1	20.00	30
13	5∶1	5.00	5
14	5∶1	10.00	5
15	5∶1	20.00	5
16	5∶1	5.00	18
17	5∶1	10.00	18
18	5∶1	20.00	18
19	5∶1	5.00	30
20	5∶1	10.00	30
21	5∶1	20.00	30

4. 降解菌群对原油降解效果

1）接种量对原油降解效果影响

接种量对微生物的调整期长短有较大影响，接种量小时，微生物的调整期长，接种量大时，微生物的调整期较短。在 N/P 为 1/2∶1，30 ℃培养条件下，不同的接种量对降解率变化趋势见图 4-34。随着接种量的增加降解率增大，接种量为 20 %时，降解率最大为 67.43 %，70 天降解率不再变化进入稳定期。本书创建混合菌群在底泥环境中也有较

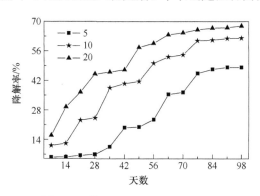

图 4-34　接种量对原油降解率影响

高的原油降解率,适宜在近海岸及滩涂溢油发生时作为生物修复菌种施用。在7~28天,接种量20%时降解率增加幅度最大(达到45.12%),降解率增加速率最慢的是5%实验组。这可能是由于接种量大时调整期短,降解菌数量在较短时间增加导致降解率也在较短时间内增大,在近海岸溢油修复中,短时间降解率达到最大可以防止溢油扩散至滩涂及近海岸设施。培养77天以后可以看出接种量10%和接种量20%降解率相差较小(约为7%),接种量不同对长期溢油修复影响较小,说明在长期溢油修复中可以选择10%的接种量进行溢油修复。

2)N/P对混合菌群降解影响

研究不同N/P对混合菌的降解率的影响,同时考虑接种量和N/P对降解率产生的交互影响,设置了3个接种量分别在5%、10%、20%条件下不同N/P的实验。N/P对降解率的影响结果从图4-35中可以看出,在5%、10%接种量下,降解率最高N/P为5:1,接种量为20%时降解率最高N/P为10:1,可以看出接种量对N/P的影响产生了干扰。但在不同的混合菌接种量下,N/P为5:1时,降解率是最高的,98天降解率为72.19%。接种量为5%和10%,菌群的降解率最低N/P为10:1时,由于N的含量较高,微生物利用不完全,形成金属盐,对微生物的活性产生影响,限制了降解菌对原油的降解作用。所以,本书创建的菌群在底泥环境中同摇瓶水环境降解条件相似,最适合的N/P为5:1(图4-35),原油降解率较高,适宜在近海岸及滩涂溢油发生时作为生物修复菌种施用。

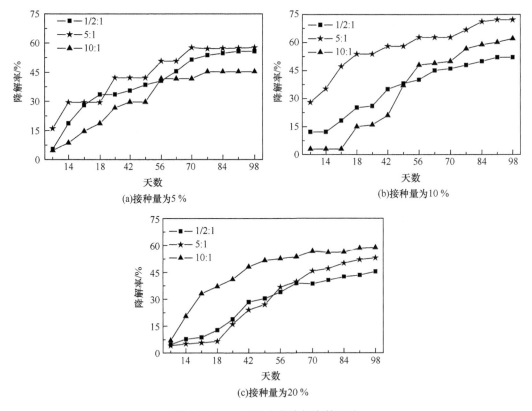

图 4-35　N/P 对混合菌降解率的影响

3）不同环境温度对原油降解影响研究

温度会影响原油的存在形态、微生物的代谢活动，以及有关原油降解酶的活性。微生物对原油的降解能力与微生物分泌的降解酶数量有关，温度通过影响微生物的生长代谢改变微生物降解酶分泌能力。同时，酶活性与温度变化有较大关系，在最适合的温度条件下，原油降解酶自身活性较强。我们调查发现渤海湾水温变化一般在–2～30 ℃，根据不同季节渤海湾海域的温度，实验设置在 5 ℃、18 ℃、30 ℃三个不同温度条件下，研究接种量对菌群降解率的影响，模拟泥水混合环境中底泥原油污染的修复问题，为实际溢油的近海岸修复提供科学依据。

温度对菌群降解效果的影响见图 4-36，随着温度升高，菌群降解增大，30 ℃降解率最大为 84.19 %。图 4-36（a）温度设置为 5 ℃，模拟渤海湾冬季海水温度，降解率随着接种量的增加而增大，接种量为 20 %时降解率为 40.80 %，添加较多的外源菌有利于原油污染区域的溢油修复。图 4-36（b）温度设置为 18 ℃，模拟春秋季节渤海湾海水温度，接种量为 10 %时，降解率最高（降解率为 65.90 %），环境温度较高时微生物数量增加较快，35 天降解率增加到 52.49 %，42 天以后降解率增加幅度较小，可能是由于微生物数量较多，N 源等营养物质不能满足微生物生长，致使其降解速率下降。图 4-36（c）温度设置为 30 ℃，模拟夏季渤海湾海水温度，同春秋季节相似菌群接种量在 10 %时降解率最高降解为 84.19 %，接种量为 20 %降解菌数量较多，N 源添加不足以满足降解菌的生长。

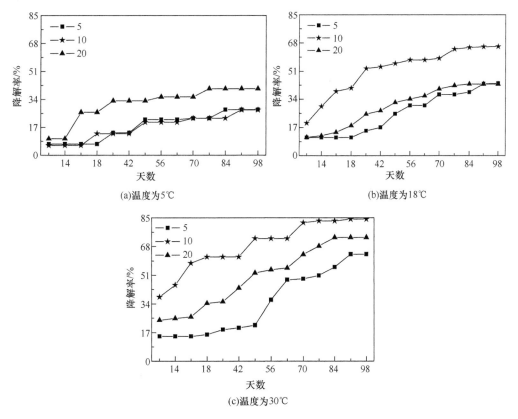

(a)温度为5℃　　　　　　　　　　(b)温度为18℃

(c)温度为30℃

图 4-36　温度对混合菌降解率的影响

5. 混合菌群原油降解特性气相色谱分析

混合菌群经过环境条件优化，选择最佳环境条件（接种量为 10 %；温度为 30 ℃；N/P 为 5∶1）下进行实验，将单菌株等比例混合成混合菌群（YJ01）。将混合菌群（YJ01）活化培养至对数期，然后接种至含 1.0 %（W/V）原油的无机盐培养基中，在 30 ℃、150 r/min 下培养 7 天、14 天后，利用气相色谱对残油进行定性和定量分析。选择主峰碳数、OEP、$\sum nC_{21}^-/\sum nC_{22}^+$、Pr/Ph 这 4 项作为定量参数，用来表征饱和烃中奇偶碳数烃类、高低碳数烃类、姥鲛烷和植烷的生物演化规律：

（1）主峰碳数为样品中质量分数最大的正构烷烃碳数；

（2）OEP 为奇偶优势，$OEP=\left(\dfrac{C_{K-2}+6C_K+C_{K+2}}{4C_{K-1}+4C_{K+1}}\right)^{(-1)^{(K-1)}}$ ，式中 K 为主峰碳数；

（3）$\sum nC_{21}^-/\sum nC_{22}^+$，$\sum nC_{21}^-/\sum nC_{22}^+$ 代表轻重比，$\sum nC_{21}^-$ 代表正二十一烷及以前正构烷烃质量分数之和，$\sum nC_{22}^+$ 代表正二十二烷及以后正构烷烃质量分数之和；

（4）Pr/Ph，Pr 代表姥鲛烷，Ph 代表植烷。

1）混合菌对正构烷烃降解率

原油正构烷烃包括位于低碳数的短链烷烃（一般是 C_{20} 之前，包括 $C_9\sim C_{20}$）、中碳数的中链烷烃（一般是 $C_{21}\sim C_{26}$）和高碳数的长链烷烃（一般是 C_{27} 之后，包括 $C_{27}\sim C_{39}$）。采用 GC-FID 法，对原油降解后的残油组分进行定量分析（图 4-37）。原油烷烃类 7 天平均降解率为 26.63 %，其中，短链烷烃平均降解率为 19.98 %，中链烷烃平均降解率为 28.44 %，长链烷烃的平均降解率为 31.94 %。在原油烷烃类生物降解的前期长链烷烃的降解率相对较高。原油烷烃类 14 天平均降解率为 74.96 %，其中，短链烷烃平均降解率为 72.37 %，中链烷烃平均降解率为 81.88 %，长链烷烃的平均降解率为 74.16 %。在原油烷烃类生物降解的后期中链烷烃的降解率相对较高。本实验结果与王冬梅等（2014）利用了混合菌群对原油污染的土壤进行了生物修复过程相一致，即在生物降解的初期，菌群对中链、长链烃的降解效果较好，而在降解的后期，菌群对短链烃的降解效果较强。

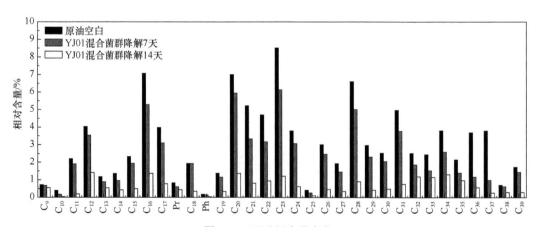

图 4-37　石油烃含量变化

2）原油饱和烃生物降解演化参数分析

对原油降解后正构烷烃生物演化参数变化情况如表 4-7 所示。

表 4-7 饱和烃生物演化参数值

编号	诊断指标	空白对照组	YJ01 混合菌降解 7 天	YJ01 混合菌降解 14 天
1	主峰碳数	C_{23}	C_{23}	C_{12}
2	OEP	1.670	1.615	0.328
3	$\sum nC_{21}^-/\sum nC_{22}^+$	0.643	0.745	0.700
4	Pr/Ph	4.523	4.348	11.065

在降解 7 天后，YJ01 混合菌的主峰碳数不变，始终为 C_{23}，碳数相对较高。在降解 14 天后，YJ01 混合菌的主峰碳数变小，减小到 C_{12}，结果表明：降解后主峰碳数发生了明显地迁移，长链烃类降解为短链烃类。

OEP 反映微生物对奇碳数、偶碳数烷烃的降解优势，随着培养时间的增加，OEP 逐渐变小，分别变为 1.615、0.328，在降解 14 天后，YJ01 混合菌对奇碳数烷烃的降解率大于偶碳数烷烃。陈丽华等（2016）、和王冬梅等（2014）的研究，经细菌作用后的原油饱和烃，由于不同细菌对饱和烃的降解优势和降解能力不同，导致 OEP 值发生变化。本书中 YJ01 混合菌对奇碳数烃的降解优势更明显。

脂肪烃的轻重比 $\sum nC_{21}^-/\sum nC_{22}^+$ 反映微生物对低碳数、高碳数烷烃的降解优势。在降解的 14 天内，$\sum nC_{21}^-/\sum nC_{22}^+$ 先增大后减小，比值分别为 0.745 和 0.700。在降解的前 7 天，YJ01 混合菌对高碳数烃的降解率较高；而在降解的第 8~14 天，YJ01 混合菌对低碳数烃的降解率较高。饱和烃在降解过程中，$\sum nC_{21}^-/\sum nC_{22}^+$ 的值会存在不断增大或先增大后减小的情况，可推测出：原油降解前期 $\sum nC_{21}^-/\sum nC_{22}^+$ 增大反映细菌在降解初期对高碳数烃的去甲基化作用明显，而致使前期高碳数烃更易被降解。在降解后期，原油受到破坏，结构不稳定，细菌的降解优势易受原油结构的变化而改变，对高碳数烃的降解优势有可能会转变为低碳数烃。

微生物对原油组分降解的先后是有选择性的，姥鲛烷植烷（分别用 Pr、Ph 表示）属于支链烷烃，从表 4-7 可以看出，在 14 天的实验周期内，原油的 Pr/Ph 比值前期基本不变，中后期迅速升高，这可能是由于前期原油中正构烷烃含量高，支链烷烃在正构烷烃含量高时基本不降解；而中后期正构烷烃含量比较低，支链烷烃才开始被微生物降解。

由王冬梅等（2014）的研究表明，饱和烃经细菌的生物降解作用后，Pr/Ph 通常会出现先增大后减小的情况，且变化幅度均较小。在细菌作用下，植烷 Ph 优先发生去甲基化作用而被降解，降解后期姥鲛烷 Ph 更易被降解。由于 Pr 与 Ph 均为支链烃，结构较为稳定，因此降解过程中仅有少量的 Pr 与 Ph 被降解，致使 Pr/Ph 变化幅度较小。本书中的 Pr/Ph 的变化情况上述研究结果相反，降解过程中的 Pr/Ph 先减小后增大，且后期 Pr/Ph 增大的幅度较大，可能是本实验采用的混合菌群对支链烃具有良好的降解性能，对植烷 Ph 具有的降解优势显著。

6. 小结

（1）将驯化得到的两种降解菌株戈登氏菌 D12 和红球菌 D2 构建混合菌群，在适宜的条件下（接种量、温度、N/P），菌群对原油的降解率高于 65 %。

（2）混合菌群（YJ01）在原油降解的前期对中链、长链烃降解效果较好；而在降解的后期对短链烃的降解效果较强。14 天烷烃降解率平均为 74.96 %。对支链烃具有良好的降解性能，对姥鲛烷、植烷 Ph 降解率分别为 46.75 %和 78.23 %。

4.3.4　石油降解固定化菌剂制备

由于这些菌在实验室中均能表现出很好的降解效果，但在港湾溢油现场进行生物修复时降解效果明显下降。因此，微生物修复石油污染技术的研究重点是通过构建石油菌群和优化修复条件，利用 PCR-DGGE 技术解析石油降解菌群构效关系，从而强化微生物降解原油的能力。本书重点是从渤海湾沉积物中筛选原油降解菌，采用超微固定化方法对筛选的菌群进行固定化处理，并分析石油烃降解菌固定化后对石油的降解效果。

1. 石油降解菌群固定化处理

固定化微生物技术是利用物理或化学的方法，将游离菌株固定于一个范围内，使微生物富集、保持其活性并可重复利用的一种生物技术，该技术有利于微生物不同环境下的使用、运输及保存。本书是采用三种固定化方法（直接包埋菌株法、苎麻纤维吸附包埋法和活性炭吸附包埋法）对菌株进行固定化，研究降解菌群培养条件，以及固定化材料、方法及其适应性，寻求一种适用于石油烃降解菌群固定化处理的有效方法。

2. 固定化处理石油降解菌群

本实验中根据 8 种菌株的生长曲线（图 4-38），筛选出的石油烃降解菌的对数生长期时间稍有差异，大部分菌种 40 h 后处于对数生长期。选择对数生长期的单一菌株和混合菌株作为固化处理的菌种来源。

3. 石油降解菌群固定化颗粒制备及性能分析

1）石油降解菌群固定化颗粒制备

海藻酸钠-$CaCl_2$ 法：将培养好的菌悬液经 12000 r/min 离心 2 min 弃去上清液，用无菌水清洗两次菌株后弃去双蒸水。溶于 2 %海藻酸钠溶液中，混合均匀，在无菌条件下，用 1 mL 的移液枪将海藻酸钠溶液滴入不断搅拌的 4 % $CaCl_2$ 溶液中，固定化 20 min 制得海藻酸钠固定化颗粒，经无菌双蒸水洗涤后，4 ℃保存备用，将其记为 1 号固定化颗粒。

苎麻纤维吸附法：将培养好的菌悬液溶于 5 %含油培养溶液中，混合均匀，在无菌条件下，加入苎麻纤维和改性苎麻纤维，摇瓶培养 48 h 后，经 12000 r/min 离心 2 min 弃去上清液，用无菌水清洗两次菌株后弃去双蒸水，4 ℃保存备用，将其记为 2 号固定化颗粒。

　　活性炭吸附法：将培养好的菌悬液溶于 5 %含油培养溶液中，混合均匀，在无菌条件下，加入活性炭，摇瓶培养 48 h 后，经 12000 r/min 离心 2 min 弃去上清液，用无菌水清洗两次菌株后弃去双蒸水，4 ℃保存备用，将其记为 3 号固定化颗粒。

　　2）石油降解菌群固定化颗粒性能测试

　　采用上述三种方法对石油降解单一菌和混合菌群进行固定化处理，并分析固定化颗粒的包埋率和传质性。

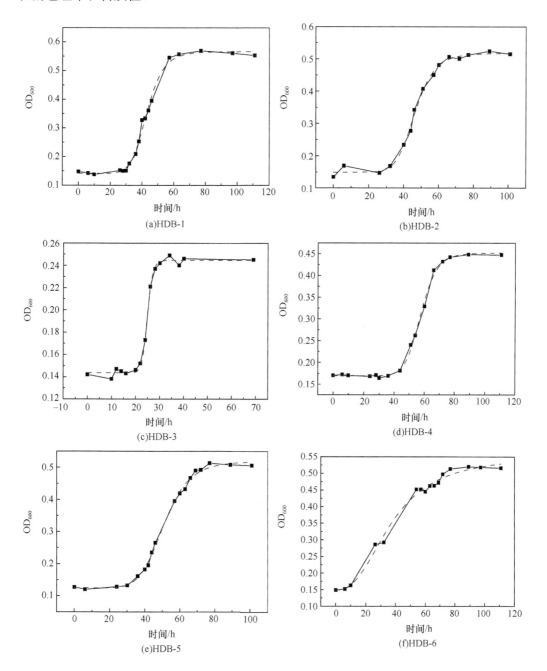

(a)HDB-1　　　　　　　(b)HDB-2

(c)HDB-3　　　　　　　(d)HDB-4

(e)HDB-5　　　　　　　(f)HDB-6

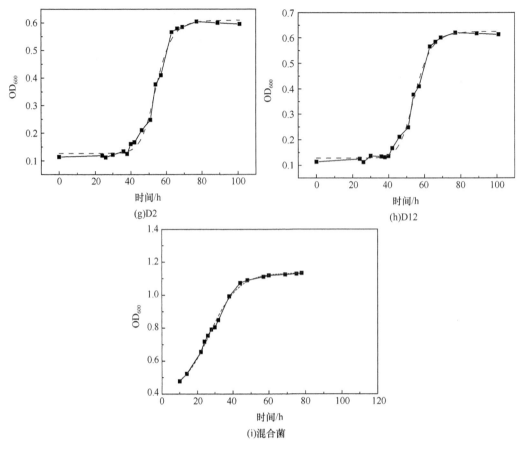

图 4-38　不同石油降解菌的生长曲线

A. 石油降解菌群固定化颗粒包埋率

将按照上述方法制备固定化颗粒,用考马斯亮蓝法测定固定化前和固定化后洗涤液中微生物蛋白含量,计算固定化颗粒的包埋率。

蛋白质标准曲线的绘制:用蒸馏水配制浓度分别为 0 μg/mL、20 μg/mL、40 μg/mL、60 μg/mL、80 μg/mL 和 100 μg/mL 的标准牛血清白蛋白溶液。然后吸取配制的不同浓度的牛血清白蛋白溶液 100 μL,装入 10 mL EP 管中,加入 3 mL 考马斯亮蓝 G250 蛋白试剂,将离心管中溶液混合均匀,放置 2 min 后用比色皿在 595 mm 下测定并记录吸光值,然后绘制出蛋白质标准曲线。测定样品 OD595,根据标准曲线的回归方程计算出蛋白质浓度。

不同固定化方法对石油降解菌的包埋率如表 4-8 所示,不同固定化材料的包埋率在 19 %~45 %,其中改性苎麻纤维的包埋率最好,其次是海藻酸钠,活性炭颗粒的包埋率最低。

表 4-8　石油降解菌群固定化颗粒的包埋率

石油降解菌群固定化方法	包埋率/%
1 号固定化颗粒	35
2 号固定化颗粒	45
3 号固定化颗粒	19

　　同一种固定化方法对不同菌种的包埋率也有一定的差异（图 4-39），表现为混合菌的包埋率高于单一菌株。

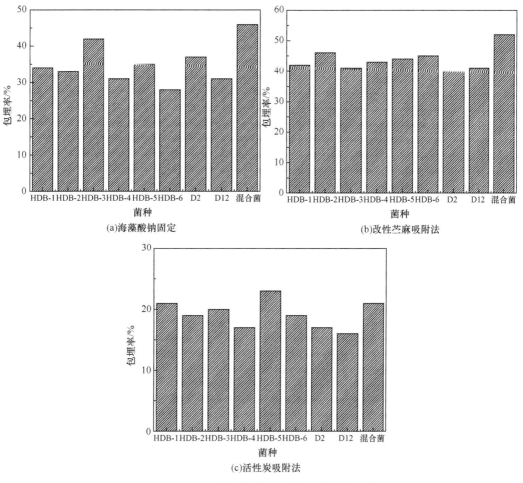

图 4-39　石油降解菌群不同固定化法的包埋率

B. 石油降解菌群固定化颗粒传质性能

　　首先取一定质量的石油降解菌群固定化颗粒，放在 30 mL 亚甲基蓝水溶液中，以蒸馏水为对照，每 10 min 取出溶液于亚甲基蓝吸收波长 665 nm 下，在可见分光光度计下进行吸光值的测定，将测定的吸光度值大小与原亚甲基蓝溶液的吸光度值进行比较，通过比较溶液前后吸光值的变化，间接反映出固定化颗粒的传质性能。

　　对混合菌的三种固定化小球的传质性进行研究，图 4-40 是对三种固定化颗粒传质性的比较，从图中可以看出在开始的阶段 3 号固定化颗粒的传质性最快，2 号和 3 号固定化颗粒的传质性相对较慢。但是在 40 min 后，三种固定化颗粒的传质性有很大的变化，1 号和 2 号固定化颗粒传质性增加的速度较大于 3 号固定化颗粒，在 90 min 时 1 号和 2 号固定化颗粒的传质性达到 33.1 % 和 34.2 %，而 3 号固定化颗粒的传质性为 15.2 %。这是由于海藻酸钠和改性苎麻纤维颗粒内部支撑小球的空间骨架结构，增大颗粒的孔隙，增加了小球的通透性，促使固定化小球内部的微生物与底物接触的机会，同样也有利于固定化颗粒中菌株的生长。

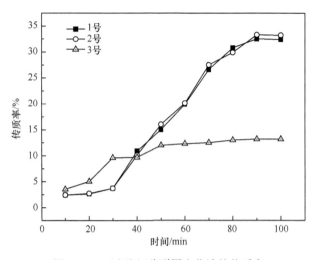

图 4-40　石油降解菌群固定化法的传质率

4. 固定化石油降解菌群降解性能

将上述方法制备的固定化颗粒和游离菌株接入含有原油浓度为 1 %的无机盐培养基（pH7.5～8）中，在 120 rpm、30 ℃条件下培养，利用紫外分光光度法测定菌株对原油的降解率。

从图 4-41 可以看出，改性苎麻纤维固定化空白小球吸附能力最强（67 %），活性炭固定化空白小球次之（15 %），海藻酸钠固定化空白小球吸附能力最差（12 %）。改性苎麻纤维固定化混合菌经 5 天的摇床培养，液面上层几乎没有油粒，测得降解率高达 89 %；其次为海藻酸钠固定化混合菌在降解培养基中仍有少许油滴，降解率为 45 %；活性炭固定化混合菌培养基表面观察到小颗粒浮油，测得降解率为 34 %。改性苎麻纤维素微生物对石油烃的去除开始主要是通过吸附作用，并在随后的过程中，载体吸附和微生物降解协同合作。

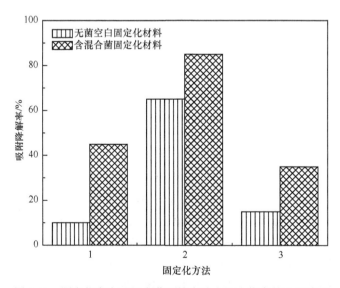

图 4-41　固定化空白及混合菌颗粒在油水混合物中的吸附降解

降解石油菌群固定化处理过程中，通过固定化材料的吸附使分散在水体中的油品聚集，增大了微生物与原油接触，从而提高其处理效率。采用改性苎麻纤维固定化石油降解菌群，不同的菌种其降解效率有所差异，单一菌种固定化处理都可以提高石油降解效率（图 4-42）。固定化载体吸附使得石油的浓度从载体外部到内部逐渐降低，形成了梯度屏障，削弱了石油烃对混合菌的毒害作用，有利于石油的降解，提高了混合菌对石油烃的耐受力。

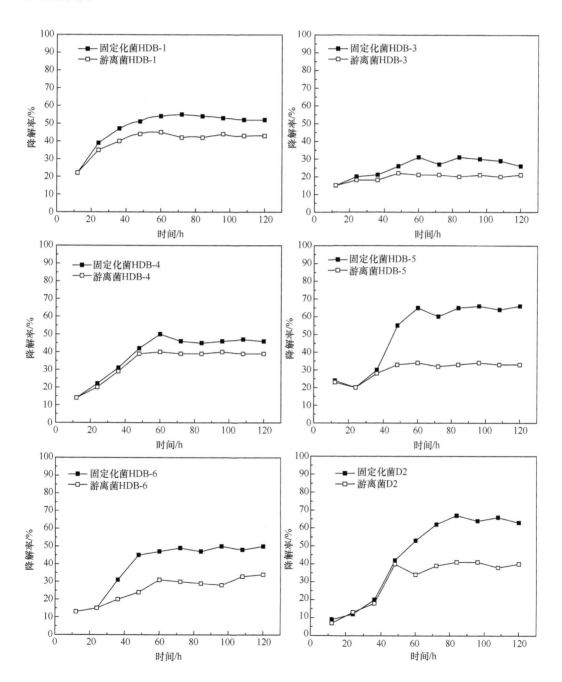

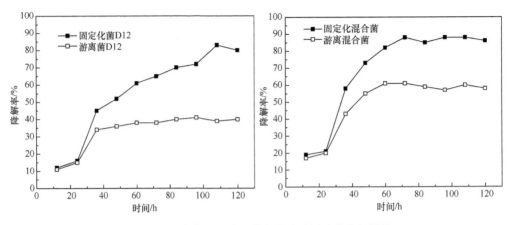

图 4-42　固定化菌颗粒和游离菌种对原油的降解效果

固定化单一菌种的石油降解率要远低于混合菌的石油降解率，游离单菌株对石油的降解率也低于游离混合菌的降解率。从微生物降解石油的机理可知，原油降解过程中首先是微生物与原油接触，需要菌株释放胞外分泌物为亲油性，使其可与石油接触，然后释放可降解烷烃和芳烃的胞外酶，从而使石油大分子分解成小分子，直至完全降解，菌株在原油降解过程中的作用不同，因此单一菌种很难将石油分解。

5. 石油降解菌群固定化颗粒结构观察

利用扫描电子显微镜（SEM）观察石油降解菌群固定化颗粒的微观结构。样品预处理的方法为：取少量载有菌株的载体，用无菌双蒸水清洗 3 遍，之后用 4 % 的甲醛溶液在 4 ℃条件下浸泡多于 12 h，对其进行固定；取出后用无菌双蒸水冲洗 3 次。依次将样品置于乙醇溶液（浓度分别为 30 %、50 %、70 % 和 90 %）对固定化颗粒脱水处理，每个浓度下浸泡 30 min；用无水乙醇浸泡脱水两次，每次 15 min，之后用叔丁醇替换乙醇进行浸泡 3 次，每次间隔 15 min，最后一次后将样品放置于–20 ℃冰箱中过夜处理，然后用冷冻干燥仪将样品进行干燥；将处理好的样品喷金处理 15 s，最后放置扫描电子显微镜观察。

海藻酸钠固定化小球内部表面粗糙，但孔隙度并不丰富；固定化石油降解菌后，小球内部表面被菌膜覆盖（图 4-43（a）、（b）），由于菌体可以附着在海藻酸钠小球内表面，石油在海藻酸钠表面至内部形成浓度梯度，避免石油对菌体的毒害作用，提高了对石油降解能力。但也阻碍了石油与降解菌体直接接触，使其对石油降解率只能达到 45 %。

改性苎麻纤维对石油具有相对较强的吸附性，利用改性苎麻纤维的多孔道结构，空隙较为丰富，可以将石油吸附到苎麻纤维上，促进固定在苎麻纤维表面的菌体的生长，使改性苎麻纤维的孔道逐渐变小，如图 4-43 中的（c）、（d）所示。改性苎麻纤维的吸附作用和固定化菌体对石油的代谢降解作用，使其对水体中石油的降解率较高，可达到 89 %。特别是对于较低浓度石油水体净化时，可先利用固定化材料的吸附富集，再利用固定在吸附材料上的石油降解菌降解石油污染物。

选择活性炭作为固定化材料主要是利用其价格低廉，对环境影响小。活性炭表面虽有一定的孔洞和褶皱，但其表面相对较为光滑，菌体吸附附着较难，因此活性炭对菌体的固定化作用主要是利用孔道的阻挡作用使菌体存在于活性炭小球内部（图 4-43（e）、（f））。将菌体活性炭固定化小球投加在含石油的水体中，在摇床培养 5 天后水体表面仍有小的油滴存在，说明活性炭对石油的吸附作用较小，包埋在活性炭内的石油降解菌很难与石油接触，因此其石油降解效果也是三种方法中最差的，仅能去除 34 %。

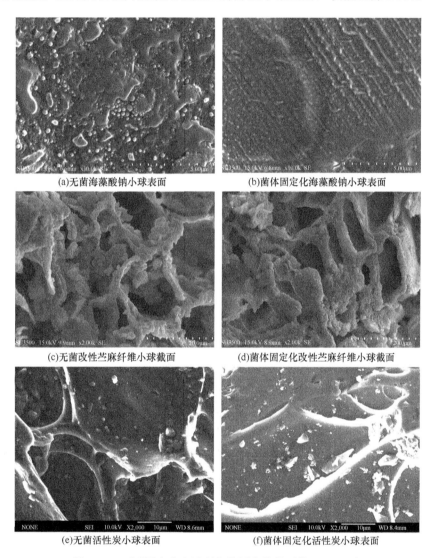

(a)无菌海藻酸钠小球表面　　　(b)菌体固定化海藻酸钠小球表面

(c)无菌改性苎麻纤维小球截面　　(d)菌体固定化改性苎麻纤维小球截面

(e)无菌活性炭小球表面　　　　(f)菌体固定化活性炭小球表面

图 4-43　不同固定化方法制备的固定化菌颗粒 SEM 照片

6. 固定化石油降解菌群保存

　　按照上述方法制备固定化颗粒，用无菌双蒸水将颗粒表面冲洗干净，取固定化颗粒放入离心管中，在–20 ℃冰箱中预冻。把预冻好的固定化颗粒放入超低温真空冷冻干燥机中干燥，直至成为干粉状。将装有冷冻好的固定化颗粒粉末取出，分别取一定质量的固定化颗粒和冻干后的固定化颗粒与枸橼酸钠溶液和 Na$_2$HCO$_3$ 溶液等体积组成的混合液混合，在 160 rpm 的摇晃下使其溶解，观察微胶囊形态，固定化颗粒完全破碎后，用无菌水对混合液以 10 倍梯度的方法稀释，取稀释了 10^4、10^5、10^6 和 10^7 倍的稀释液 100 μL 涂于培养皿中，30 ℃培养 2 天后计算活菌数。

通过测定固定化颗粒真空干燥前后菌株的活菌数，来监测菌株的活性，如表 4-9 所示。在固定化颗粒冻干后菌株的活菌存活率为 8 %～12 %，相对于游离菌株的活菌存活率（2.2 %），固定化后菌株的活菌存活率较高，说明固定化后有利于菌株的保存。海藻酸钠固定化菌株的存活率最高，其次是活性炭固定化菌株，改性苎麻纤维固定化菌株存活率较低，这可能是因为海藻酸钠和活性炭固定化小球菌株主要在小球内部，固定化材料在冻干处理时对菌株有一定的保护作用。

表 4-9　固定化菌株的存活率

	冻干前活菌数	冻干后活菌数	存活率/%
海藻酸钠固定化小球	$5×10^4$	$6×10^3$	12
改性苎麻纤维固定化小球	$1×10^5$	$8×10^3$	8
活性炭固定化小球	$1×10^4$	$1×10^3$	10
游离混合菌	$9×10^6$	$2×10^5$	2.2

7. 小结

（1）石油降解菌群固定化颗粒性能分析表明：不同固定化材料的包埋率在 19 %～45 %，其中改性苎麻纤维的包埋率最好，其次是海藻酸钠，活性炭颗粒的包埋率最低；在 90 min 时海藻酸钠和改性苎麻固定化颗粒的传质性达到 33.1 %和 34.2 %，而活性炭固定化颗粒的传质性为 15.2 %。

（2）改性苎麻纤维固定化空白小球吸附能力最强（67 %），活性炭固定化空白小球次之（15 %），海藻酸钠固定化空白小球吸附能力最差（12 %）。固定化混合菌经 5 天的摇床培养测得降解率，结果显示改性苎麻固定化颗粒原油降解率最高，高达 89 %；其次为海藻酸钠固定化混合菌的降解率为 45 %；活性炭固定化混合菌的降解率为 34 %。其固定化微生物的降解效果远远高于游离菌。电镜扫描显示微生物固定化颗粒都为多孔道结构，空隙较为丰富，有利于微生物的生长，提高对石油烃降解率。

（3）通过测定固定化颗粒真空干燥前后菌株的活菌数，来监测菌株的活性，结果表明：在固定化颗粒冻干后菌株的活菌存活率为 8 %～12 %，相对于游离菌株的活菌存活率（2.2 %），海藻酸钠固定化菌株的存活率最高（12 %），其次是活性炭固定化菌株（10 %），改性苎麻纤维固定化菌株存活率较低（8 %）。

4.3.5　固定化菌剂环境适应性及降解特性研究

1. 固定化菌剂环境适应性分析

1）温度对固定化微生物降解率影响

温度对降解原油的微生物体内的酶活性影响很大。酶催化反应就像一般化学反应一样，随着温度的升高，酶催化反应的速度加快。若温度过高，就加速了酶蛋白的变性，使酶失去活性；温度过低，对酶活性也有很大影响。因此微生物对原油的降解有最适温度范围。图 4-44 为在 15～40 ℃范围内温度对游离态和固定化混合菌的影响。

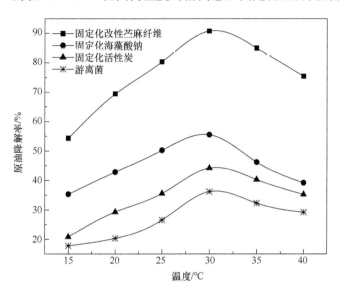

图 4-44　不同温度下固定化菌剂的原油降解率

　　图 4-44 显示了不同温度下，固定化混合菌与其游离混合菌对对原油的降解率。如图 4-44 所示，与游离菌相比，在较高温度下，改性苎麻纤维固定化菌剂、海藻酸钠固定化菌剂及活性炭固定化菌剂对原油的去除率均高于游离菌，表明固定化菌耐热性优于游离菌。固定化菌对温度的敏感性小于游离菌，这可能是由于固定化载体对菌体具有一定的保护和缓冲作用，使细菌的局部生长环境适于降解反应的进行。固定化菌降解原油的适合温度范围为 25～35 ℃，与相应游离菌的最佳降解温度相同。如图 4-44 所示，改性苎麻纤维固定化混合菌剂对原油的去除率要比固定化海藻酸钠和活性炭混合菌剂高，降解率为 89.77 %。这可能是因为固定化改性苎麻固定化混合菌剂，传质效果更好、吸附能力更强，在适宜的温度下微生物酶活性更强，提高了对原油的去除效果。在实验范围内选择 30 ℃最佳。

　　2）pH 对固定化微生物降解率影响

　　环境 pH 的变化会引起微生物原生质膜所带电荷的不同，在一定的 pH 范围内原生质带正电荷，在另一种 pH 范围内则带负电荷。这种正负电荷的改变能够引起原生质膜对某种离子渗透性的变化，从而影响微生物对营养物质的吸收及代谢活力、代谢途径等。如图 4-45 所示显示了在 pH 为 3～11 范围内对游离态和固定化混合菌的影响。

　　图 4-45 显示了在不同 pH 下，固定化混合菌剂与其游离菌对初始浓度为 1500 mg/L 原油的降解。与游离菌相同，固定化混合菌降解原油的最佳 pH 均为 7.0，但是如图 4-45 所示，在其他 pH 条件下，固定化菌对原油的去除率均高于游离菌。其原因可能为，载体具有较大的比表面积，可以吸附容纳不断增殖的微生物，形成较高的细胞浓度，同时载体能够保护微生物细胞，这些使得固定化菌能够抵抗 pH 的冲击。碱性环境下改性苎

麻纤维固定化小球效果也高，pH=11 时，降解率高达 69.73 %。这可能是因为载体主要为酸改性的苎麻纤维小球，其为弱酸性，那么当外部溶液的 pH 适当提高时，固定化颗粒内部的微环境才能达到游离细胞催化反应的适当 pH，这也表明固定化后形成的微环境有助于包埋菌剂对抗不利环境。菌剂固定化细胞培养具有许多潜在的优越性，如能提高生产能力，易于固液分离，能除去有毒或抑制性代谢物等，这些优越性使得固定化菌能够在不太理想的培养环境中仍能保持一定的降解活性。

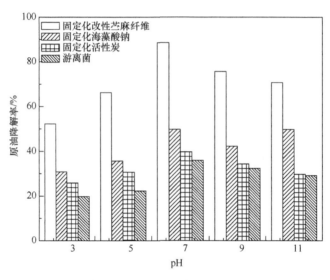

图 4-45　不同 pH 固定化菌剂的原油降解率

3）盐度对固定化微生物降解率影响

盐度对固定化微生物降解率也有很大的影响。实验中调整培养基的盐浓度分别为 1 mg/L、3 mg/L、5 mg/L、7 mg/L、9 mg/L 和 11 mg/L，向培养基中投加固定化微生物，在 30 ℃、160 r/min 的摇床中培养，测定石油烃降解率，设游离微生物为对照，研究固定化对微生物适应盐浓度的影响。

由图 4-46 可知，随着盐浓度的增大，游离微生物和固定化微生物对石油烃的降解率都呈现先增大后减小的趋势；游离微生物和固定化微生物均在 7 mg/L 的盐浓度时达到最佳的降解率。分析原因可知，当盐浓度过大时，会使敏感细胞产生脱水死亡现象；当盐浓度过低时，细菌会由于大量吸水而死亡；在等渗溶液中，微生物正常生长繁殖。在 7 mg/L 左右的盐浓度中，游离微生物对石油烃的降解率急剧下降，而固定化微生物对石油烃的降解率略有下降，但是总体上固定化微生物对石油烃的降解率在任意盐浓度范围内均高于游离微生物对石油烃的降解率。改性苎麻纤维固定化菌剂在不同的盐度下，降解效果均高于海藻酸钠固定化小球和活性炭固定化菌剂，且相对稳定，盐度为 7 mg/L 时，降解率达到 88.77 %。这说明改性苎麻纤维固定化微生物比其他两种固定化菌剂及游离微生物对盐浓度范围具有较宽的适应范围，并且固定化有利于屏蔽不利环境对微生物的影响，为微生物提供良好的传质条件。

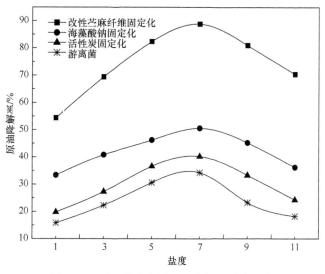

图 4-46   不同盐浓度固定化菌剂原油降解率

2. 固定化菌群的降解特性分析

1）原油降解后饱和烃成分

在温度为 30 ℃、pH=7、盐度 7 mg/L 的环境下，将原油空白、活性炭固定化菌群和苎麻固定化菌群在第 7 天降解原油的产物，通过气相色谱进行研究，分析出饱和烃的降解效果。饱和烃的气相色谱图见图 4-47。

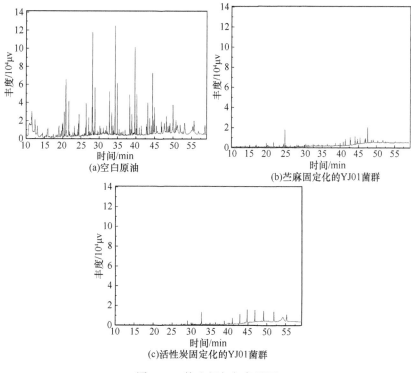

图 4-47   饱和烃气相色谱图

采用 GC-FID 法，对残油组分进行定量分析（图 4-48）。以 YJ01 固定化菌群为实验菌种，活性炭固定化菌群对原油烷烃类 7 天平均降解率为 84.82%，其中，短链烷烃平均降解率为 95.20%，中链烷烃平均降解率为 90.52%，长链烷烃的平均降解率为 72.60%。在活性炭固定化菌群对原油烷烃类生物降解的过程中，短链烷烃的降解率相对较高。苎麻固定化菌群对原油烷烃类 7 天平均降解率为 88.77%，其中，短链烷烃平均降解率为 89.86%，中链烷烃平均降解率为 93.10%，长链烷烃的平均降解率为 85.76%。在苎麻固定化菌群对原油烷烃类生物降解的过程中，中链烷烃的降解率相对较高。

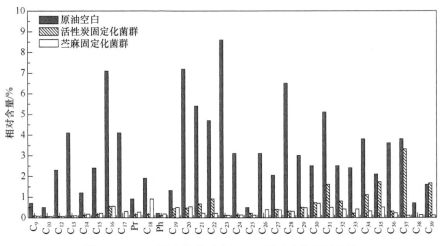

图 4-48　YJ01 固定化菌群降解 7 天原油中饱和烃含量

本实验结果显示：在受试菌群相同的条件下，不同的固定化载体会影响原油烷烃类的降解特性，表现为苎麻固定化菌群有利于烷烃类中较高碳数的中链烷烃及长链烷烃的降解。而活性炭固定化菌群有利于烷烃类中较低碳数的短链烷烃的降解。研究显示：活性炭和苎麻固定化的菌群对原油的降解性能强于游离菌群，在 7 天的实验周期内，即可高效降解原油，优于游离菌群的 14 天降解周期。

2）原油饱和烃生物降解演化参数分析

对原油降解后正构烷烃生物演化参数变化情况如表 4-10 所示。

表 4-10　饱和烃生物演化参数值

编号	诊断指标	空白对照组	活性炭固定化 YJ01 菌群降解 7 天	苎麻固定化 YJ01 菌群降解 7 天
1	主峰碳数	C_{23}	C_{37}	C_{33}
2	OEP	1.670	15.396	2.982
3	$\sum nC_{21}^{-}/\sum nC_{22}^{+}$	0.643	0.111	0.459
4	Pr/Ph	4.523	1.000	2.405

以 YJ01 固定化菌群为实验菌种，在降解 7 天后，活性炭固定化菌群的主峰碳数增大，变为 C_{37}，碳数相对较高；苎麻固定化菌群的主峰碳数变大，增加到 C_{33}。活性炭固定化菌群的主峰碳数变化幅度大于苎麻固定化菌群。结果表明：降解后活性炭固定化菌群的主峰碳数能够发生更为明显地迁移，有利于短链烷烃的生物降解。固定化菌群的主峰迁移程度优于游离菌群。

从表 4-10 可以看出，以 YJ01 固定化菌群为实验菌种，随着培养时间的增加，活性炭和苎麻固定化菌群的 OEP 均逐渐变大，分别变为 15.396、2.982，活性炭和苎麻固定化菌群对偶碳数烷烃的降解率均大于奇碳数烷烃。活性炭固定化菌群的 OEP 变化幅度大于苎麻固定化菌群。结果表明：以活性炭作为载体可明显强化固定化菌群对奇偶碳数烷烃的降解优势，增强菌群对奇偶碳数烷烃的降解能力。

选取 YJ01 固定化菌群为实验菌种，在降解的 7 大内，活性炭和苎麻固定化菌群的 $\sum nC_{21}^-$～$\sum nC_{22}^+$ 均减小，比值分别为 0.111 和 0.459。在降解的前 7 天，苎麻和活性炭固定化菌群均对低碳数烃的降解率较高。活性炭固定化菌群的 $\sum nC_{21}^-/\sum nC_{22}^+$ 变化幅度大于苎麻固定化菌群。可推测出：活性炭固定化菌群在原油降解过程中，$\sum nC_{21}^-/\sum nC_{22}^+$ 显著减小反应固定化菌群对低碳数烃的去甲基化作用明显，而致使低碳数烃更易被降解。

在 7 天的实验周期内，活性炭和苎麻固定化菌群的 4 组 Pr/Ph 比值均减小，比值分别减小到 1.000、2.405、0.907 和 2.589。活性炭固定化菌群的减小幅度大于苎麻固定化菌群。表明：以活性炭作为载体，能够有效促进支链烃中姥鲛烷的降解。

3. 小结

（1）对固定化菌剂的降解条件研究分析表明：固定化菌剂在不同的环境因素（温度、pH、盐度）比游离菌更稳定，降解效果更好。固定化菌剂有利于适应不利的环境，且固定化菌能够在不太理想的培养环境中仍能保持一定的降解活性。改性苎麻纤维固定化菌剂表现出较高的环境适应性和降解率。在温度为 30 ℃，pH 为 7，盐度为 7 mg/L 时，降解率高达近 90 %，比其他两种固定化菌剂降解率降高近 40 %。

（2）通过优化固定化菌群降解原油的实验发现，与游离 YJ01 菌群相比，固定化 YJ01 混合菌群对原油具有更强的降解效果。固定化后，YJ01 菌群的 7 天降解率可分别达到 85.19 %和 82.44 %。YJ01 固定化菌群的降解性能较强。

（3）固定化显著改善了菌群对 C_9～C_{39} 烷烃类的降解性能。活性炭和苎麻固定化菌群的主峰碳数发生明显的迁移。主峰碳数迁移程度强于游离菌群。活性炭固定化菌群呈现出较为明显的奇偶优势，其中 YJ01 固定化菌群对偶碳数烷烃具有显著的降解优势。在原油降解 7 天后，苎麻固定化菌群的 $\sum nC_{21}^-/\sum nC_{22}^+$ 值均较大；活性炭固定化菌群的 $\sum nC21^-/\sum nC22^+$ 值均较小。

（4）苎麻固定化菌群中高碳数烃类含量较低，对高碳数烷烃的降解性能较强；活性炭固定化菌群中低碳数烃类含量较低，对低碳数烷烃的降解性能较强。活性炭和苎麻固定化载体均对姥鲛烷的降解性能较强，可应用于高含量姥鲛烷原油的生物降解。

4.3.6　固定化菌剂修复海洋溢油模拟实验

在室内摇瓶实验的基础上，选择固定化菌剂性能较好的投加到室内模拟实验装置中，本次实验选择改性苎麻纤维固定化混合菌剂，考察在模拟海水的环境中固定化菌对原油的降解性能，建立海洋石油污染修复固定化菌剂的评价体系，为现场实验的应用奠定基础。

1. 室内模拟修复实验

实验室模拟装置为长 100 cm，宽 45 cm，高 45 cm 的长方体池子；向模拟装置中加入 20 L 天然海水，倒入 30 mL 原油，配制成 1.5 ‰的受污染海水。实验组投入 50 mL 固定化菌剂，搅拌供氧；设置未添加菌剂的对照组。分别从海水 pH、溶解态总石油烃、微生物量及模拟池中微生物修复效果的评价等方面评估固定化菌剂对海洋溢油修复能力。

1）模拟池中原油形态变化

海水模拟池中水体的表观状态如图 4-49 所示。在实验之初，原油在水面形成一层较为均匀的油膜，经过 7 天左右的降解，实验池中表面原油发生了明显改变，油膜显著减少。

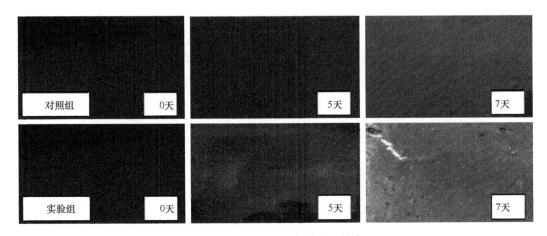

图 4-49　模拟池中水体的表观状态

2）模拟池海水 pH

实验过程中，水体 pH 随时间的变化如图 4-50 所示。由图可以看出实验池 pH 比对照池 pH 略低，这可能是由于固定化菌剂中的菌群代谢将石油烃转化为有机酸，使得实

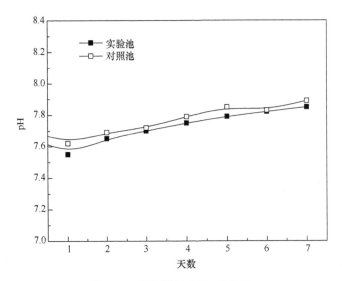

图 4-50　模拟池海水的 pH 变化

验池的 pH 低于对照池的 pH。随着降解的继续进行，有机羧酸被固定化菌利用代谢掉，而水体中微生物的数量逐渐增大，使得代谢活性亦先增大后趋于稳定，故实验池中的 pH 也在经过短暂下降之后逐渐上升并最终趋于稳定。

3）模拟池海水中溶解氧

图 4-51 是模拟装置中水体表层溶解氧含量随时间变化图。由图可知，随着微生物的大量生长，水体中溶解氧都呈现出一个大幅度下降的趋势。而后由丁实验组水体中固定化菌剂的生长可以补充复氧使得溶解氧的减幅缩小并逐渐趋于稳定。

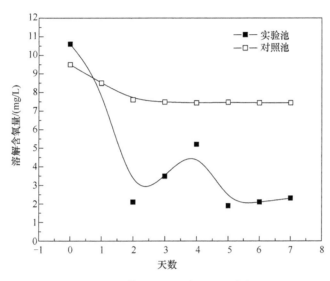

图 4-51　模拟池海水中溶解氧变化

4）模拟池海水中溶解态总石油烃含量

由图 4-52 可以看出，在实验开始的 1～2 天，实验池中溶解态的总石油烃（TPH）含量逐渐增加，从第 3 天开始，溶解态的 TPH 的含量先略微下降后开始大幅度上升。这是由于固定化菌种体系中细菌 Y0J 在代谢过程中产生了大量的生物表面活性剂，可以使原油较强的乳化，增大了原油部分组分在水中的溶解度，从而使得水中 TPH 的含量上升，最终实验池中溶解态 TPH 的浓度可达 11.1 mg/L。而在对照中，溶解态 TPH 的含量随着时间延长而稍有增加，但浓度始终维持在较低值（1.1～1.3 mg/L）。由图 4-52 可知原油中更多的烃组分在表面活性剂的作用下溶入水中，使水体中总烃浓度增加。

5）模拟池海水中微生物生物量变化

水体中的微生物与固定化载体中的微生物含量测定结果见图 4-53，图中所示是该条件下水体中游离的及固定化载体中生物量的变化情况。

由图 4-53 可知，实验池中水体游离的生物量在降解过程中有一定程度增加，这是由于固定化载体中部分微生物溶出释放到水体中，导致生物量的增加，但固定化载体中的微生物生物量远高于水体中游离的生物量（高一个数量级），说明在降解过程中，固定化载体中的微生物起到决定性的作用。

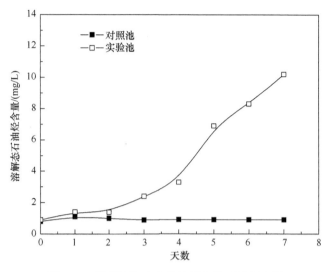

图 4-52　模拟池海水中的溶解态总石油烃含量

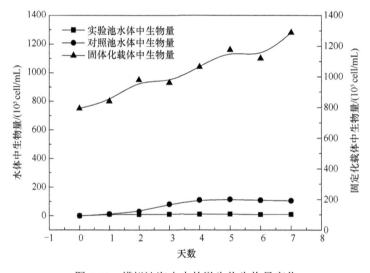

图 4-53　模拟池海水中的微生物生物量变化

2. 模拟池中微生物修复效果评价

由于原油取样是从实验池中取出部分降解后的原油样品，采用绝对浓度来判断降解情况是不可能的。所以采用诊断比值的方式来评价原油的降解情况。相对而言，正构烷烃中的以 n-C_{17}、n-C_{18} 为代表的组分比较容易受生物降解，而 Pr、Ph 抗生物降解。可以采用 n-C_{17}/Pr 和 n-C_{18}/Ph 来表征生物降解情况，用 GC-MS 测定 n-C_{17}、n-C_{18}、Pr、Ph 的浓度，进而得到 n-C_{17}/Pr，n-C_{18}/Ph 和 Pr/Ph。用以下公式计算原油降解率：

$$原油降解率（\%）=（R_{对照}-R_{实验}）/R_{对照}×100\%$$

其中，$R_{对照}$ 为对照组中 n-C_{17}/Pr、n-C_{18}/Ph 或 Pr/Ph；$R_{实验}$ 为实验组中 n-C_{17}/Pr、n-C_{18}/Ph 或 Pr/Ph。

从图 4-54 可知，实验池与对照池相比，诊断比值 Pr/Ph 的稳定性很好，几乎不随时间变化。而诊断比值 n-C_{17}/Pr 和 n-C_{18}/Ph 受生物降解程度随时间变化显著，说明 Pr、Ph 在实验阶段受生物降解不明显，n-C_{17} 和 n-C_{18} 受生物降解影响明显，n-C_{17}/Pr 和 n-C_{18}/Ph 可作为评价固定化微生物降解原油的参数。

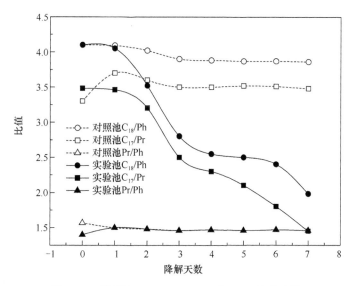

图 4-54　模拟池 C_{17}/Pr、C_{18}/Ph 或 Pr/Ph 比值变化

从表 4-11 中看出，固定化菌剂组合降解原油效率随时间变化显著增大，尤其从第 3 天开始，降解效率有了飞跃性的提高，在实验阶段的第 7 天达到了 50 %左右，说明固定化菌剂对原油具有较高的降解效率。

表 4-11　固定化菌剂组合降解原油效率变化

指标	0 天	1 天	2 天	3 天	4 天	5 天	6 天	7 天
n-C_{17}/Pr	—	—	0.063	0.075	0.295	0.329	0.438	0.525
n-C_{18}/Pr	—	—	0.047	0.058	0.297	0.316	0.384	0.479
n-n-C_{17}/Pr+n-C_{18}/Pr	—	—	0.055	0.066	0.287	0.323	0.411	0.502

3. 小结

（1）模拟室内原油修复，从水体中表观油膜、pH、水中石油烃含量变化表明，固定化菌剂体系对原油具有明显的降解效果。固定化载体中部分微生物溶出释放到水体中，导致生物量的增加，但固定化载体中的微生物生物量远高于水体中游离的生物量（高一个数量级），说明在降解过程中，固定化载体中的微生物起到决定性的作用。

（2）实验池与对照池相比，诊断比值 Pr/Ph 的稳定性很好，几乎不随时间变化。而诊断比值 n-C_{17}/Pr 和 n-C_{18}/Ph 受生物降解程度随时间变化显著，n-C_{17}/Pr 和 n-C_{18}/Ph 可作为评价固定化菌剂体系降解原油的参数。固定化菌组合降解原油效率随时间的延长显著增大，尤其从第 3 天开始，降解效率有了飞跃性增高，在实验阶段的第 7 天达到了 50 %左右，说明固定化菌剂对原油具有较高的降解效率。

4.4 美国溢油微生物修复工程应用成功经验

生物修复技术是一种对环境友好的技术，国外已成功地将其应用于石油污染的治理。通过介绍国外有代表性的三个工程实例，借鉴引进溢油微生物修复工程应用的成功经验，以推动微生物溢油修复技术在我国的发展。

1）Exxon Valdez 溢油的生物修复

1989 年超级油轮 Exxon Valdez 在威廉王子湾触礁后，美国环保局联合 Exxon 公司及阿拉斯加州政府在各种污染现场进行了详细的研究，得到许多重要的发现及一些经验教训。他们发现，接种生物强化剂（bioaugmentationagents）并不能促进石油的生物降解。在威廉王子湾的海岸线上，石油生物降解的限制因素是营养（尤其是氮源）缺乏，并不缺少降解石油的微生物。他们在现场测试了 3 种类型的营养剂（或肥料）：1 种水溶性的肥料（N：P 为 23：2 的花园用肥料），1 种缓释无机肥料 Customblen 及 1 种亲油型肥料 InipolEAP22。1989~1992 年，他们向 120km 的石油污染海岸线施加了含 50 t 氮和 5 t 磷的生物修复剂。施加肥料 2 周后，用 InipolEAP22 和 Customblen 处理过的卵石滩明显比未处理海滩看起来清洁得多。

在 Exxon Valdez 溢油生物修复的联合监测中，学者们分析了海滩孔隙水中氨及硝酸盐的浓度，评估了施加肥料后海藻的生长潜力，测试了对敏感物种如虾类的毒性，监测了油在近岸环境中的释放。根据这些数据，认为生物修复并未对环境带来不良影响，是一种环境友好的技术。Exxon Valdez 溢油生物修复后的结果基本上可以证明，在特定的海岸线上生物修复可以促进石油的生物降解。

2）美国特拉华州现场修复研究

该现场试验是在特拉华州 Fowler 海岸（位于 Dover 和 Rehoboth 海滩中间）的中-粗颗粒沙质海滩（环境敏感指数为 4）上进行的。现场试验采用完全随机的分组设计，共设 5 个重复组，每组中包含 4 个 4 m×9 m 的地块。1 个未被石油污染，1 个不加营养物质作为控制组，1 个添加水溶性营养物质，1 个添加水溶性营养并接种来源于污染场地的微生物菌液。将风化的尼日利亚轻质原油倾倒在 15 个地块上，每天通过 1 个喷洒系统来施加营养（$NaNO_3$ 和 $Na_5P_3O_{10}$），以使海滩孔隙水中 N 的平均浓度达 1.5 mg/L；同时向接种地块每周添加 1 次 30 L 石油降解菌的悬浮液。砂样从 15 个石油污染的地块中每 2 周取 1 次用于油分析，所有的分析物都标准化为藿烷。油污地块孔隙水中的硝酸盐浓度每天进行测试。

结果表明，尽管从数据上看施加营养对生物修复的促进效果比较显著，但是如果在该地确实发生了溢油，也不足以作出实施大规模生物修复的决定。也就是说，如果在溢油现场营养浓度很高，能进行自然清除的话，辅助的生物修复不一定是必须的。如果海岸线的营养浓度低，生物修复可视为一个可供选择的方法。

3）英国对细颗粒沉积物的生物修复

尽管施加营养对生物修复的促进程度取决于本底营养浓度，以上两例仍然证实了生物修复在卵石滩和沙质海滩上的有效性。然而，对细颗粒沉积物类型的海岸线如泥沼地的关注却比较少。由 Swannell 等（1996）进行的研究填补了该空白，该研究的目的是考察生物修复法处理埋藏于滩面下溢油的潜力。现场实验地点位于英国西南海岸的 Stert 沼地内，其沉积物由 3.2 %的泥和 80 %的粒径在 125～180 μm 的颗粒物所组成。试验设置了 3 个重复组，每组中包含 4 种随机处理方式：①未被石油污染的控制组；②未被石油污染而施加肥料；③被石油污染却不进行处理；④被石油污染并施加肥料。每个处理区域中的沉积物用 0.4 m×0.4 m×0.05 m 的网围住，并埋藏于 15 cm 的深度。将风化和乳化的阿拉伯轻质原油以 3.7 kg/m² 的量加入，并喷洒无机肥料（NaNO₃ 和 KH₂PO₄）。前 4 周每周添加 1 次，此后每 2 周添加 1 次。样品在第 7 天、49 天和第 108 天的时候做石油分析，并且将霍烷作为内标物。

结果显示，GC 总可溶性烃和总石油烃相对于霍烷的比值在施加肥料组和控制组中有显著的不同。微生物分析也表明，在被石油污染的区块上施加营养物质使石油降解菌的数量增加了 10 倍。可见，施加营养的生物修复对处理埋藏在细小沉积物中的石油是可行的。

在所有的生物修复溢油过程中，营养物质是在修复过程中不得不考虑主要因素之一。营养物质的选择和施加策略是开展生物修复的一个难题。对于此问题，国外也有大量的相关研究。例如，Exxon Valdez 溢油修复中采用的方法是将球装于网袋中，用绳系在打入海滩下层的钢栅上。这样做使得营养分布较差，因为它们只在海滩上垂直分布而没有横向扩散。而水溶性的营养通常在现场用水溶解后喷洒到海滩。尽管施加这种营养容易维持孔隙水中达到目标营养浓度，其施用设备却比较复杂，如大型混合器、抽水机和喷洒装置。因此，在低潮带施用粒状干肥料也许是控制营养浓度最有效的方法。

我国沿海地区每年排入海洋的石油有 $1.3×10^5$ t，其中 1983 年 11 月巴拿马籍油轮在胶州湾搁浅后溢油 3343 t，造成包括海水养殖场和滨海浴场在内的 230 km 海岸线和 10 万亩滩涂被污染。目前，我国对石油污染海滩缺乏大规模的生物修复实践，施加营养的生物修复也集中在室内试验上。为此，从国外该类工程实例中借鉴经验，探讨适合我国国情的生物修复技术是今后的一个发展方向。

4.5 小　结

通过对渤海湾沉积物和大港油田含油土壤中高效原油降解菌采用3周期原油浓度梯度驯化，筛选出 8 株以原油为唯一碳源的高效降解率石油降解菌群。从渤海湾沉积物中筛选得到的 2 株（D12 和 D2）原油降解菌，分别是戈登氏菌属（*Gordonia* sp.）和红球菌属（*Rhodococcus* sp.）。从大港油田含油土壤中筛选出 6 株（HDB-1 至 HDB-6）原油降解菌，分别是球形赖氨酸芽孢杆菌（*Lysinibacillus sphaericus*）、弯曲芽孢杆菌（*Bacillus flexus*）、门多萨假单胞菌（*Pseudomonas mendocina*）、产碱假单胞菌（*Pseudomonas alcaligenes*）、苏云金杆菌（*Bacillus thuringiensis*）和产碱假单胞菌（*Pseudomonas* sp.）。

将驯化构建混合菌群，在适宜的条件下（接种量、温度、N/P 比），菌群对原油的降解率高于 65 %。混合菌群（YJ01）在原油降解的前期对中链、长链烃降解效果较好；而在降解的后期对短链烃的降解效果较强。14 天烷烃降解率平均为 74.96 %。对支链烃具有良好的降解性能，对姥鲛烷、植烷 Ph 降解率分别为 46.75 %、78.23 %。结果表明构建的 YJ01 对环境有较强的环境适应性，原油降解效果明显。

将石油降解菌群（YJ01）固定在海藻酸钠、活性炭和改性苎麻纤维上，结果表明固定化菌剂的原油降解率要明显高于游离菌。在不同的环境条件下（温度、pH、盐度），相比于游离菌，表现出更稳定，降解效果更好。三种固定化菌剂：海藻酸钠固定化菌剂、活性炭固定化菌剂和改性苎麻纤维固定化菌剂在不利的环境中，改性苎麻纤维固定化菌剂表现出较高的环境适应性和降解率。在温度为 30 ℃，pH 为 7，盐度为 7 mg/L 时，降解率高达近 90 %，比其他两种固定化菌剂降解率高近 40 %，这是因为改性苎麻纤维固定化菌剂包埋率更好，传质性强，孔道空隙较为丰富，有利于微生物的生长。通过 GC-MS 分析，结果显示：苎麻固定化菌群中低碳数烃类含量较低，对高碳数烷烃的降解性能较强，可将改性苎麻纤维固定化菌剂用于原油降解中。

模拟室内原油修复，从水体中表观油膜、pH、溶解氧、水中石油烃含量变化表明，固定化菌剂体系对原油具有明显的降解效果。固定化载体中部分微生物溶出释放到水体中，导致生物量的增加，但固定化载体中的微生物生物量远高于水体中游离的生物量（高一个数量级），说明在降解过程中，固定化载体中的微生物起到决定性的作用。实验池与对照池相比，诊断比值 Pr/Ph 的稳定性很好，几乎不随时间变化。而诊断比值 $n\text{-}C_{17}/Pr$ 和 $n\text{-}C_{18}/Ph$ 受生物降解程度随时间变化显著，$n\text{-}C_{17}/Pr$ 和 $n\text{-}C_{18}/Ph$ 可作为评价固定化菌剂体系降解原油的参数。固定化菌组合降解原油效率随时间的延长显著增大，尤其从第 3 天开始，降解效率有了飞跃性增高，在实验阶段的第 7 天达到了 50 %左右，说明固定化菌剂对原油具有较高的降解效率，这为石油降解菌群固定化技术应用于溢油微生物修复工程提供了现实意义。

目前，我国缺乏大规模的石油污染海滩生物修复实践，施加营养的生物修复也集中在室内试验上。为此，从国外该类工程实例中（Exxon Valdez 溢油的生物修复、美国特拉华州现场修复研究和英国对细颗粒沉积物的生物修复）借鉴引进经验，探讨适合我国国情的生物修复技术是今后的一个发展方向。

参 考 文 献

包木太, 巩元娇. 2009. 微生物固定法降解含油污水的研究进展. 化工进展, 28(3): 511-517.

陈丽华, 孙万虹, 李海玲, 等. 2016. 石油降解菌对石油烃中不同组分的降解及演化特征研究. 环境科学学报, 36(1): 124-133.

方定, 谌婕妤, 吴丁山, 等. 2015. 微生物包埋固定化技术及其在废水处理中的应用. 广东化工, 42(17): 133-134.

巩宗强, 李彬, 干新, 等. 2010. 芘在土壤中的共代谢降解研究. 应用生态学报, 12(3): 447-450.

贺琳, 曲洋, 刘帅, 等. 2009. 废水生物处理中固定化微生物技术方法与载体使用. 内蒙古环境科学, 21(6): 44-47.

贾燕. 2007. 石油降解菌和生物表面活性剂在水体石油污染生物修复中的应用及机理研究. 广东: 暨南大学硕士论文.

姜肸, 高伟, 李倩, 等. 2012. 南海高效石油降解菌的筛选及降解特性研究. 环境科学学报, 32(7): 1572-1578.

钱林波, 元妙新, 陈宝梁. 2012. 固定化微生物技术修复 PAHs 污染土壤的研究进展. 环境科学, 33(5): 1767-1776.

阮志勇. 2006. 石油降解菌株的筛选、鉴定及其石油降解特性的初步研究. 北京: 中国农业科学院硕士论文.

邵娟, 尹华, 彭辉, 等. 2006. 秸秆固定化石油降解菌降解原油的初步研究. 环境污染与防治, 28(8): 565-568.

慎义勇, 张轶男, 刘祖发, 等. 2005. 葡萄糖对油制气废水生物降解影响的初步研究. 中山大学学报(自然科学版), 44(6): 114-117.

苏莹, 陈莉, 刘兆普. 2008. 一株海洋石坤降解菌的特性研究. 环境科学研究, 21(5): 32-36.

谭田丰, 邵宗泽. 2006. 海洋石油烃降解菌群构建及其在降解过程中的动态分析. 厦门大学学报(自然科学版), 45: 262-266.

王冬梅, 陈丽华, 雒晓芳, 等. 2014. 鼠李糖脂与菌剂对原油污染土壤的联合修复. 环境工程学报, 8(11): 5003-5009.

王海峰, 李阳, 赵丽萍. 2011. 稠油降解菌的筛选、鉴定与菌群构建. 环境工程学报, 5(4): 59-62.

王新, 李培军, 宋守志, 等. 2005. 固定化微生物技术在环境工程中的应用研究进展. 环境污染与防治, 27(7): 535-537.

夏星辉, 周劲松, 余晖, 等. 2004. 黄河水体石油类污染物生物降解模拟实验研究. 环境科学, 25(1): 103-106.

杨玖坡, 陈梅梅, 张海涛, 等. 2013. 固定化微生物技术处理石油石化废水研究进展. 环境工程, 31(5): 25-29.

张秀霞, 耿春香, 房苗苗, 等. 2008. 固定化微生物应用于生物修复石油污染土壤. 石油学报: 石油加工, 24(4): 409-414.

赵荫薇, 王世明, 张建法. 1998. 微生物处理地下水石油污染的应用研究. 应用生态学报, 9(2): 209-212.

郑立, 崔志松, 高伟, 等. 2012. 海洋心油降解菌剂在大连溢油污染岸滩修复中的应用研究. 海洋学报, 34(3): 163-177.

Akar T, Kaynak Z, Ulusoy S, et al. 2009. Enhanced biosorption of nickel(II)ions by silica-gel-immobilized waste biomass: Biosorption characteristics in batch and dynamic flow mode. Journal of Hazardous Materials, 163(2): 1134-1141.

Alejandro R G, Maria C, Marcela F, et al. 2006. Bioremediation of crude oil polluted seawater by a hydrocaibondegrading bacterial strain immobilized on chitin and chitosan flakes. International Biodeterioration &Biodegradation, 57: 222-228.

Barreto R V G, Hissa D C, Paes F A, et al. 2010. New appproch for ppetrolemun hydroaibon degradation using bacterial spores entrapped in chitosan beads. Bioresource Technology, 101: 2121-2125.

Cassidy M, Lee H, Trevors J. 1996. Environmental applications of immobilized microbial cells: A review. Journal of Industrial Microbiology, 16(2): 79-101.

Cho S H, Oh K H. 2012. Removal of crude oil by microbial consortium isolated from oil-spilled area in the Korean western coast. Bulletin of Environmental Contamination and Toxicology, 89(3): 680-685.

Christova N, Lang S, Wray V, et al. 2015. Production, structural elucidation and in vitro antitumor activity of trehalose lipid biosurfactant from Nocardia farcinica strain. Journal of Microbiology & Biotechnology, 25(4): 439-447.

Cui Z S, Li Q, Gao W, et al. 2013. Applicability of composite bacterial culture in bioremediation of simulated oil polluted beach. Chinese Journal of Applied & Environmental Biology, 19: 24-329 (in Chinese).

Dhail S, Jasuja N D. 2012. Isolation of biosurfactant-producing marine bacteria. African Journal of Environmental Science and Technology, 6(6): 263-266.

Diaz M P, Boyd K G, et al. 2002. Biodegradation of crude oil across a wide range of salinities by an extremely halotolerant bacterial consortium MPD-M immobilized onto polypropylene fibers. Biotechnology and Bioengineering, 79: 145-153.

Elliott C, Ye Z, Mojumdar S, et al. 2007. A potential bacterial carrier for bioremediation. Journal of Thermal Analysis and Calorimetry, 90(3): 707-711.

Fatma Z F, Sami M, Abdelmalek B, et al. 2014. Naphthalene and crude oil degradation by biosurfactant producing Streptomyces spp. isolated from Mitidja plain soil (North of Algeria). Int Biodeter Biodegr, 86: 300-308.

Gai Z H, Zhang Z Z, Wang X Y, et al. 2012. Genome sequence of Pseudomonas aeruginosa DQ8, an efficient degrader of n-alkanes and polycyclic aromatic hydrocarbons. Journal of Bacteriology, 194(22): 6304-6305.

Gallego S, Vila J, Tauler M, et al. 2014. Community structure and PAH ring-hydroxylating dioxygenase genes of a marine pyrene-degrading microbial consortium. Biodegradation, 25(4): 543-556.

Garg U, Kaur M, Jawa g, et al. 2008. Removal of cadmium (II) from aqueous solutions by adsorption on agricultural waste biomass . Journal of Hazardous Materials, 154(1): 1149-1157.

Gharibzahedi S M T, Razavi S H, Mousavi M. 2014. Potential applications and emerging trends of species of the genus Dietzia: A review. Annals of Microbiology, 64: 421-429.

Jodra Y, Mijangos F. 2003. Phenol adsorption in immobilized activated carbon with alginate gels. Separation Science and Technology, 38(8): 1851-1867.

Johnson J E, Hill R T. 2003. Sediment microbes of deep-sea bioherms on the northwest shelf of Australia. Microbial Ecology, 46(1): 55-61.

Kostka J E, Prakash O, Overholt W A, et al. 2011. Hydrocarbon-degrading bacteria and the bacterial community response in Gulf of Mexico beach sands impacted by the Deepwater Horizon oil spill. Applied and Environmental Microbiology, 77(22): 7962-7974.

Kumar A, Munjal A, Sawhney R. 2011. Crude oil PAH constitution, degradation pathway and associated bioremediation microflora: An overview. International Journal of Environmental Sciences, 1(7): 1420-1439.

Kumari B, Singh S N, Singh D P. 2012. Characterization of two biosurfactant producing strains in crude oil degradation. Process Biochemistry, 47: 2463-2471.

Nuñal S N, Santander-DE Leon S M, Bacolod E, et al. 2014. Bioremediation of heavily oil-polluted seawater by a bacterial consortium immobilized in cocopeat and rice hull powder. Biocontrol Science, 19(1): 11-22.

Pacwa-Plociniczak M, Plaza G A, Poliwoda A, et al. 2014. Characterization of hydrocarbon-degrading and biosurfactant-producing Pseudomonas sp. p-1 strain as a potential tool for bioremediation of petroleum-contaminated soil. Environmental Science and Pollution Research Int, 21(15): 9385-9395.

Ramadan M A, Hashem A, Amin M, et al. 2012. Immobilization and surfactant enhanced anthracene biodegradation in soil. Journal of American Science, 8(3): 596-602.

Rling W F, Milner M G, Jones D M, et al. 2004. Bacterial community dynamics and hydrocarbon degradation during a field-scale evaluation of bioremediation on a mudflat beach contaminated with buried oil. Applied and Environmental Microbiology, 70(5): 2603-2613.

Roongsawang N, Thaniyavarn J, Thaniyavarn S, et al. 2002. Isolation and characterization of a halotolerant Bacillus subtilis BBK-1 which produces three kinds of lipopeptides: BacillomycinL, plipastatin, and surfactin. Extremophiles, 6(6): 499-506.

Sanni G O, Coulon F, Mc Genity T J. 2015. Dynamics and distribution of bacterial and archaeal communities in oil-contaminated temperate coastal mudflat mesocosms. Environmental Science and Pollution Research, 1-18.

Sathishkumar M, Binupriya A R, Baik S H, et al. 2008. Biodegradation of crude oil by individual bacterial strains and a mixed bacterial consortium isolated from hydrocarbon contaminated areas. Clean–Soil, Air, Water, 36(1): 92-96.

Schippers A, Bosecker K, Spröer C, et al. 2005. Microbacterium oleivorans sp. nov. and Microbacterium hydrocarbonoxydans sp. nov., novel crude-oil-degrading Gram-positive bacteria. International Journal of Systematic and Evolutionary Microbiology, 55(2): 655-660.

Sepahi A A, Golpasha D I, Emami M, et al. 2008. Isolation and characterization of crude oil degrading

Bacillus spp. Iranian Journal of Environmental Health Science and Engineering, 5(3): 149-154.

Sheppard P J, Simons K L, Kadali K K, et al. 2012. The importance of weathered crude oil as a source of hydrocarbonoclastic microorganisms in contaminated seawater. Journal of Microbiology and Biotechnology, 22: 1185-1192.

Swannel R P J, Lee K, Mcdonagh M. 1996. Field evaluations of marine oil spill bioremediation. Microbiological Reviews, 60(2): 342-365.

Tamura K, Peterso D, Peterson N, et al. 2011. MEGA5: molecular evolutionary genetics analysis using maximum likelihood, evolutionary distance, and maximum parsimony methods. Molecular Biology & Evolution, 28: 2731-2739.

Thavasi R, Jayalakshmi S, Banat I M. 2011. Effect of biosurfactant and fertilizer on biodegradation of crude oil by marine isolates of Bacillus megaterium, Coryne bacterium Kutscheri and Pseudomonas aeruginosa. Bioresource Technology, 102: 772-778.

Tsutsumi H, Kono M, Takai K, et al. 2000. Bioremediation on the shore after an oil spill from the Nakhodka in the sea of Japan: III. Field test of a bioremediation agent with microbiological cultures for the treatment of an oil spill. Marine Pollution Bulletin, 40(4): 320-324.

Urszula G, Izabela G, Danuta W, et al. 2009. Isolation and characterization of a novel strain of Stenotrophomonas Maltophilia possessing various dioxygenase for monocyclic hydrocarbon degradation. Brazilian Journal of Microbiology, 40: 285-291.

Wang X, Cai Z, Zhou Q X, et al. 2012. Bioelectrochemical stimulation of petroleum hydrocarbon degradation in saline soil using U-tube microbial fuel cells. Biotechnology & Bioengineering, 109: 426-433.

Yeung C W, Lee K, Cobanli S, et al. 2015. Characterization of the microbial community structure and the physicochemical properties of produced water and seawater from the Hibernia oil production platform. Environmental Science and Pollution Research, 22(22): 17697-17715.